制冷设备运行及维护管理

主　编：吴　坤　赵海波
副主编：柴敬平　李爱艳
参　编：高　翔　柳　萍　郑文韬
　　　　李　英　郝明慧　谭庆华

北京理工大学出版社
BEIJING INSTITUTE OF TECHNOLOGY PRESS

内 容 简 介

本书在结构安排上，先是压缩机的结构学习，可以更好地了解压缩机的工作原理，一旦发生故障可以很快判断故障原因，从而可以更好地进行故障确定和排除，所以本书将压缩机内容放在首位。根据对毕业生的就业调研情况，安排了第二部分机组的安装调试和第三部分机组的运行维护管理及常见故障，后面两个项目又根据市场上主要的制冷设备类型进行学习，通过该书的逐项学习，可以更好地了解掌握工程管理、售后服务等工作岗位需要掌握的技术技能。

本教材是制冷与空调技术专业高等院校、高职院校学生必须掌握的一门专业技能课程，经过对制冷与空调技术专业的毕业生的就业调查发现，毕业后从事制冷设备售后维修管理、制冷工程项目管理等工作的学生占了毕业人数的一多半，本课程基于这些工作进行了任务分解，让学生根据实际工作中遇到的案例了解掌握工作实际应用，掌握解决实际问题需要具备的技能，更好适应工作需求，是学习与工作的有机衔接。同时，该教材也可以作为社会上没有经过专业培训的制冷设备运行和维护管理人员的指导用书，通过本教材可以了解掌握工作中涉及到的原理性知识及操作规范，使得本职工作更加规范专业。

版权专有　侵权必究

图书在版编目（CIP）数据

制冷设备运行及维护管理 / 吴坤，赵海波主编. -- 北京：北京理工大学出版社，2023.3
ISBN 978-7-5763-2214-9

Ⅰ. ①制… Ⅱ. ①吴… ②赵… Ⅲ. ①制冷装置-运行②制冷装置-维修 Ⅳ. ①TB657

中国国家版本馆 CIP 数据核字（2023）第 050420 号

出版发行 / 北京理工大学出版社有限责任公司
社　　址 / 北京市海淀区中关村南大街 5 号
邮　　编 / 100081
电　　话 / （010）68914775（总编室）
　　　　　（010）82562903（教材售后服务热线）
　　　　　（010）68944723（其他图书服务热线）
网　　址 / http://www.bitpress.com.cn
经　　销 / 全国各地新华书店
印　　刷 / 三河市天利华印刷装订有限公司
开　　本 / 787 毫米×1092 毫米　1/16
印　　张 / 13.5
字　　数 / 316 千字
版　　次 / 2023 年 3 月第 1 版　2023 年 3 月第 1 次印刷
定　　价 / 72.00 元

责任编辑 / 多海鹏
文案编辑 / 多海鹏
责任校对 / 周瑞红
责任印制 / 李志强

图书出现印装质量问题，请拨打售后服务热线，本社负责调换

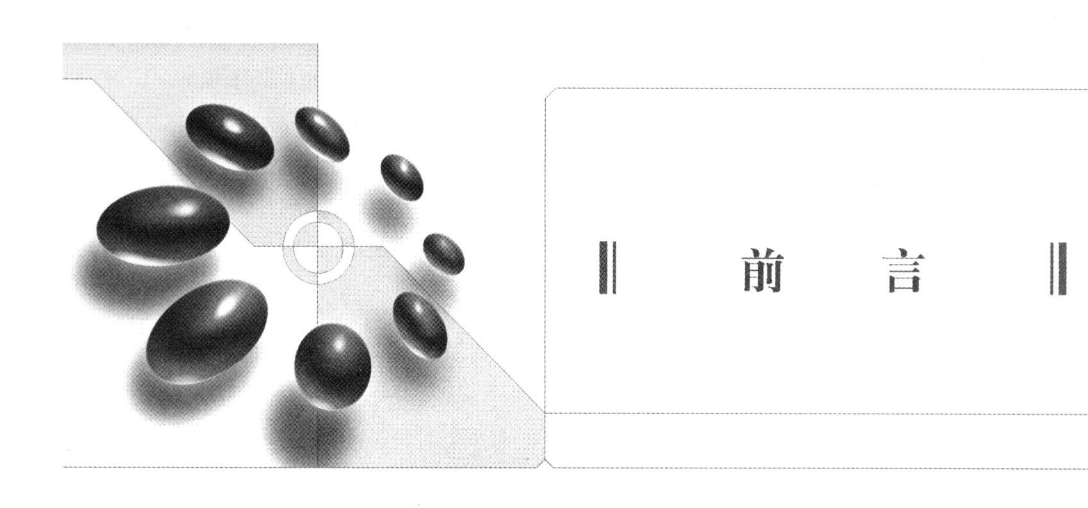

前 言

“制冷设备运行与维护管理”是制冷与空调技术专业高职学生必须掌握的一门专业技能课程，经过对主编之一所任职的烟台职业学院制冷与空调技术专业毕业生的就业调查发现，毕业后从事制冷设备售后维修管理、制冷工程项目管理等工作的学生占了毕业人数的一多半，本课程基于这些工作进行了任务分解，让学生能够根据实际工作中遇到的案例了解和掌握工作实际应用，掌握解决实际问题需要具备的技能，以更好地适应工作需求，是学习与工作的有机衔接。同时，该教材也可以作为社会上没有经过专业培训的制冷设备运行和维护管理人员的指导用书，通过本教材可以了解和掌握工作中涉及的原理性知识及操作规范，使得本职工作更加规范、专业。

编者根据党中央、国务院关于教材建设的决策部署和《国家职业教育改革实施方案》的有关要求，深化职业教育“三教”改革，同时将二十大报告中“实施科教兴国战略，强化现代化建设人才支撑”的思想融入教材，注重吸收行业企业技术人员、能工巧匠等的经验，邀请荏原冷热系统（中国）有限公司、青岛海信日立空调有限公司、顿汉布什（中国）工业有限公司、冰轮环境技术股份有限公司等制冷设备企业的资深售后和技术工程师全程参与教材的编写和指导，同时将烟台大学虚拟仿真压缩机拆装软件引入教学，引导学生在课余时间对压缩机的结构进行强化练习。

教材在编写过程中采用了由本书编者立项的烟台市科技项目——“动冷链运输用高效多温区宽温限冰蓄冷装备关键技术研究”（项目编号“2021XDHZ061”）搭建的试验台，对冰蓄冷设备的维护管理进行了介绍，使学生能够掌握冷链中冰蓄冷设备的运行和维护管理。

教材在编写过程中坚持职教特色，突出质量为先，遵循技术技能人才成长规律，知识传授与技术技能培养并重，强化学生职业素养养成和专业技术积累，将专业精神、职业精神和工匠精神融入教材内容。

本书在结构安排上，首先是压缩机的结构学习，因为压缩机是整个制冷系统的核心部件，虽然在实际工作中一旦压缩机出现故障，因为现场环境和专用设备工具等条件的限制，很少有在现场拆装维修的，大多需要返厂检修，但是类似于不管何种科室的医生在医学院学习时都需要学习人体解剖一个道理，知道压缩机内部结构就可以更好地了解压缩机的工作原理，一旦发生故障，则能够很快判断出故障原因，从而更好地进行故障确定和排除，所以本书将压缩机内容放在首位。根据对毕业生的就业调研情况，教材中安排了第二部分机组的安装调试和第三部分机组的运行维护管理及常见故障，并对市场上主要的制冷设备类型进行了介绍。学习者通过对该书的逐项学习，可以更好地了解工程管理、售后服务等工作岗位需要掌握的技术技能。

由于时间和水平有限，书中难免存在错误和不足，敬请广大读者批评指正。

编　者

目录

目 录

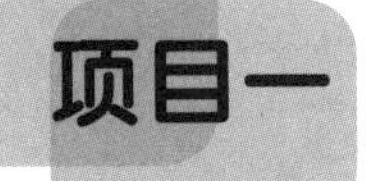

项目一　制冷压缩机拆装检修

1. 知识目标
- 掌握制冷压缩机的种类、结构、工作原理和主要性能；
- 掌握制冷压缩机维修工具的选择及使用；
- 掌握制冷压缩机检测工具仪表的选择及使用。

2. 能力目标
- 能够识读与使用制冷压缩机的结构图、原理图和性能参数图表；
- 能够正确操作和使用活塞式制冷压缩机；
- 能够正确操作和使用螺杆式制冷压缩机；
- 能够正确操作和使用离心式制冷压缩机及其他类型的制冷压缩机。

任务一　认识制冷压缩机

一、任务引入

提前在教学平台发布任务，分成小组收集压缩机种类，制作成 PPT，上课时由小组代表进行分享，教师和其他同学可以对该小组的课件内容进行提问并打分，最终评选出最优秀的小组，成绩计入日常考核。经过资料的收集和整理，学生能够对压缩机有初步的认识和理解。

二、相关知识

1. 制冷压缩机的分类

1）按工作原理分类（见图 1－1－1）

（1）容积型压缩机：一定容积的气体先被吸入到气缸里，继而在气缸中其容积被强制缩小，压力升高，当达到一定压力时气体便被强制从气缸排出。容积型压缩机的吸、排气过程是周期进行的。

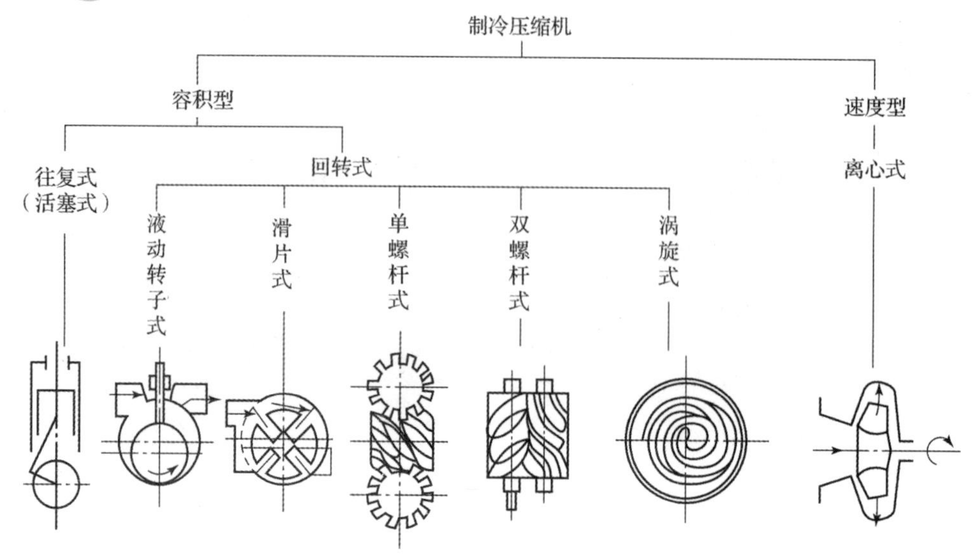

图 1-1-1　制冷压缩机按工作原理的分类

(2) 速度型压缩机：在速度型压缩机中，气体压力的升高是由气体的速度转化而来的，即先使气体获得一定高速，然后再将气体的动能转化为压力能。

可见，速度型压缩机中的压缩流程可以连续进行，其流动是稳定的。

制冷装置中应用的速度型压缩机主要是离心式制冷压缩机。

2）按使用的制冷剂种类分类

根据制冷剂种类的不同，制冷压缩机可分为有机制冷剂压缩机和无机制冷剂压缩机两大类。

3）按工作的蒸发温度范围分类（见图 1-1-2）

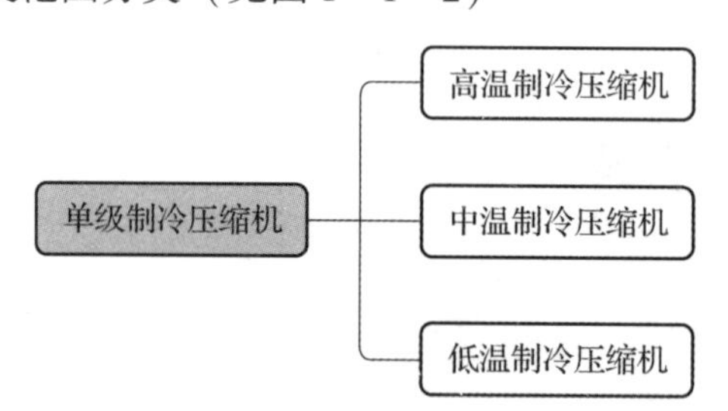

图 1-1-2　制冷压缩机按工作的蒸发温度范围分类

4）按密封结构形式分类（见图 1-1-3）

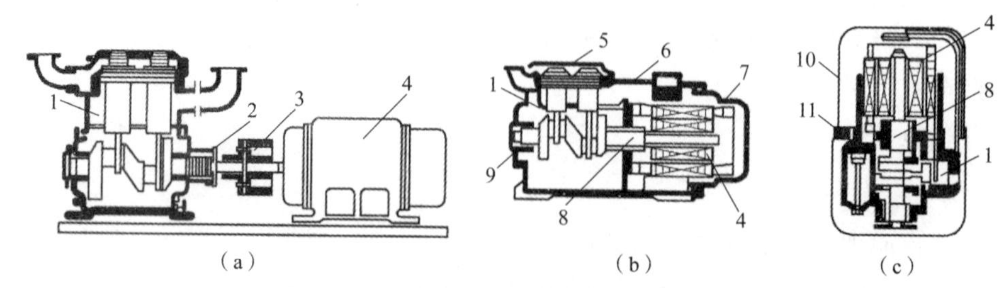

图 1-1-3　制冷压缩机按密封结构形式分类

(a) 开启式；(b) 半封闭式；(c) 全封闭式

1—压缩机；2—轴封；3—联轴器；4—电动机；5，7，9—可拆卸的密封盖板；6—机体；8—曲轴；10—焊封的罩壳；11—弹性支撑

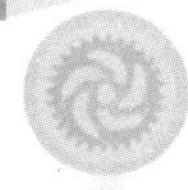

（1）开启式制冷压缩机。

压缩机与原动机分为两体，两机主轴靠传动装置连接传动，压缩机主轴外伸端设置轴封装置，以防泄漏，如图1－1－4所示。

图1－1－4　开启式制冷压缩机

（2）半封闭式制冷压缩机。

半封闭式的机壳采用可拆式法兰连接，以便维修时拆卸；由于把电动机和压缩机连成一个整体，装在同一机壳内共用一根主轴，故可以取消开启式压缩机中的轴封装置，如图1－1－5所示。

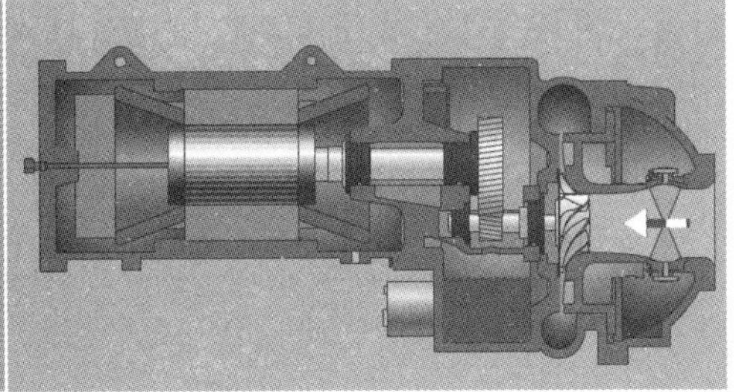

图1－1－5　半封闭式制冷压缩机

（3）全封闭式制冷压缩机。

全封闭式制冷压缩机的机壳分为两部分，压缩机与电动机装入后，壳体两部分用焊接法焊死，如图1－1－6所示。

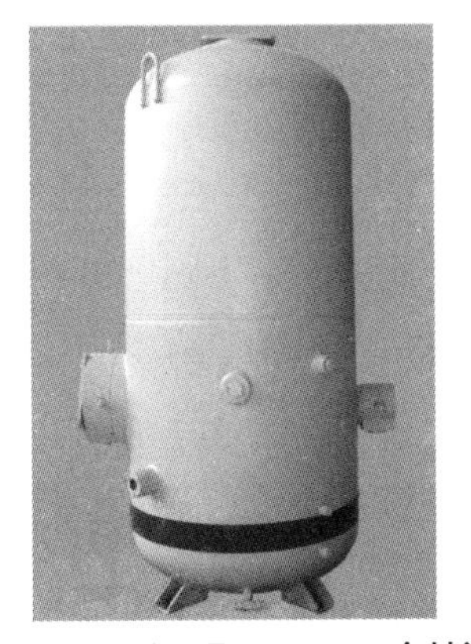

图1－1－6　全封闭式制冷压缩机

无论是半封闭式还是全封闭式的制冷压缩机，由于氨含有水分时会腐蚀铜，因而都不能用于以氨为工质的制冷系统中。但是也应看到，基于 CFC 与 HCFC 的替代及扩大天然制冷剂氨使用的需要，采用能与氨制冷剂隔离的屏蔽式电动机的半封闭式压缩机已研制成功并获得运用。

三、任务实施

以小组为单位，依据制冷压缩机的特点，了解其分类，并掌握开启式、半封闭式、全封闭式制冷压缩机的不同之处。

四、考核评价

（1）考核内容：基本知识水平、基本技能、任务构思能力、任务完成情况、任务检测能力、工作态度、纪律出勤、团队合作能力。

（2）评价方式：教师考核、小组成员相互考核。

五、任务小结

通过“讲授法”，使学生掌握制冷压缩机的分类、工作原理及结构组成。

通过实施任务驱动法，提高学生对所授知识的理解和方法的掌握，让学生参与到制冷压缩机认识的全过程，带动理论的学习和职业技能的训练，进而大大提高学生学习的效率和兴趣。一个“任务”完成了，学生就会获得满足感、成就感，从而激发他们的求知欲望，逐步形成一个感知心智活动的良性循环。

通过教师考核与小组成员互相考核，了解到学生基本掌握了所授的知识。本任务涉及的理论知识较多，并且要对系统各设备的结构有清楚的认识，以便为后面的制冷机组及系统打下基础。

六、作业布置

如何区分开启式、半封闭式、全封闭式制冷压缩机？

任务二　活塞式制冷压缩机的结构认知

一、工作情景

你入职后，经过公司系统培训，外派到售后办事处，跟着带你的师傅到工地现场，师傅有意了解一下你的专业知识水平，指着一台压缩机问你这是什么类型的压缩机，你定睛一看，是上学时候学过，并跟着老师拆装过的，立马心里有底，对着师傅侃侃而谈，师傅不断点头。

二、相关知识

活塞式制冷压缩机是应用最早、最成熟的制冷压缩机之一，压力范围广，单级压缩比可

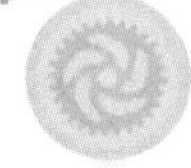

达到8，从低压到高压都适用，目前工业上使用的最高工作压力将近350 MPa。

1. 活塞式制冷压缩机的常见分类（见图1-2-1）

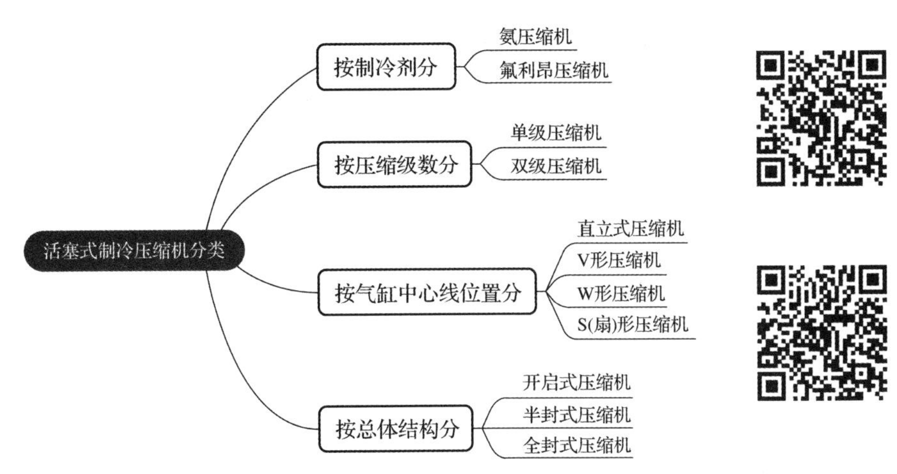

图1-2-1　活塞式制冷压缩机的常见分类

2. 活塞式制冷压缩机的特点（见图1-2-2）

1）活塞式制冷压缩机的优点

（1）效率高，由于工作原理的不同，活塞式压缩机比离心式压缩机的效率高得多。

（2）适应性强，活塞式压缩机的排气量可在比较广泛的范围内进行选择。

2）活塞式制冷压缩机的缺点

外形尺寸和重量较大，需要较大的基础，气流有脉动性，易损件较多，检修周期短。

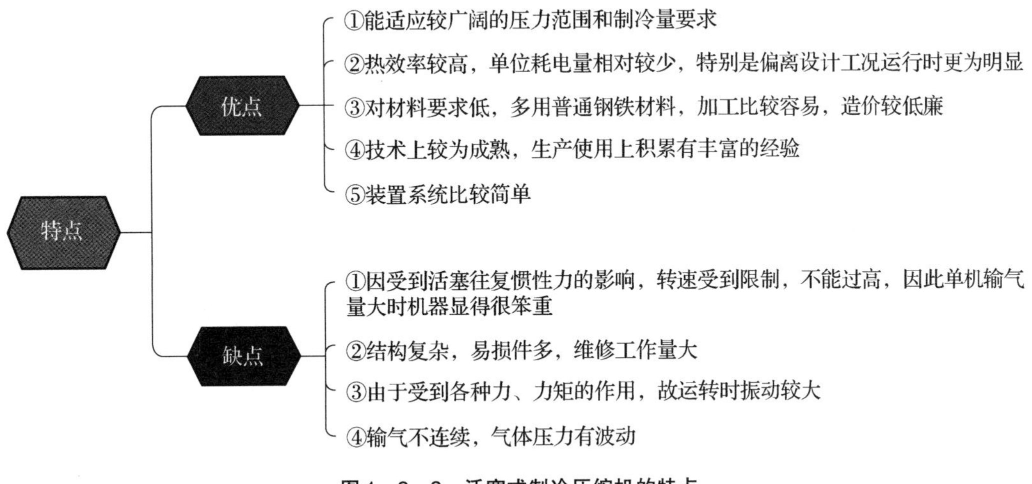

图1-2-2　活塞式制冷压缩机的特点

3. 活塞式制冷压缩机的主要结构（见图1-2-3）

4. 压缩机主要零部件结构

以开启式压缩机为例，以子任务形式分别介绍其主要零部件结构。

三、工作反思

经过与师傅在工地上的现场学习，你庆幸当初在学校的时候认真学习了压缩机的结构，

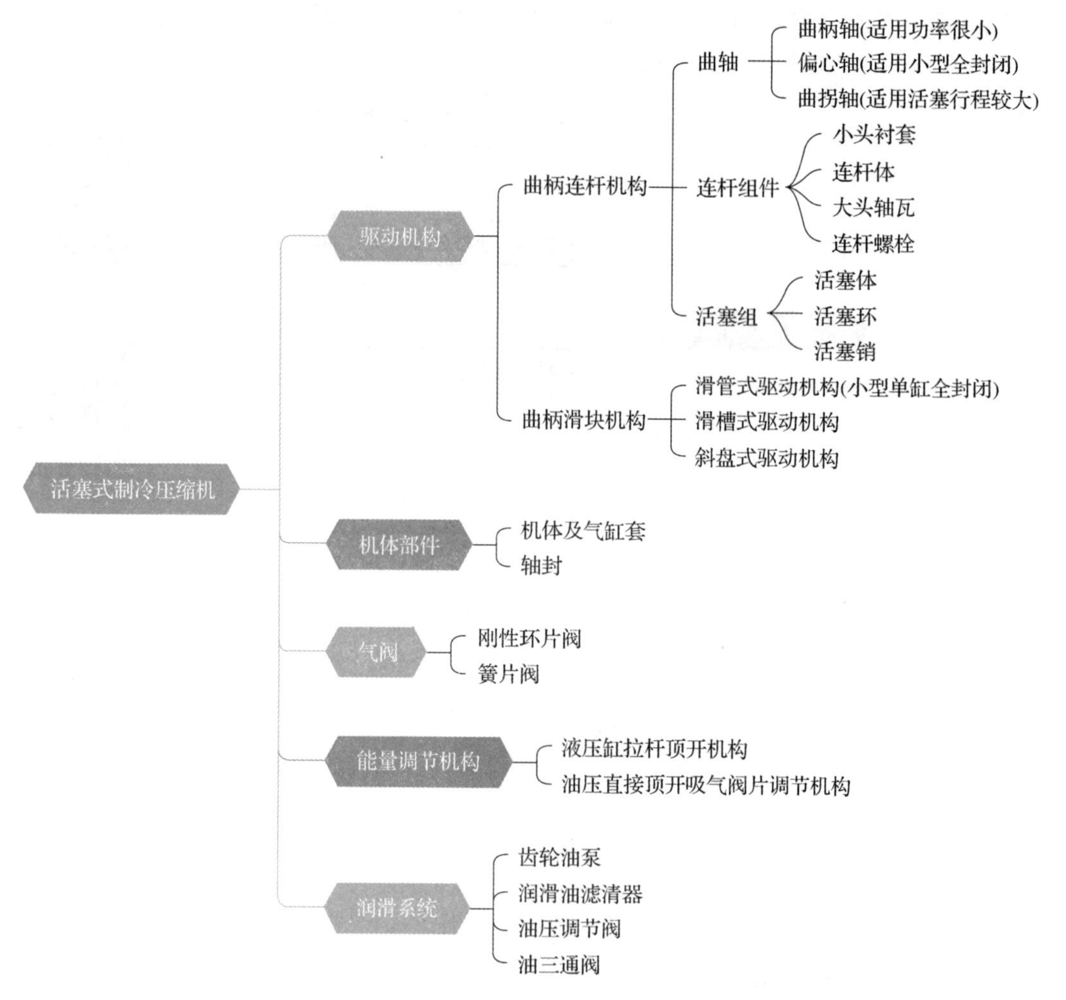

图 1-2-3　活塞式制冷压缩机的主要结构

虽然时间有些久远，但扎实的基本功还是让你在实际工作中没有露怯，赢得了师傅的好感，也对你所在的学校大为赞赏，为后续学弟学妹们踏入社会奠定了良好的口碑。

同时，你也有心里话要对学弟学妹们说：理论知识需要非常扎实，将来在社会实际工作中才能上手快，为企业减少培训时间、降低培训成本，也为自己的职业生涯赢得开门红。

子任务一　活塞压缩机机体的结构认知

一、任务引入

大街上跑着各式各样的汽车，不尽相同的外观下承载着不同的内饰、内配，制冷压缩机也一样，不同的压缩机有不同的机体，业内人士一眼便知是何种类型的压缩机。压缩机的外观骨架便是压缩机的机体，在它的内部安装着压缩机的所有零部件，外部连接着各种管路设备，我们需要熟悉压缩机机体的结构，具备一眼辨类型的能力。

二、相关知识

1. 机体的结构

机体就是压缩机的机身，它由气缸体、曲轴箱、气缸盖等组成。图1－2－4所示为812.5A100型压缩机机体。

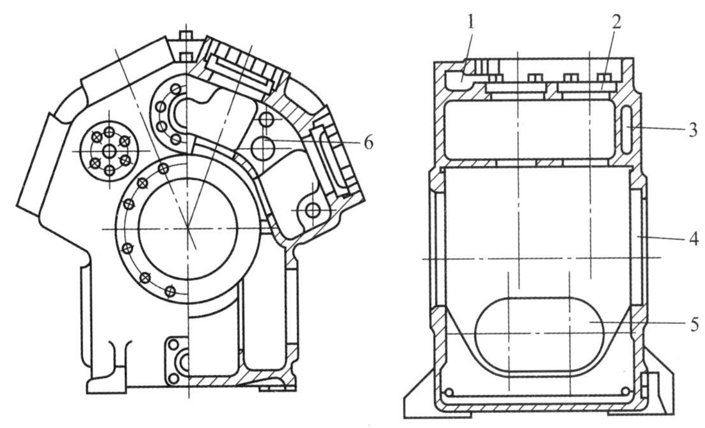

图1－2－4　812.5A100型压缩机机体

1—排气腔；2—气缸套座孔；3—吸气腔；4—主轴承孔；5—窗孔；6—吸气孔

吸气腔就是气缸体的内腔，吸入的气体通过吸气腔时可以冷却气缸套，散热条件较好。排气腔在气缸体上端，吸、排气腔之间由隔板分开。对于单机双级压缩机，高、低压级的吸、排气腔之间都由隔板分开。气缸盖对气缸上部起着密封作用，它和机体、假盖一起形成了高压蒸汽的排气腔。在拆卸气缸盖时，应防止假盖弹簧将气缸盖弹出砸伤人。气缸盖螺栓中有两个长螺栓，在拆卸时先松开短螺栓，再松开长螺栓，以慢慢释放弹簧的弹力。

气缸体下部是曲轴箱，内装曲轴和冷冻油以及粗油过滤器，曲轴箱与低压级吸气腔相通。曲轴箱两侧有手孔，以方便拆装连杆。机体前后端开有两个轴承座孔，用于安装前后轴承座。

气缸体和曲轴箱可以是分体式或整体式，机体上设有冷却水、润滑油、气流的通道和阀腔等结构。

气缸体、排气腔及内置电动机的温度较高，需要设置冷却结构，其冷却方式有水冷、风冷和制冷工质冷却。

图1－2－5所示为无气缸套的机体结构。

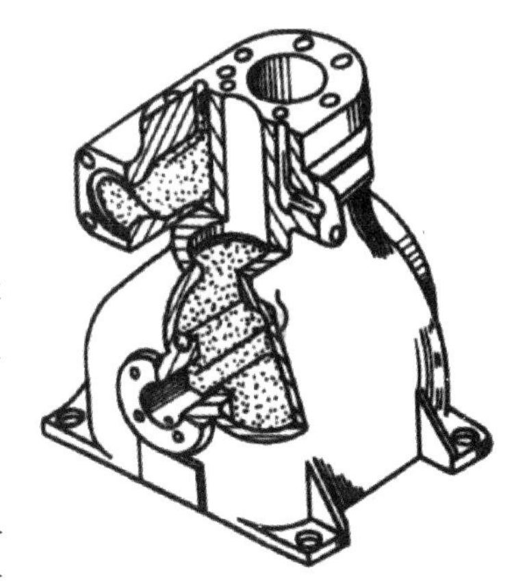

图1－2－5　无气缸套的机体结构

2. 机体组的拆卸

（1）拆掉与压缩机外部相连的各阀门、管道、仪表等。拆卸阀门管道时要注意工作人员的身体及脸部不要正对着管道、阀门的出气口，以避免剩余制冷剂泄漏伤人。拆下的管路应清洗干净并做记号，防止安装时弄乱。

（2）拆卸曲轴箱侧盖。拆下螺母后可将前、后侧盖取下。拆卸后侧盖时要保证侧盖平行地取下，以免损伤油冷却器。若侧盖和密封垫片粘牢，则可在粘合面中间位置用

镊子剔开，注意不要损坏垫片。取下侧盖时，要注意人的脸不应对着侧盖的缝隙，以免剩余制冷剂泄漏冲到脸上，然后检查曲轴箱内有无脏物或金属屑等。

（3）拆卸气缸盖。预先将水管拆下，再把气缸盖上螺母拆掉。在拆卸螺母时，两边长螺栓的螺母要最后松开，松开时两边同时进行，使气缸盖弹力平衡升起 2～4 mm 时，观察石棉垫片是粘到机体部分多还是粘到气缸盖部分多。用一字螺钉旋具将石棉垫片铲到一边，以防止损坏。若发现气缸盖弹不起，则注意螺母松得不要过多，用螺钉旋具从贴合处轻轻撬开，以防止气缸盖突然弹出造成事故。最后将螺母均匀地卸下。

三、任务反思

经过对机体的结构认识，你试着总结一下，如何通过机体判断是几缸压缩机？压缩机的接管怎么区分进气管和出气管？

子任务二　气缸套、气阀组的结构认知

一、任务引入

在学习制冷原理时，我们知道活塞式制冷压缩机的实际工作过程为吸气、压缩、膨胀、排气四个过程，其中膨胀过程是由于余隙容积的存在，因为安装压缩机的气阀须留出一定空隙，活塞达到上止点时不能与气缸盖完全贴紧。学习这个知识时你脑子里思考过气阀长什么样、是做什么用的吗？那么今天我们就一起来学习一下它们的结构。

二、相关知识

1. 缸套（见图 1－2－6）

大中型压缩机的气缸工作镜面不是和机体铸在一起，而是另配有可单独装配的气缸套，这样做有以下几点好处：

（1）气缸套耗材少，可以采用优质材料或表面镀铬来提高气缸镜面的耐磨性；

（2）如气缸镜面磨损到超过允许范围，则只需更换气缸套，既节省修理费用，又简单省时；

（3）可以简化气缸体、曲轴箱结构，便于铸造。

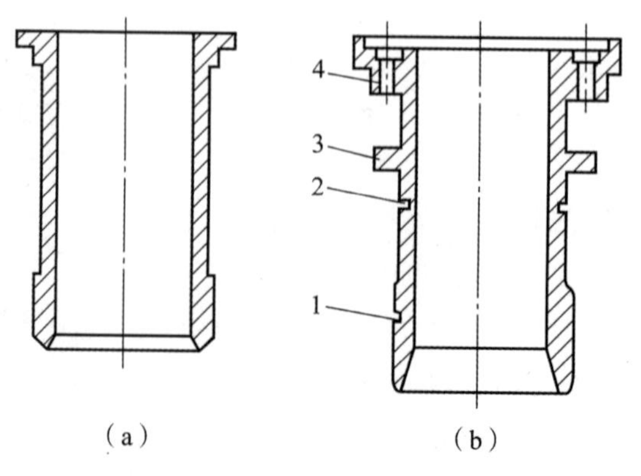

图 1－2－6　缸套

1—密封圈环槽；2—挡环槽；3—凸缘；4—吸气通道

2. 气阀（见图1-2-7）

气阀是控制气缸中依次进行压缩、排气、膨胀、吸气的控制机构，其性能的好坏直接影响到压缩机的制冷量、功耗和运转的可靠性。

气阀按其作用不同，分为排气阀和吸气阀。排气阀的阀座分为内、外阀座两部分。外阀座用螺钉与气缸套一起固定在机体上，而内阀座用螺钉和假盖固定在一起。排气阀的两条密封线分别做在内、外阀座上，排气阀片上压有数个阀片弹簧，它的升程限制器就是假盖。吸气阀的阀座是做在气缸套凸缘上的、两圈凸出的、宽度为1.5 mm左右的密封面，又称阀线。阀线之间有一环形凹槽，槽中有均布的吸气孔与吸气腔相通。吸气阀片也压有阀片弹簧。排气外阀座的下端面就是吸气阀的升程限制器。

（1）环状阀。

目前活塞压缩机多数采用环状阀，图1-2-7所示为环状阀的结构，它是由阀座、阀片和气阀弹簧等组成的，它的开启和关闭主要靠阀片两侧的压力差来实现，因此，这种阀又称为自动阀。

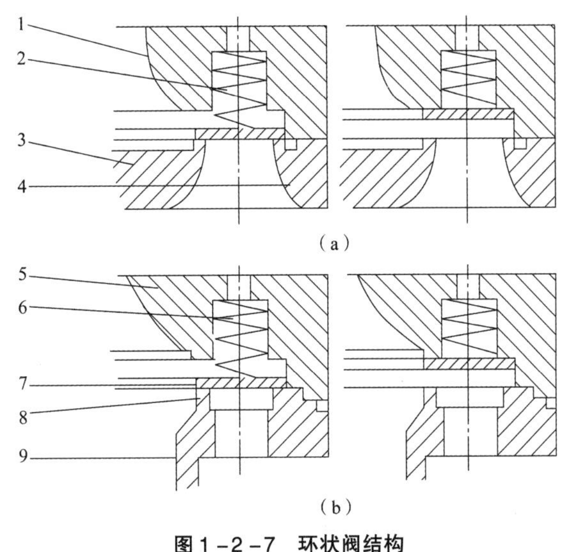

图1-2-7　环状阀结构

(a) 排气阀；(b) 吸气阀

1—假盖；2—排气弹簧；3—内阀座；4，5—外阀座；6—吸气弹簧；7—吸气阀片；8—阀线；9—缸套

（2）刚性环片阀。

刚性环片阀通常在中大型往复式制冷压缩机中采用，结构简单，易于制造，工作可靠，可实现顶开吸气阀片对输气量进行调节，但余隙容积较大，损失也较大。

气缸套及吸、排气阀的组合件如图1-2-8所示。

二、任务内容

1. 气缸套的结构

活塞机中的气缸套一般采用灰口铸铁HT200~400，加工方式为铸造。气缸套的基本结构为薄壁筒形结构，上定位带支撑在机体的上隔板上；气缸套中部的凸缘下安装用于能量调节的小顶杆、转动环和垫圈，下部的挡环槽用来安放弹性圈；气缸套下部是自由的，以便热胀冷缩。

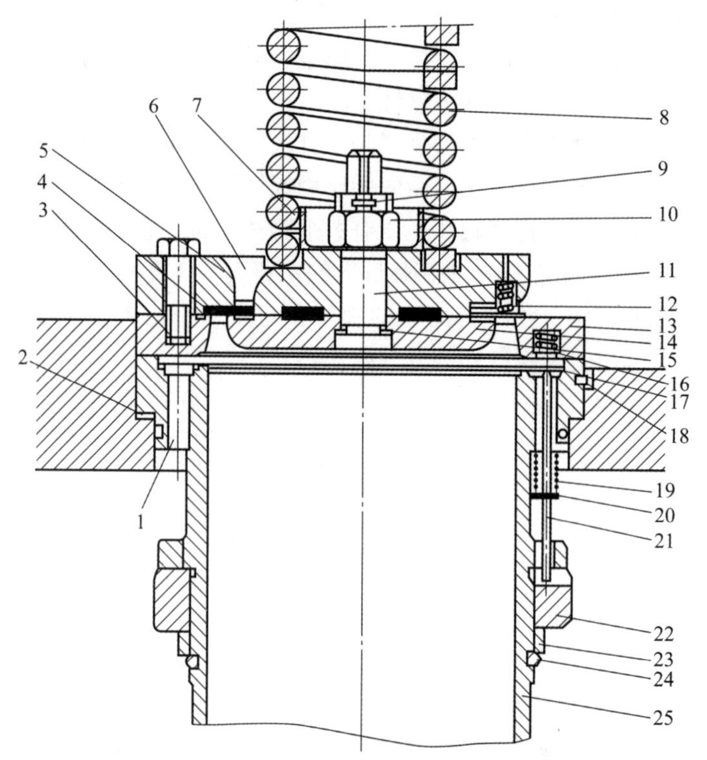

图 1-2-8　气缸套及吸、排气阀的组合件

1—吸气孔；2—调整垫片；3—螺栓；4—排气阀片；5—阀盖；6 排气孔；7—钢碗；8—安全弹簧；9—开口销；10—螺母；11—中心螺栓；12—排气弹簧；13—外阀座；14—内阀座；15—垫片；16—吸气阀弹簧；17—吸气阀片；18—圆柱销；19—顶杆弹簧；20—开口销；21—顶杆；22—转动环；23—垫圈；24—弹性圈；25—气缸套

气缸套上部的两圈阀线兼作吸气阀的阀座，阀线中间的 30 个圆孔为吸气孔口，其中小顶杆穿过均匀分布的六个略小的圆孔；呈对角线布置且具有螺纹的两个孔为安装孔，在安装和拆卸气缸套时用于旋入吊环。

对 125 系列压缩机而言，其特点在于它的上部法兰同时又是吸气阀的阀座，阀座座面低于法兰的上端面，这个差距决定于吸气阀片的厚度和升程。对于 100 系列的压缩机而言，它的这个特点与 125 系列有区别：其上部法兰也兼作吸气阀的阀座，但阀座座面高于法兰的上端面，吸气阀片的厚度和升程留在吸气阀的升程限制器（排气阀的外阀座）内。100 系列压缩机的气缸套是用螺钉直接固定在机体隔板上的。

单机双级机中，一般高压气缸套与普通气缸套在结构上有所区别：需要在气缸套下部的定位带上开有 O 形密封圈的环槽，安装时装入 O 形橡胶密封圈，用以将压力不同的高压吸气腔和曲轴箱分隔。

2. 气阀组的结构

我国缸径在 70 mm 以上的中小型活塞式制冷压缩机普遍采用刚性环片阀的结构形式。

以 125 系列压缩机的气阀组为例，其气阀组由下向上依次由以下结构组成：气阀螺栓（1 个）、金属垫片（1 个）、内阀座（1 个）、吸气阀弹簧（6 个）、外阀座（1 个）、排气阀片（1 个）、排气阀弹簧（8 个）、阀盖（1 个）、螺栓（4 个或 6 个）、钢碗（1 个）、螺母（1 个或 2 个）、开口销（1 个）。排气阀的内阀座与阀盖用螺栓连接，阀盖四周用螺

钉与外阀座连接，构成一个阀组。100 系列与 170 系列压缩机的气阀组结构相同，比 125 系列压缩机多了一个压套，外阀座固定在气缸套阀座上，通过三个短螺栓将压套—外阀座—气缸套构成一个整体，再通过三个长螺栓将导向环—外阀座—气缸套的整体与上隔板固定在一起。

3. 气缸套和气阀组的拆卸

1）气缸套的拆卸

采用两只专用吊环，将吊环拧入气缸套顶部吸气孔口中的螺纹孔内，用力向上拉出气缸套。

注意用力方向应为气缸套的轴线方向。如拉不动，则用木槌轻敲气缸底部即可拉出，拆出的气缸套应按顺序与其配合的活塞放在一起，以便装配。

2）气阀组的拆卸

气缸盖拆下后，取出安全弹簧，再取出气阀组和吸气阀片，取气阀组时应注意不能损坏外阀座与气缸口的密封线。

气阀组从部件到零件的拆卸。拆穿心螺母时一般采用梅花扳手，若过紧，则可在台钳上夹住再用梅花扳手松脱，然后拆紧固螺栓，取下阀盖。另外，拆气阀弹簧时应用手拧紧弹簧取下，不能硬拉，以免损坏弹簧。

4. 气缸套和气阀组的装配

1）缸套组件组装

（1）将缸套置于干净的软面工作台上，装转动环，转动环缺口朝下，注意其左右之分。

（2）装垫片和弹性圈，并检查转动环的灵活性。

（3）将缸套正立过来，装顶杆，使顶杆圆头落入转动环缺口槽内。

（4）对顶杆找平，即顶杆上放置吸气阀片，阀片平稳的高度差不大于 0. 1 mm。

（5）提起顶杆，套入顶杆弹簧；压缩顶杆弹簧，在顶杆上装开口销。

（6）转动转动环，检查顶杆的灵活性。

2）气缸套的装配

（1）安装气缸套时，先在准备安装的气缸套上拧入吊环，然后放好缸外的垫片，缸套要对号；将转动环和小顶杆处于卸载位置，对于 125 系列气缸套还应注意定位销与定位槽的位置。

（2）沿机体上下隔板镗孔中心线的方向将气缸套送入，装好后再用螺丝刀插入卸载装置的法兰中心孔，推动活塞，检查卸载装置是否灵活及小顶杆能否正常升降。

3）阀组组件组装

（1）阀盖大头朝下置于软面工作台上，将排气阀弹簧旋入阀盖弹簧孔内。

（2）在气阀螺栓上装上铝垫片，再装上内阀座，然后在内阀座密封面上放上排气阀片。

（3）将装好了排气阀弹簧的阀盖装在气阀螺栓上，排气阀弹簧应压住排气阀片。

（4）装上钢碗。

（5）拧上冕形螺母，装上开口销。

（6）装外阀座，使螺栓孔端面紧贴阀盖的四个或六个爪，拧上螺栓。

（7）清点其余零件（吸气阀弹簧、吸气阀片、圆柱销、安全弹簧等），以备总装配。

4）气阀组的装配

气阀零件到部件的组装：先安装气阀弹簧，在装配时可把大圈拧紧后放在弹簧座内，应

注意不要装偏斜，然后将阀盖、阀片和外阀座用 M6 螺丝连接，注意阀片应放正。

装气阀组前将卸载装置用专用螺丝顶起，使小顶杆落下，处于工作状态（以免吸气阀片放不正），然后将吸气阀片放在气缸套的密封线上，再把气阀组平行于机体上的隔板放在气缸套的顶平面上，听到“啪”一声响，并能转动自如为安装到位。

5）注意事项

（1）法兰螺母要对称均匀松紧。

（2）为了便于学习，气阀组可拆解到最小零件。

（3）准备装气缸套时，应注意气缸套上的转动环有左右之分，不要装反。

（4）如遇到气缸套和气阀组拆不下来的情况，一定不要硬砸，用皮锤使其复位后再重拆。

（5）在进行气缸套、气阀组在机体上的拆卸和安装时，应注意让身体正对机体，用力方向应为气缸套的轴线方向。气缸套上平面及气阀组下平面均应保持与机体上的隔板平行。

三、任务实施

以小组为单位，学习气缸套、气阀组的拆卸与装配，使学生在熟练掌握气缸套、气阀组结构的基础上，掌握气缸套、气阀组的拆卸与装配。

四、考核评价

考核内容：基本知识水平、基本技能、任务构思能力、任务完成情况、任务检测能力、工作态度、纪律、出勤、团队合作能力

评价方式：教师考核、小组成员相互考核。

综合评价				
主项目	序号	子项目	权重	评价分值 （总分 100）
素质要求	1	纪律、出勤	0. 1	
	2	工作态度、团队精神	0. 1	
基本知识 技能水平	3	基本知识	0. 1	
	4	基本技能	0. 1	
项目能力	5	设备维修能力	0. 2	
	6	系统运行管理能力	0. 2	
	7	项目报告质量	0. 2	
教师 评语	成绩：________　教师：________　日期：________			

五、任务小结

通过实施任务驱动法，提高学生对所授知识的理解和方法的掌握，让学生熟练掌握 125 系列气缸、气阀组的结构；能够将 125 系列气阀组拆卸、清洗并组装；能画出 125 系列缸套在机体上的安装草图；掌握 125 系列缸套在机体上的拆、装顺序并能实际操作；掌握 100 系列与 125 系列缸套结构的区别；掌握低压缸套与高压缸套在结构上的区别；能够测量气缸套

的内径；能够测量吸、排气阀的升程，带动了理论的学习和职业技能的训练，大大提高了学习的效率和兴趣。一个“任务”完成了，学生就会获得满足感、成就感，从而激发他们的求知欲望，逐步形成一个感知心智活动的良性循环。

通过教师考核与小组成员互相考核，了解学生基本掌握了所授的知识。本任务涉及的理论知识较多，并且要对系统各设备的结构有清楚的认识，以便为后面制冷机组及系统的学习打下基础。

六、作业布置

（1）气阀的作用是什么？125 系列的排气阀组由哪些零件组成？

（2）气阀有哪几种结构形式？

（3）气缸套的作用有哪些？

（4）高压缸套与低压缸套有何区别？

（5）活塞组包括哪些零件？

（6）活塞的作用是什么？

（7）如何测量压缩机的直线余隙？

子任务三　活塞压缩机驱动机构的结构认知

一、任务引入

同学们在学习了活塞式压缩机的工作原理后知道，活塞在气缸内往复运动，对制冷剂气体进行压缩，通过将电动机输入功率转化成机械能来提高制冷剂气体的压力和温度，那么输入的能量是怎么驱动活塞运动的呢，我们一起来学习一下驱动机构的结构和工作原理。

二、相关知识

1. 活塞组部件

活塞组部件由活塞、气环、油环、活塞销和弹簧挡圈组成。

1）活塞

活塞在气缸内往复运动，压缩由气缸、阀片等组成的封闭容积内的气体。为减少往复运动的惯性力，活塞常用铝合金制成，并做成中空形式，其通常由顶部、环部、裙部和销座四部分组成。

活塞顶部呈凹形（与假盖凸起相配合），上面有起吊螺孔，它承受蒸汽压力；环部开有环槽，在其中放置汽环和油环，油环槽的内壁圆周上开有很多回油孔，油环从气缸壁上刮下的润滑油可通过它流回曲轴箱；裙部略粗，在气缸中起导向作用并承受侧压力；活塞销座位于裙部，用于装配活塞销使活塞与连杆小头相连。

图 1－2－9 所示为筒形活塞组。

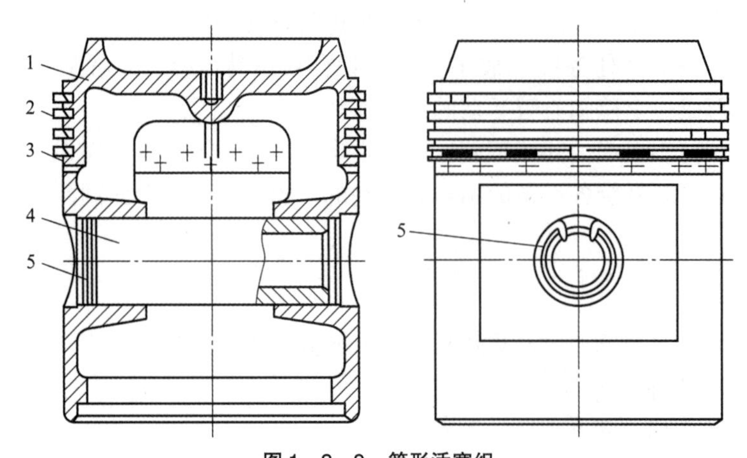

图 1－2－9　筒形活塞组

1—活塞；2—气环；3—油环；4—活塞销；5—弹簧挡圈

2）气环

气环的作用是密封气缸的工作容积，防止高压气体通过气缸壁与活塞表面之间的间隙泄漏到曲轴箱中。

3）油环

油环的作用是刮下附着于气缸壁上多余的润滑油，并使壁面上的油膜分布均匀。油环的刮油作用是依靠环的结构及其与环槽的配合来实现的。油环的刮油作用及其结构形式分别如图 1－2－10 和图 1－2－11 所示。

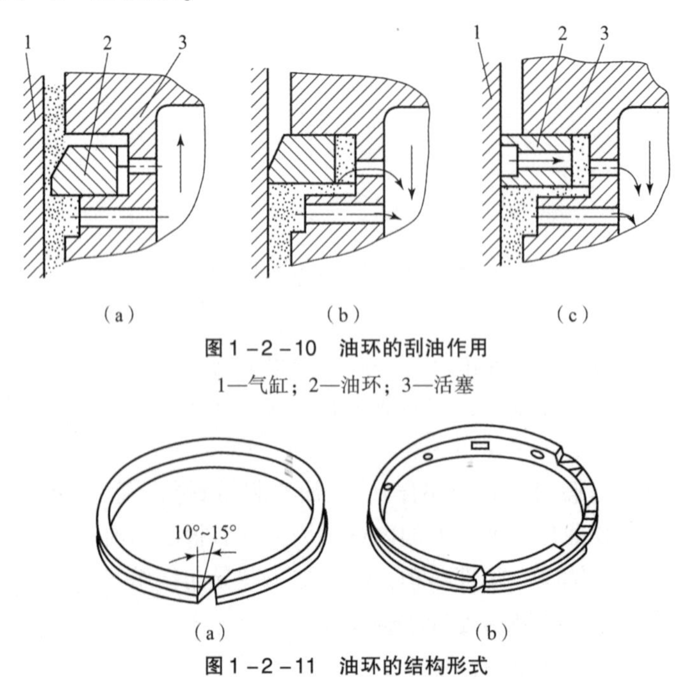

图 1－2－10　油环的刮油作用

1—气缸；2—油环；3—活塞

图 1－2－11　油环的结构形式

（a）斜面式；（b）槽式

4）活塞销

活塞销用来连接活塞和连杆小头。连杆通过活塞销带动活塞做往复运动。活塞销结构简单，一般制成中空的圆柱体。活塞销及其连接方式如图 1－2－12 所示。

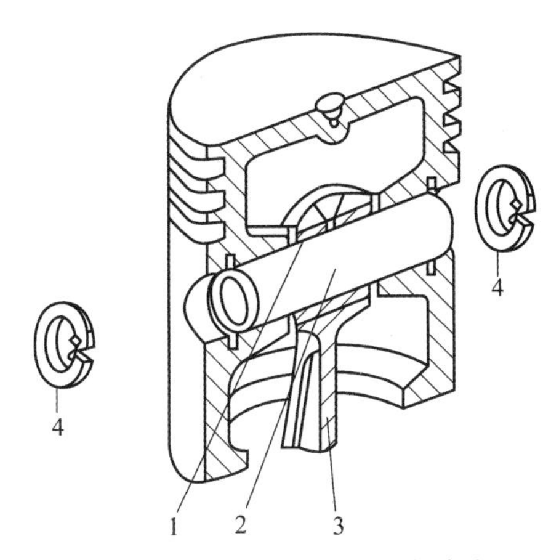

图 1－2－12　活塞销及其连接方式

1—连杆小端衬套；2—活塞销；3—连杆；4—卡环

2. 连杆部件

连杆是将曲轴的旋转运动转化为活塞往复运动的中间连接体，其作用是把动力传给活塞对蒸汽做功。连杆结构一般可分为三部分：连杆小头、连杆身、连杆大头。连杆组件的结构形式如图 1－2－13～图 1－2－15 所示。

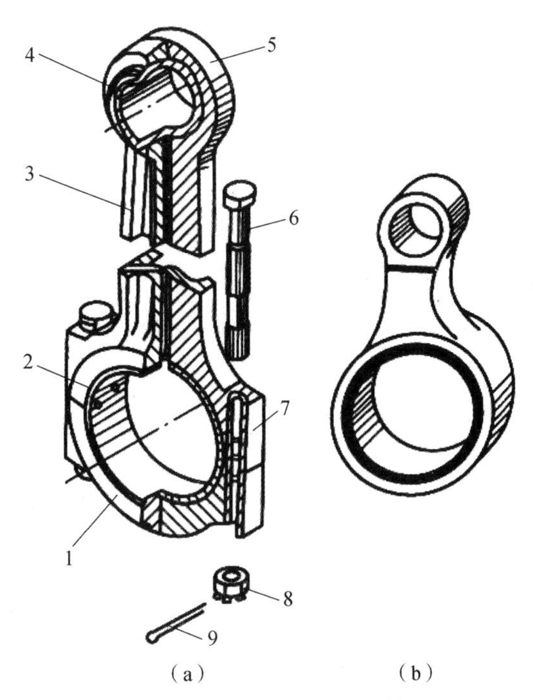

图 1－2－13　剖分式及整体式连杆组件

（a）剖分式连杆；（b）整体式连杆

1—连杆大头盖；2—连杆大头轴瓦；3—连杆体；4—连杆小头衬套；
5—连杆小头；6—连杆螺栓；7—连杆大头；8—螺母；9—开口销

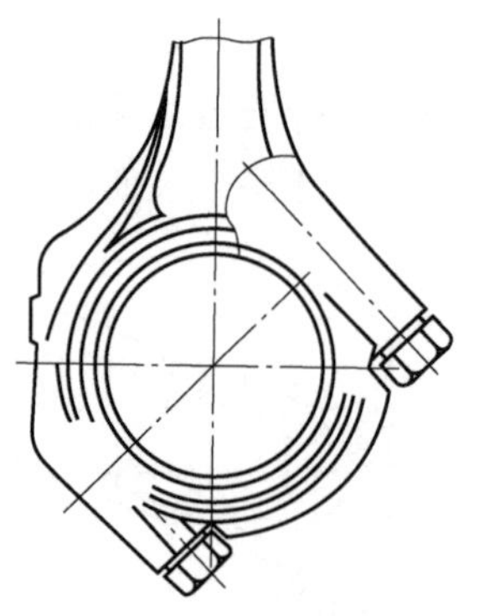

图 1-2-14　斜剖式连杆大头

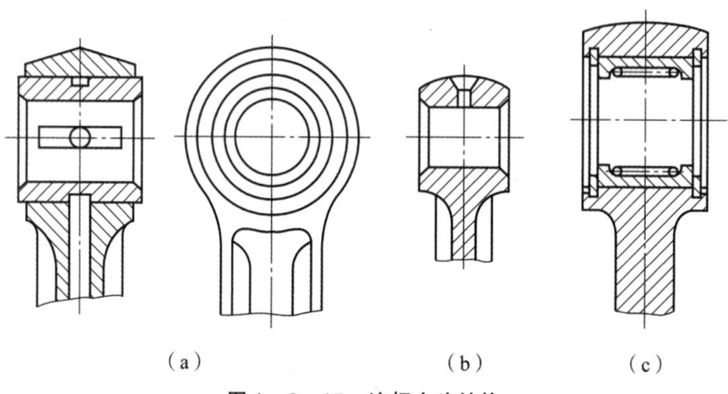

图 1-2-15　连杆小头结构

(a) 半浮式活塞销；(b) 全浮式（压力润滑）；(c) 全浮式（飞溅润滑）

3. 曲轴

曲轴是压缩机的一个重要零件，压缩机消耗的功率就是通过曲轴输入的，它是主要的受力部件。曲轴由曲柄、曲柄销和主轴颈、平衡块四部分组成。平衡块用以平衡压缩机运转时曲柄、曲柄销及部分连杆所产生的旋转惯性力和惯性力矩，其目的是减小压缩机运转时所产生的振动，也可以减轻曲轴主轴承上的负荷，减小轴承的磨损。

曲轴除传递动力作用外，通常还起输送润滑油的作用，即通过曲轴上的油孔，将油泵供油输送到连杆大头、小头、活塞及轴承处，润滑各摩擦表面，如图 1-2-16 所示。

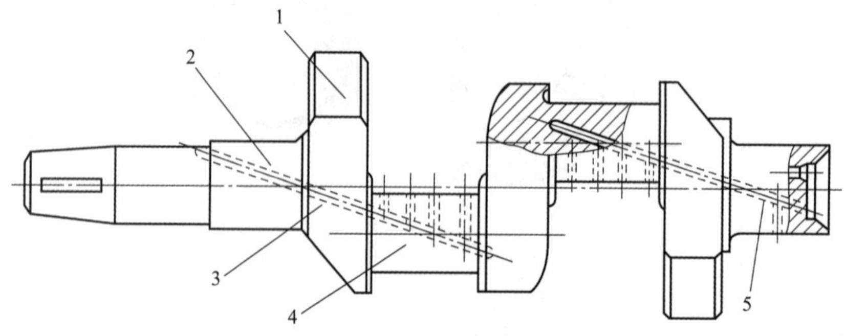

图 1-2-16　812.5A100 型压缩机曲轴的输油道

1—平衡块；2—主轴颈；3—曲柄；4—曲柄销；5—油道

三、相关任务

1. 活塞连杆组的拆卸

拆卸活塞连杆组时，首先用钢丝钳取出开口销，再把曲轴转到上死点位置，取下大头盖，然后把吊环拧进活塞顶部的螺纹孔内，轻轻用手托住取出活塞，取出活塞连杆组件后再把大头盖合上去，防止大头盖的号码弄错而影响装配，且应保证大头盖上标号在同一侧。

2. 活塞连杆组的安装

活塞连杆组在安装时可参考图1－2－17。安装时，先将小头衬套装入连杆小头内，连杆小头放入活塞体内；将活塞销插入销座和小头衬套孔内，转动灵活。活塞销装入后，用钢丝钳将弹簧挡圈放入活塞销座孔的槽内。

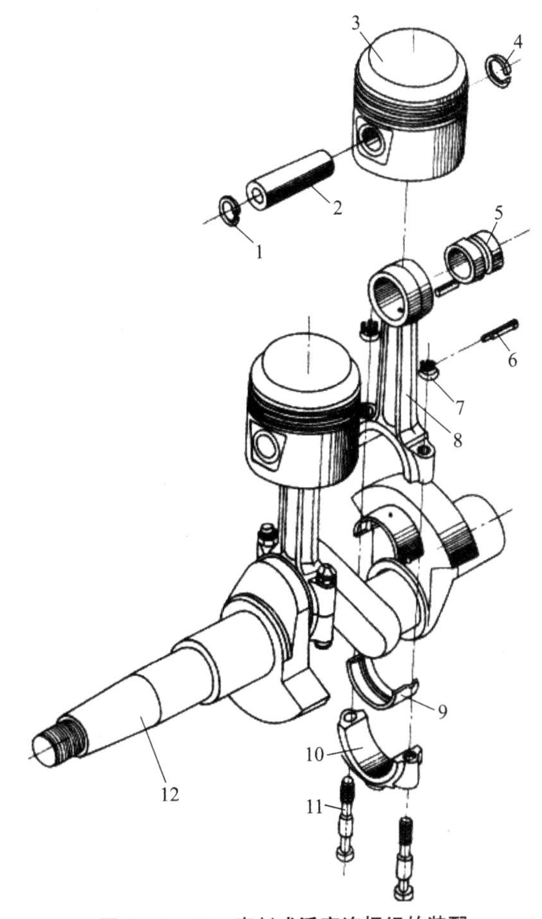

图1－2－17　直剖式活塞连杆组的装配

1，4—弹簧挡圈；2—活塞销；3—活塞；5—连杆小头衬套；6—开口销；7—连杆螺母；8—连杆；9—连杆大头轴瓦；10—连杆大头盖；11—连杆螺栓；12—曲轴

向机体内装配时，先将对应的气缸套上放上压套，将吊环旋入活塞体顶部的螺纹孔内，用吊环将活塞连杆组件托好后放入气缸内，连杆大头要对准曲柄销，再把活塞连杆组往下送；当活塞环与压套相接触时，用手挤压切口，逐个送入。在送入活塞环的过程中，为提高此活塞的密封性，应注意把各切口错开成120°。将连杆大头对准曲柄销，再把活塞连杆组往下送，直至正好卡在曲柄销上为止；然后从侧盖处合上大头盖，用螺栓固定好，最后放上开口销。

3. 活塞机的直线余隙的测量

将50A的保险丝做成U形，放在活塞顶部的螺纹孔内，呈“十”字形放入两个。装好排气阀组、安全弹簧、气缸盖，盘车4~5圈，然后拆下气缸盖、安全弹簧、气阀组。用游标卡尺或外径百分尺测量压扁的铅丝，前、后、左、右四根铅丝的平均值即为气缸的直线余隙。

四 、注意事项

（1）活塞销安装有热装和冷装两种，通常以热装为主，即根据热胀冷缩的原理，先将活塞体和连杆小头预热，然后再将冷的活塞销放入。

（2）活塞连杆组在机体上拆卸和装配时，应注意用手托住连杆体，防止连杆大头刮伤气缸内壁。

（3）在活塞连杆组向机体上装配时，应注意将活塞环的切口错开成120°，以减少可变工作容积内气体的泄漏。

（4）在安装每个曲柄销上的最后一个活塞连杆组时，应先将已安装上的几个连杆大头向一侧敲一敲，给最后的一个连杆大头留出足够的空间。

（5）在安装连杆大头盖时，应注意连杆大头盖与大头体的标号相同且在同一侧。因此，对于检修的压缩机，应将拆下的大头盖与对应的活塞连杆组放在一起，以防止大头盖的号码弄错。

五、任务实施

以小组为单位，学习冷凝器活塞连杆组、曲轴的拆卸与装配，使学生在熟练掌握125 系列活塞、连杆组及曲轴结构的基础上，掌握125系列活塞连杆组的组装、活塞连杆组在机体上的拆卸和装配，并了解直剖和斜剖式连杆结构及定位，以及高压连杆与低压连杆的区别。

六、考核评价

考核内容：基本知识水平、基本技能、任务构思能力、任务完成情况、任务检测能力、工作态度、纪律、出勤、团队合作能力。

评价方式：教师考核、小组成员相互考核

综合评价				
主项目	序号	子项目	权重	评价分值（总分100）
素质要求	1	纪律、出勤	0.1	
	2	工作态度、团队精神	0.1	
基本知识技能水平	3	基本知识	0.1	
	4	基本技能	0.1	
项目能力	5	设备维修能力	0.2	
	6	系统运行管理能力	0.2	
	7	项目报告质量	0.2	
教师评语	成绩：_______ 教师：_______ 日期：_______			

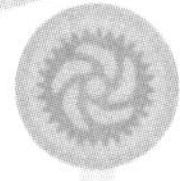

七、任务小结

通过实施任务驱动法，提高学生对所授知识的理解和方法的掌握，让学生熟练掌握125系列活塞、连杆、曲轴的结构；能画出125系列活塞、连杆、曲轴的草图；能画出曲柄连杆机构的工作示意图；掌握125系列活塞连杆组的组装；掌握125系列活塞连杆组在机体上的拆装顺序并能实际操作；掌握直剖、斜剖连杆结构及定位的区别；掌握高压连杆与低压连杆的区别；了解活塞式制冷压缩机直线余隙的测量；掌握曲轴和连杆体上的油路，带动了理论的学习和职业技能的训练，大大提高了学生学习的效率和兴趣。一个“任务”完成了，学生就会获得满足感、成就感，从而激发他们的求知欲望，逐步形成一个感知心智活动的良性循环。

通过教师考核与小组成员互相考核，了解学生基本掌握了所授的知识。本任务涉及的理论知识较多，并且要对系统各设备的结构有清楚的认识，以便为后面制冷机组及系统的学习打下基础。

八、作业布置

（1）润滑油如何流过双曲拐轴和连杆？

（2）如果在活塞连杆组装配时忘记将活塞环切口错开，压缩机工作后可能有什么影响？

（3）安装活塞连杆组时，有哪些要注意的问题？

子任务四　能量调节装置的结构认知

一、任务目的

要求同学们掌握油缸拉杆机构的拆卸和装配；能够较熟练地掌握油三通阀和能量调节阀的内部结构、名称、安装位置及工作原理；掌握油缸拉杆机构的结构和工作原理。在此基础上，了解油三通阀、能量调节阀和油缸拉杆机构在压缩机中所起的作用以及与周围的联系。

二、任务要求

（1）掌握油三通阀的作用、结构和工作原理。

（2）掌握能量调节阀的作用、结构和工作原理。

（3）掌握油缸拉杆机构的结构、工作原理及其安装和拆卸。

三、实验器材

（1）设备及配件：油三通阀、8缸压缩机的能量调节阀、一台压缩机的三套或四套油缸拉杆。

（2）工具：活扳手、螺丝刀、木槌等。

四、相关知识

1. 能量调节机构

压缩机能量调节的方法主要有以下几种：

（1）改变压缩机转速：需要变频器，影响油压。

（2）压缩机间隙运行：温度、压力变化大，操作麻烦。

（3）压缩机吸气节流：压缩机经济性降低。

（4）顶开吸气阀片：方便，经济，可实现卸载启动。

顶开机构的工作原理：通过顶杆将部分气缸的吸气阀片顶起，这几个气缸在吸气之后进行压缩时，由于吸气阀片不能关闭，气缸中压力不能建立，排气阀片始终不能打开，被吸入的气体没有得到压缩就经过打开的吸气阀片又排回到吸气腔中。因此，这部分气缸不能实现排气，达到改变压缩机排量的作用，如图 1－2－18 所示。

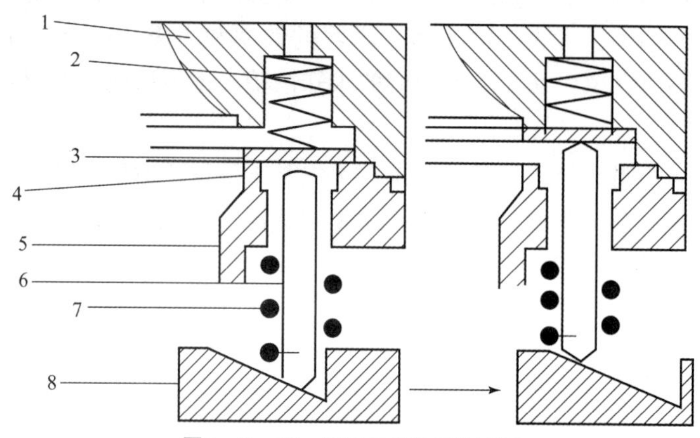

图 1－2－18　顶开机构的工作原理

1—外阀座；2—吸气弹簧；3—吸气阀片；4—阀线；5—缸套；6—顶杆；7—顶杆弹簧；8—转动环

1）油缸拉杆顶开吸气阀片调节机构（见图 1－2－19）

油缸拉杆顶开吸气阀片调节机构是由能量控制阀和卸载机构两部分组成，两者之间通过油管相连，并用油泵输出的压力油作为动力。卸载机构是一套装在压缩机内部的液力传动机构，主要由油缸、油活塞、拉杆、弹簧、转动环、顶杆等组成。拉杆上的凸环嵌在气缸套外部的转动环中。

注意事项：高、低压级油缸有所区别，压缩机左、右两侧气缸外的转动环上斜槽方向不同。

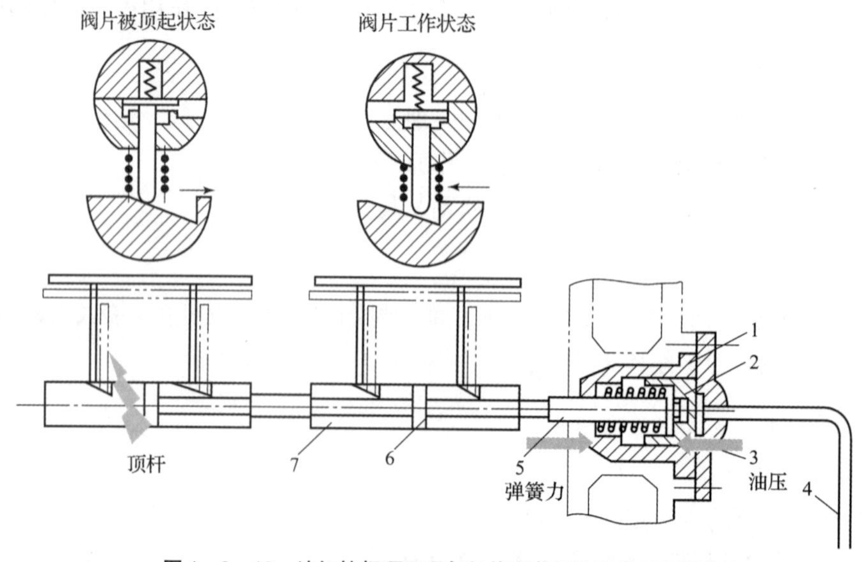

图 1－2－19　油缸拉杆顶开吸气阀片调节机构工作原理图

1—油缸；2—油活塞；3—弹簧；4—油管；5—拉杆；6—凸缘；7—转动环

2）油压直接顶开吸气阀片调节机构（见图 1－2－20）

油压直接顶开吸气阀片调节机构由卸载机构和能量控制阀两部分组成，两者之间用油管连接。卸载机构是一套液压传动机构，它能够接受能量控制阀的操纵，及时地顶开或落下吸气阀片，达到能量调节的目的。

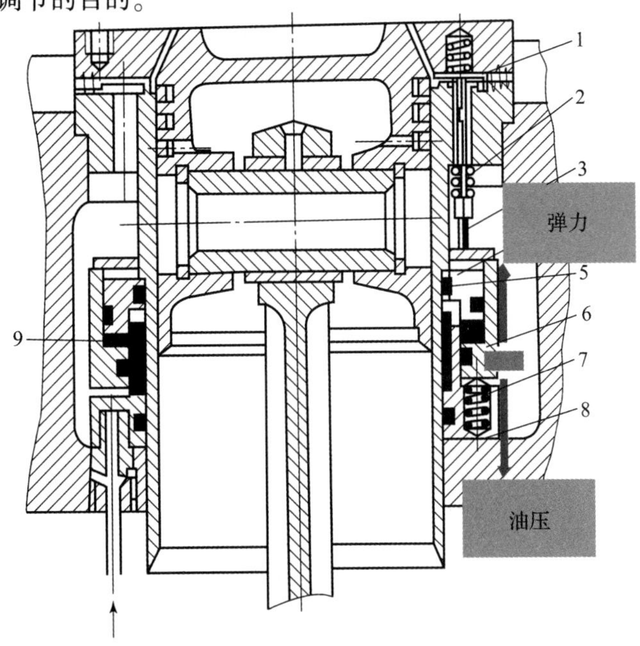

图 1－2－20 油压直接顶开吸气阀片机构

1—吸气阀片；2—顶杆弹簧；3—顶杆；4—上固定环；5—O 形密封圈；
6—移动环；7—卸载弹簧；8—下固定环；9—环形槽

2. 油三通阀与能量调节阀的安装位置和工作原理

油三通阀是活塞式制冷压缩机实现手动加油和放油的设备，其安装于压缩机曲轴箱的出油口、粗过滤器的外部。

油三通阀主要由阀体、阀芯、指示盘、手柄等结构组成。阀体上有三个配油管接口：其中底部的油口与曲轴箱相通，阀体上用帽盖住的一个油口为油嘴，阀体上的另一个油口与油泵相通，所以此阀称为油三通阀。阀芯将阀体内部的圆柱形空间分为两部分，依靠阀芯位置的变换可实现三通阀的两通一堵，从而实现“工作”“加油”和“放油”的状态。

如图 1－2－21 所示，阀芯处于图 1－2－21（a）所示的位置，曲轴箱与油泵相通，为“工作”过程；阀芯处于图 1－2－21（b）所示的位置，油嘴与油泵相通，为“加油”过程；阀芯处于图 1－2－21（c）所示的位置，曲轴箱与油嘴相通，为“放油”过程。

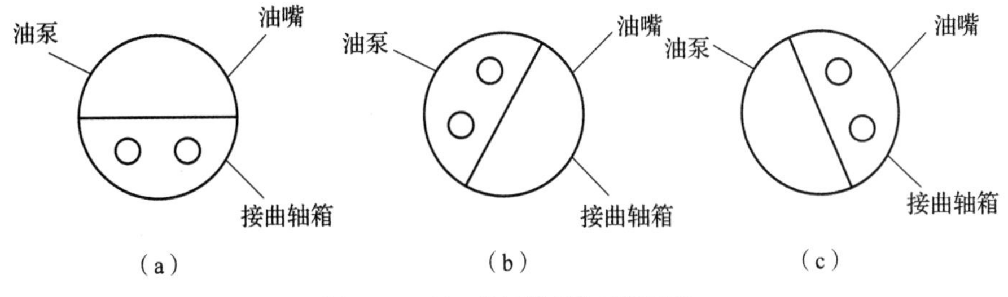

图 1－2－21 油三通阀的工作原理

能量调节阀又称为油分配阀。能量调节阀安装在机体外部的控制表盘上，用于实现能量调节装置（油缸拉杆机构）压力油的供给和切断。

图 1-2-22 所示为 8 缸压缩机的能量调节阀。其基本结构与油三通阀相类似，也是由阀体、阀芯、指示盘和手柄等结构组成，但是其阀体上的配油管接口要比三个接管多。如图 1-2-22 所示，1 为与油缸相接的油孔，可实现各个油缸中压力油的供油和回油；2 为压力表接管，可显示用于能量调节的压力油的油压；3 为进油管，与轴封室的出油管相接；4 为回油接管，与压缩机的曲轴箱相接。阀芯将阀体内腔分隔成吸油腔和回油腔。

工作时，根据输气量调节的要求转动手柄 7，使隔板处于不同的位置，将压力油通过 b 孔和油管分送到需要工作的油缸，同时又使需要卸载的油缸通过油管 1 和 a 孔释压回油。

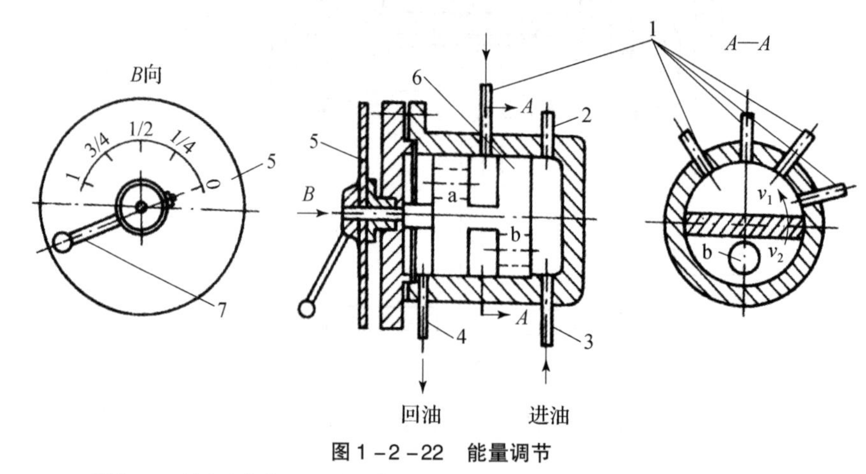

图 1-2-22　能量调节

1—油孔；2—压力表接管；3—进油管；4—回油接管；5—指示盘；6—阀芯；7—手柄

3. 油缸拉杆机构的结构和工作原理

油缸拉杆机构属于活塞式制冷压缩机的能量调节装置，由油缸、油活塞、拉杆、拉杆弹簧等结构组成。其一端通过油管与油分配阀相连，另一端与气缸套上的转动环和小顶杆等能量调节的执行机构相连。

上载时，输气量控制阀接通轴封到油缸拉杆机构的油路，油活塞在其右侧压力油的作用下，压缩弹簧并推动拉杆向前移动，拉杆带着转动环转动，使小顶杆处于转动环斜槽的最低处，吸气阀可以正常启闭，气缸上载。

卸载时，输气量控制阀切断轴封到油缸拉杆机构的油路，并接通油缸拉杆机构回曲轴箱的油路，油活塞失去压力油的作用，弹簧力带着拉杆向后移动，拉杆带着转动环转动，使小顶杆处于转动环斜槽的最顶端，吸气阀呈常开状态，气缸卸载。

4. 油缸拉杆机构的拆卸和安装

拆卸油缸拉杆时，先将油管接头拆下，再拆与机体相连的法兰，法兰内有弹簧，应注意不要将油缸盖弹出。然后取出油活塞，即可拿下油缸和拉杆。

装配油缸拉杆时，与拆卸的顺序相反。在油缸盖法兰装好后，将螺丝刀插入法兰中心的通孔，推动油活塞，检查卸载装置是否灵活。

五 、注意事项

（1）油三通阀及油分配阀上拆下的油管应用布包好，以防进去灰尘堵塞油路。

（2）所有法兰在拆卸和装配时都要按对称均匀的原则松紧。

（3）拆油缸盖法兰时应注意里边有弹簧，松开螺母后用手扶住法兰盖，以免法兰盖弹起伤人。

（4）如果油缸拉杆不好取出，可从吸气腔内用木棒敲击油缸，即可把油缸、弹簧和拉杆一起取出。

（5）拆下后的油缸拉杆机构应按顺序放好，因为同一台机器几个拉杆的长度不同，如图 1－2－23 所示。

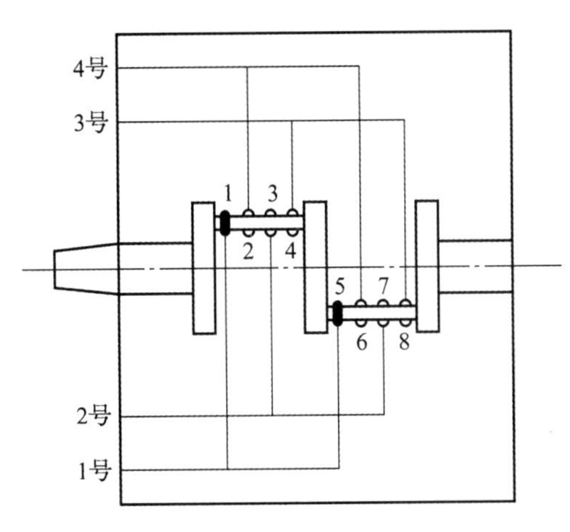

图 1－2－23　拉杆长短示意图

六、考核评价

考核内容：基本知识水平、基本技能、任务构思能力、任务完成情况、任务检测能力、工作态度、纪律、出勤、团队合作能力

评价方式：教师考核、小组成员相互考核。

综合评价				
主项目	序号	子项目	权重	评价分值 （总分 100）
素质要求	1	纪律、出勤	0.1	
	2	工作态度、团队精神	0.1	
基本知识 技能水平	3	基本知识	0.1	
	4	基本技能	0.1	
项目能力	5	设备维修能力	0.2	
	6	系统运行管理能力	0.2	
	7	项目报告质量	0.2	
教师 评语	成绩：________　　教师：________　　日期：________			

子任务五　润滑系统的结构认知

一、任务目的

通过本次实验，要求大家掌握油泵的拆卸与安装，并进一步掌握油泵中各大小零部件的结构、名称，以及油泵的工作原理和轴封的密封原理。掌握油泵的几条油路通向何处，并在此基础上掌握开启式压缩机压力润滑的润滑油循环路线。

二、任务要求

（1）掌握内啮合转子泵与外啮合齿轮泵的结构和工作原理。

（2）了解油冷却器、粗细油过滤器、油压调节阀的安装位置和基本工作原理。

（3）熟练掌握压力润滑系统的润滑油循环路线。

（4）掌握油路的连接。

三、相关知识

1. 润滑方式

1）飞溅润滑

借助曲轴连杆机构的运动，把曲轴箱中的润滑油甩向需要润滑的表面，或是让飞溅起来的油按设定的路线流过需要润滑的表面，即通过连杆大头端的溅油勺将油飞溅到各润滑摩擦面，其结构简单，但润滑效果差，无法控制油量，适用于小型压缩机，如图 1－2－24 所示。

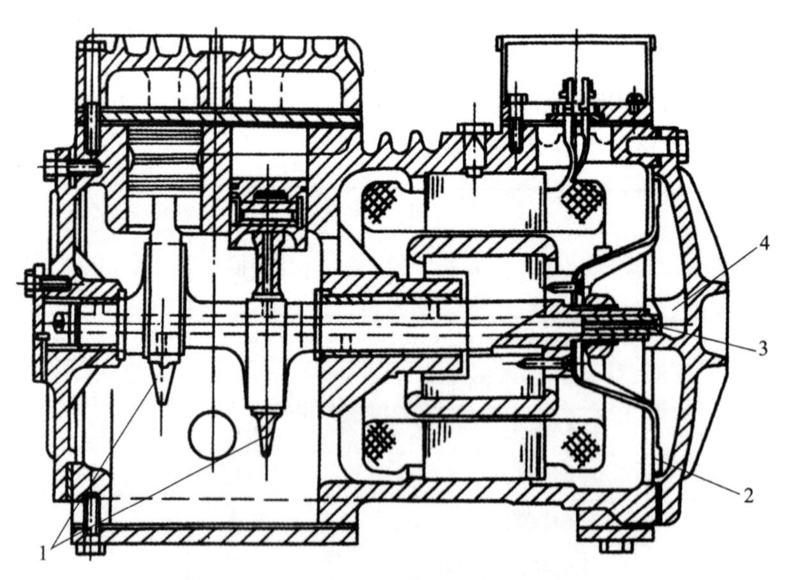

图 1－2－24　2FL4BA 型半封闭制冷压缩机

1—溅油勺；2—甩油盘；3—曲轴中心油道；4—集油器

2）压力润滑

利用油泵加压的润滑油通过输油管路输送到需要润滑的摩擦面。这种供油方式油压稳定，油量充足，润滑安全可靠，如图 1－2－25 所示。

油路的流向。曲轴箱中的润滑油经过装在曲轴箱底部的滤网式（粗）过滤器和三通阀后被油泵吸入，提高压力后，经梳片式（精）滤油器滤去杂质后分成两路：一路去后主轴承座，润滑主轴颈，并通过主轴颈内的油道去相邻的一个曲柄销润滑该曲柄销上的连杆大头轴瓦，再通过连杆体中的油孔输送到连杆小头衬套，润滑活塞销，这一路在后轴承座上设有油压调节阀，一部分油经过油压调节阀旁通流回到曲轴箱；另一路进入轴封箱，润滑和冷却轴封摩擦面并形成油封，然后进入前主轴承，润滑主轴颈及相邻曲柄销，此外再从轴封箱引出一路，供给卸载装置的油分配阀作为能量调节机构的液压动力。

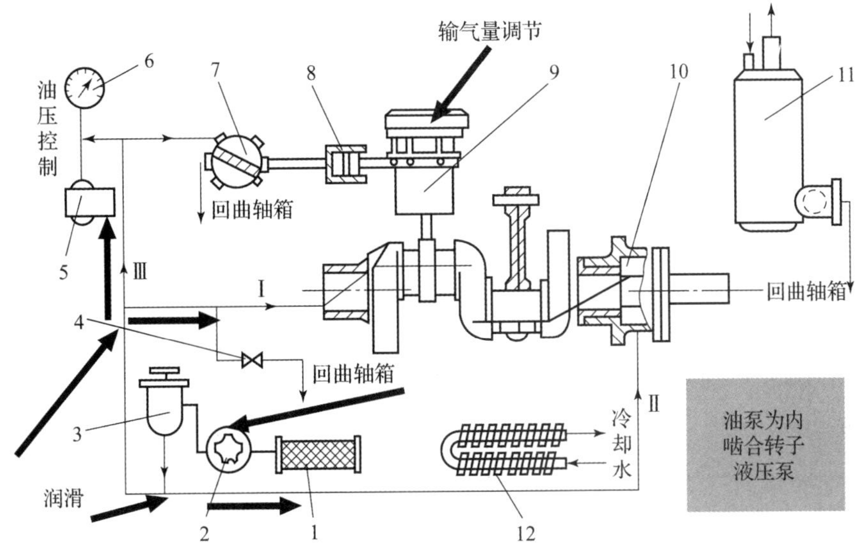

图 1-2-25　齿轮油泵压力润滑系统

1—粗滤器；2—油泵；3—细滤器；4—油压调节阀；5—油压差控制器；6—压力表；7—油分配阀；8—卸载油缸；9—活塞、连杆及缸套；10—轴封；11—油分离器；12—油冷却器

2. 润滑系统的结构

1）油泵

常用内啮合转子式齿轮油泵（简称转子泵），由曲轴驱动，对旋转方向有要求。压缩机电动机的旋转方向是由油泵转向决定的。曲轴箱压力过低（汽蚀）或油泵磨损过大，都会影响油压的建立。蒸发温度低于 -45 ℃时常采用外置油泵。

图 1-2-26 所示为内啮合转子式齿轮油泵的剖面图，运动时，两个转子的齿相互啮合，向同一方向转动，但转速不相等，油从吸油孔吸入，储油空间容积不断变化，最后由排油孔排出。

内啮合转子式油泵的结构及安装示意如图 1-2-27 所示，其主要结构为偏心配置的内转子和外转子，内转子转动时，它与外转子内表面构成的空间周期性地扩大和缩小，并且扩大时逐渐与吸油孔连通，缩小时逐渐与排油孔连通，从而完成吸油和排油的过程。

2）润滑油滤清器

润滑油过滤器的作用是滤去润滑油中的金属屑、型砂和机械杂质等，防止它们进入摩擦

表面，导致磨损加剧。精过滤器大多采用金属片缝隙式，可使用羊毛毡作为过滤材料，过滤效果更好，但阻力很大，且易阻塞，如图 1－2－28 所示。

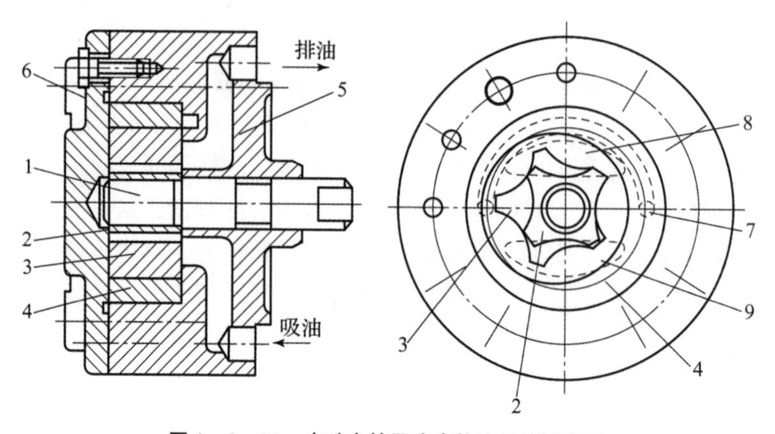

图 1－2－26　内啮合转子式齿轮油泵的剖面图

1—传动轴；2—内转子；3—外转子；4—换向圆环；5—泵体；6—泵盖；7—定位销；8—排油口；9—吸油口

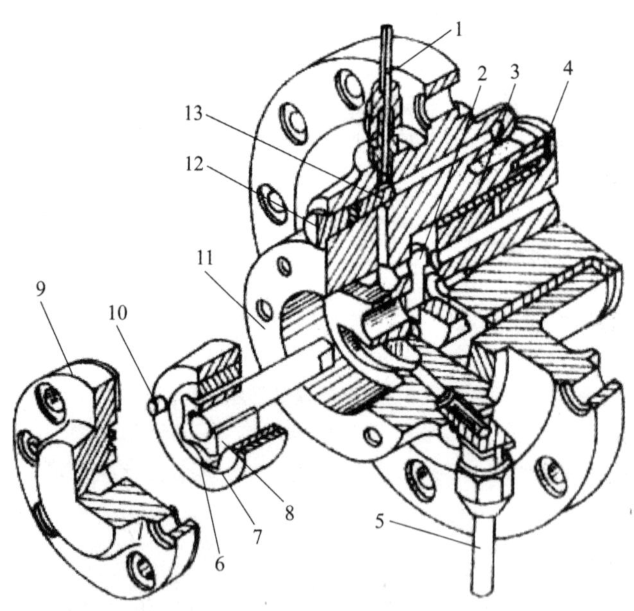

图 1－2－27　内啮合转子式油泵的结构及安装示意

1—压力表油管；2—传动块；3—后轴承；4—曲轴；5—吸油管；6—换向圆环；7—外转子；8—内转子；9—泵盖；10—定位销；11—后轴承座；12—螺栓；13—油压调节螺栓

3）油压调节阀（见图 1－2－29）

（1）调节方法：若油压偏低，则顺时针旋转调节阀杆，以增大弹簧力，减少阀芯的开启度；反之则逆时针旋转，使油压下降。调整油压调节阀的同时应观察油压表和吸汽压力表，看油压差是否达到要求。

（2）工作原理：通过改变弹簧力的大小以改变工作时阀芯的开启度，从而调节压缩机润滑系统中的油压。

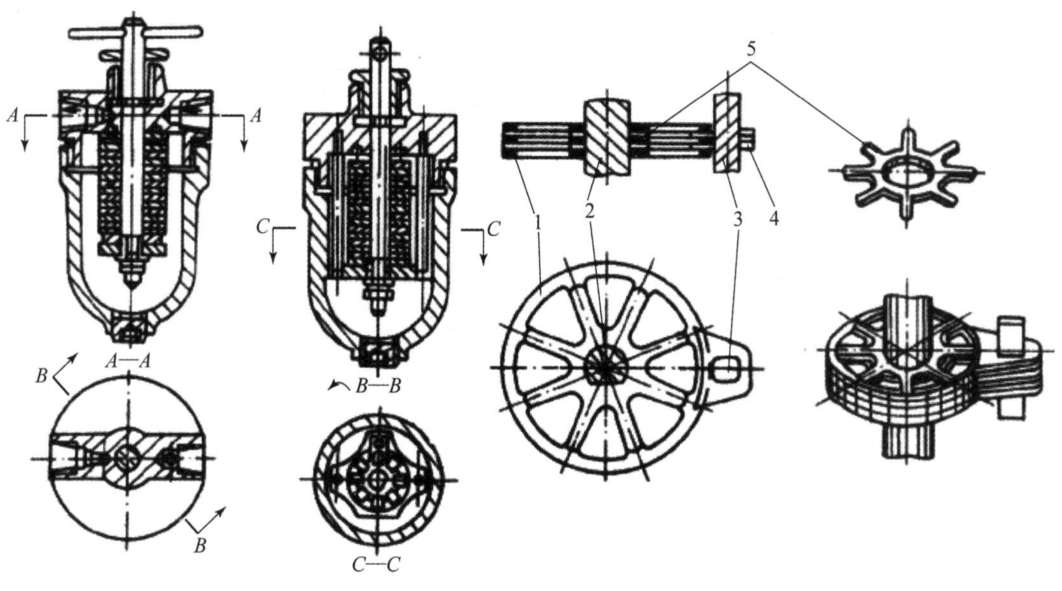

图 1-2-28　金属片式细滤器

1—主片；2—心轴；3—定轴；4—刮片；5—中间片

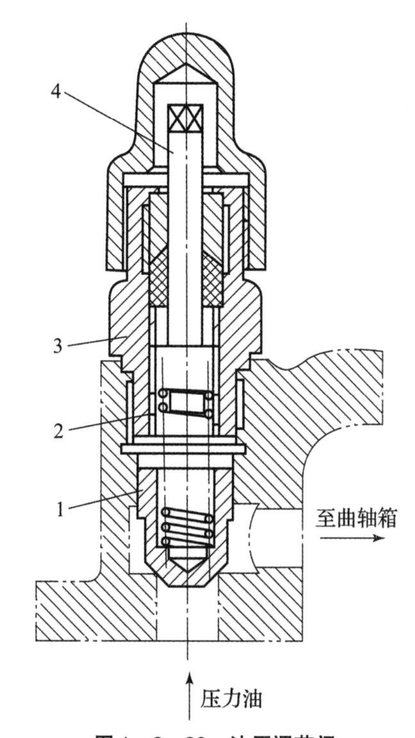

图 1-2-29　油压调节阀

1—阀芯；2—弹簧；3—阀体；4—调节阀杆

4）油冷却器

为控制润滑油的温度指标，不至于因油过稀而破坏正常的润滑，除了缸数少、缸径小的小型制冷压缩机的润滑油靠曲轴箱壁自然冷却以外，对于多缸或功率较大的制冷压缩机，通常需要考虑润滑油的强制冷却（冷却盘管或制冷剂）。

5）油三通阀

油三通阀是为润滑油的注入、排放及更换操作而设置，它安装于油泵下方的曲轴箱端面上，位于曲轴箱油面以下。

四、相关任务

1. 内啮合转子泵的拆卸和装配

在进行油泵拆卸时，应先拆下油泵和油三通阀之间的油管，然后拆下滤油器上的螺母，取下细滤油器和泵盖，即可进行油泵的拆卸。

内啮合转子泵装配时，将油槽润滑后，将油道垫板装好，再把内、外转子装入泵体，泵轴转动灵活即可；然后将泵盖对准定位销装在泵体上，对称旋紧螺钉；最后将传动块装入曲轴端槽内，并转动曲轴数周，以保证油泵转动灵活。

2. 油冷却器、油过滤器和油压调节阀的安装

油冷却器为一个基本的盘管式换热器，管内走冷却水，管外为油，所以油冷却器是放在曲轴箱内，与一侧盖连接在一起的。安装时，应先将其与侧盖上的进出水管连接在一起，然后同侧盖一起安装，安装时注意不要同曲轴箱内的其他零部件发生碰撞。

活塞机中的油过滤器通常有粗滤油器和细滤油器两种。粗滤油器为网式结构，安装在曲轴箱底部油三通阀的里面；细滤油器为片式结构，装在压缩机曲轴的后端盖上。安装细滤油器时注意四个紧固螺栓要对称均匀，同时安装后要转动主轴，保证其旋转灵活。

油压调节阀由阀芯、弹簧、阀体和调节阀杆等结构组成，当细滤油器出来的润滑油压力比曲轴箱油压高出很多（近似等于弹簧预紧力）时，阀芯被压力油顶起，部分压力油从此处泄回曲轴箱，使系统油压值降低。油压调节阀一般安装在压缩机的后主轴承上，安装时先将阀芯安装到位，然后安装弹簧和阀体，最后旋紧阀盖。

3. 压力润滑系统的润滑油循环路线

曲轴箱→粗滤油器→油三通阀→油泵→细滤油器→分三路：

（1）油压调节阀→回曲轴箱；

（2）后主轴承与主轴颈之间→经曲轴中心油孔→连杆大头轴瓦与曲柄销之间→ 经连杆中心油孔→连杆小头衬套与活塞销之间→回曲轴箱；

（3）经机体外油路→轴封室→分两路：

①前主轴承与主轴颈之间→（经曲轴中心油孔）→连杆大头轴瓦与曲柄销之间→经连杆中心油孔→连杆小头衬套与活塞销之间→回曲轴箱；

②输气量调节阀→上载→油缸拉杆→卸载→输气量调节阀→回曲轴箱。

五、注意事项

（1）装油泵时，要注意油泵的轴要对准曲轴后端传动块的长孔，泵体螺栓孔侧的油路通孔要与后轴承座上的通孔对准。

（2）拆卸油泵时要注意保护石棉垫片。

六、考核评价

考核内容：基本知识水平、基本技能、任务构思能力、任务完成情况、任务检测能力、工作态度、纪律、出勤、团队合作能力。

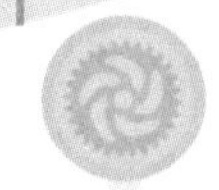

评价方式：教师考核、小组成员相互考核。

综合评价				
主项目	序号	子项目	权重	评价分值（总分100）
素质要求	1	纪律、出勤	0.1	
	2	工作态度、团队精神	0.1	
基本知识技能水平	3	基本知识	0.1	
	4	基本技能	0.1	
项目能力	5	设备维修能力	0.2	
	6	系统运行管理能力	0.2	
	7	项目报告质量	0.2	
教师评语	成绩：________　教师：________　日期：________			

子任务六　轴封和安全阀的结构认知

一、任务目的

通过本次任务，使大家掌握轴封与安全阀的拆卸和安装，并进一步掌握轴封中各大小零部件的结构、名称，了解安全阀的工作原理。

二、任务要求

（1）掌握轴封的基本结构以及轴封的拆卸和装配。

（2）了解安全阀的工作原理。

三、任务准备

1. 设备及配件

125 油泵总成，170 油泵总成，摩擦环式机械轴封，安全阀，一台开启式压缩机。

2. 工具

活扳手、专用扳手、螺丝刀等。

四、相关知识

1. 轴封的结构和密封原理

对于开启式压缩机，驱动轴的一端要伸出机体外部，为了防止制冷剂向外泄漏或空气渗漏入系统，必须在轴的伸出部位及机体之间设置轴封装置。

如图 1－2－30 所示的弹簧式轴封是由动环、静环、弹簧、弹簧座、压环和 O 形密封圈组成的。

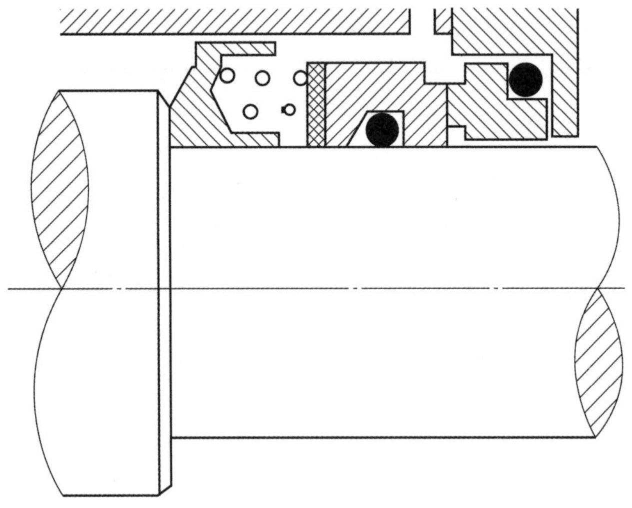

图1-2-30 弹簧式轴封结构

为了润滑动、静环之间的密封面，减少渗漏并带走热量，轴封室内充满润滑油，通过油泵把油不断地输送到轴封，然后通过曲轴上的油孔流向主轴颈及曲柄销。因为曲轴处在曲轴箱内，轴封所处压力为（低压级）吸气压力，所以要求油压比（低压级）吸气压力高0.15~0.3 MPa。

摩擦环式机械轴封由内向外依次由弹簧座（托板）、轴封弹簧、钢圈、橡胶密封圈、转动摩擦环和固定摩擦环等结构组成。由转动摩擦环和固定摩擦环形成径向动密封面，由转动摩擦环和橡胶密封圈形成径向静密封面，由橡胶密封圈和曲轴以及橡胶密封圈和转动摩擦环之间形成轴向密封面，同时润滑油形成油膜，协助密封。

轴封依靠这三个密封面和油封，起到防止制冷剂和润滑油外泄，以及防止外界的空气和水分内渗的作用。

2. 安全阀

安全阀是活塞式制冷压缩机的重要安全部件，设置在吸气腔与排气腔之间，是一种压差式安全阀。当排气压力与吸气压力的差值超过规定值时，阀芯自动起跳，使吸、排气腔相通，高压气体泄向低压腔，起到保护压缩机的作用；当压差减小低于规定值时，阀芯自动关闭。

安全阀主要由阀座、塑料密封垫、阀盘、弹簧及阀体等零件组成。安全阀弹簧的压力和吸气压力从下部作用于阀盘上，排气压力则从上部作用于阀盘上。当排气压力超过安全弹簧的预紧力和吸气压力之和时，阀盘就开启，使排气腔和吸气腔连通，从而使排气腔压力迅速下降，直至某压力差值时阀盘又自动关闭。

注意事项：安全阀压力调整后，用锁紧螺母锁紧，拧上阀帽后铅封，禁止随意调整设定值；安全阀起跳后，很容易造成泄漏，故起跳后须检修才能再度使用。

五、相关任务

1. 轴封的拆卸和装配

拆卸轴封时，先用专用工具对称均匀地松开压盖螺母，用手推住压盖，依次松下各个螺母；当螺母马上要拿下时，要用力顶住压盖，以免轴封弹簧弹出而伤人。取下压盖后，依次取出定环、动环、轴封弹簧和弹簧座，要注意保护活动环和固定环的摩擦面。

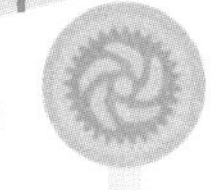

轴封的装配如图 1－2－31 所示。装配时，先将轴封盖处的耐油橡胶密封圈及固定环装好，要注意固定孔与定位销对正。将弹簧座、轴封弹簧、钢圈、耐油橡胶密封圈及活动环装平，一起套入曲轴，然后再将已经装配好的密封盖整体慢慢推进，使固定环密封面对正，均匀拧紧螺栓。要注意轴封盖推入时，以松手后能自动而缓慢地弹出为宜。若推进去后松手根本不动，则为橡胶密封圈过紧；若很快弹出，则证明橡胶密封圈太松。橡胶密封圈过紧与过松都会造成轴封的泄漏，均应更换橡胶密封圈。

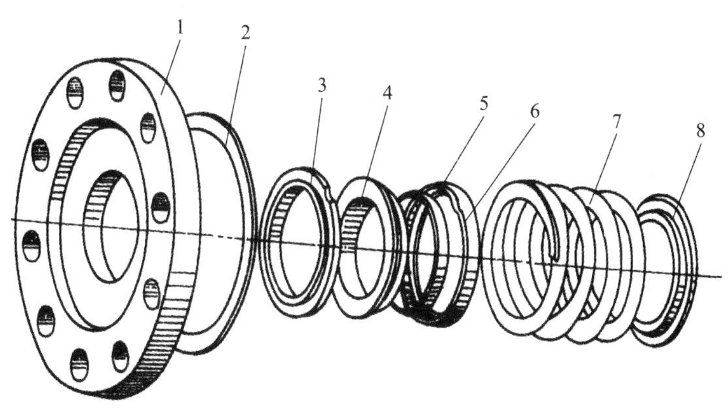

图 1－2－31　轴封的装配

1—压板；2—橡胶密封圈；3—固定摩擦环；4—转动摩擦环；5—紧圈；6—钢圈；7—轴封弹簧；8—弹簧座

2. 安全阀的安装

安全阀调定后即用铅封将锁紧螺帽锁住，不得轻易拆卸。

安全阀设置在压缩机排气腔和吸气腔之间的管路上。通常情况下安全阀的拆卸和装配仅仅是与机体相连的螺栓的拆卸和装配。

六、考核评价

考核内容：基本知识水平、基本技能、任务构思能力、任务完成情况、任务检测能力、工作态度、纪律、出勤、团队合作能力

评价方式：教师考核、小组成员相互考核。

综合评价				
主项目	序号	子项目	权重	评价分值 （总分 100）
素质要求	1	纪律、出勤	0. 1	
	2	工作态度、团队精神	0. 1	
基本知识 技能水平	3	基本知识	0. 1	
	4	基本技能	0. 1	
项目能力	5	设备维修能力	0. 2	
	6	系统运行管理能力	0. 2	
	7	项目报告质量	0. 2	
教师 评语	成绩：________　教师：________　日期：________			

工单一　开启式活塞制冷压缩机轴封的拆装和检测

（1）本题分值：50 分。

（2）考核时间：60 min。

（3）考核形式：实操。

（4）具体考核要求：

①考核内容：国标系列开启式活塞制冷压缩机轴封的拆装和检测。

②操作要求：按一般操作规程拆卸、清洗、装配轴封。

a. 拆卸轴封。

（a）对称卸掉轴封压盖螺母，放于适当容器中。

（b）顺序取出端盖等轴封零件，不得损坏各零件。

（c）将拆下的各个零件放于规定容器中。

b. 清洗并检测轴封。

（a）用冷洗法清洗金属类零部件。

（b）用酒精清洗橡胶类零部件。

（c）将清洗后的各零部件放于规定容器中。

（d）感官检测轴封的各个零件。

（e）区分完好与损坏的零件，并做相应的更换。

c. 装配轴封。

（a）将要装配的零件涂上润滑油。

（b）按次序装配。

（c）检验松紧度。

（d）对称拧紧螺栓。

③考核时限：准备时间 5 min，正式操作时间 55 min。准备结束以后，统一下令正式开始操作，由一名考评人员统一计时，每超过限定时间 5 min，从总分中扣除 5 分，不足 5 min 的按 5 min 计，超过 15 min 的不计成绩。

评分标准

序号	考核内容	考核要点	配分	考核标准	扣分	得分
1	拆卸轴封	对称卸掉轴封压盖，螺母按顺序拆卸，不得损伤，并放于适当容器中	15	操作规范、正确得 15 分，操作基本正确得 10～14 分，操作有缺陷得 5～10 分，操作错误或损坏零件不得分		
2	清洗并检测轴封	（1）用冷洗法清洗金属类零部件，用酒精清洗橡胶类零部件。 （2）检测轴封的各个零件，区分完好与损坏的零件，并做相应的更换	15	操作规范、正确得 15 分，操作基本正确得 10～14 分，操作有缺陷得 5～10 分，操作错误或损坏零件不得分		

续表

序号	考核内容	考核要点	配分	考核标准	扣分	得分
3	装配轴封	将要装配的零件涂上润滑油，按次序装配，调整松紧度，对称拧紧螺栓	15	操作规范、正确得15分，操作基本正确得10～14分，操作有缺陷得5～10分，操作错误或损坏零件不得分，损坏零件此题不得分		
4	安全文明操作	（1）遵守安全操作规程； （2）遵守纪律与文明工作守则	5	每违反一次扣2分，扣完为止		
合计			50	本题考核得分		
否定项说明：若考生出现下列情况之一，则考生该试题记为零分。 1. 严重违反安全操作规程。 2. 操作顺序错误						

评分人：　　　　年　　月　　日　　　　　　　　核分人：　　　　年　　月　　日

工单二　测量活塞式制冷压缩机气缸顶部余隙

（1）本题分值：50分。

（2）考核时间：60 min。

（3）考核形式：实操。

（4）具体考核要求：

①考核内容：测量活塞式制冷压缩机气缸顶部余隙。

②操作要求：正确选取与使用工具、量具；排除残存于机组内的制冷剂；拆卸气缸盖与气阀组；测量气缸顶部余隙；安装气阀组与气缸盖。

③考核时限：准备时间5 min，正式操作时间55 min；准备结束以后，统一下令正式开始操作，由一名考评人员统一计时，每超过限定时间5 min，从总分中扣除5分，不足5 min的按5 min计，超过15 min的不计成绩。

序号	考核内容	考核要点	配分	考核标准	扣分	得分
1	工具、量具的选取与使用	（1）正确选取工、量具 （2）正确使用各种工、量具	5	每选错一种工、量具扣2分，使用工、量具每失误一次扣3分，扣完为止		
2	排除残存于机组内的制冷剂（若鉴定站压缩机没有连接到系统，可口述）	（1）将吸、排气阀关闭严密 （2）用软管一端连接压缩机排气嘴，另一端接至室外或通入盛水容器内 （3）排净压缩机内残存的制冷剂气体	5	按考核要点达到操作要求者满分，每漏一项扣2分，错一次扣2分，扣完为止		

续表

序号	考核内容	考核要点	配分	考核标准	扣分	得分
3	拆除气缸盖与气阀组	(1) 拆卸气缸盖螺栓，用对角松动法安全卸下气缸盖	5	按考核要点达到操作要求者满分，每漏一项扣2分，错一次扣2分，扣完为止		
		(2) 正确拆下排气阀组				
4	安装保险丝于活塞螺孔	(1) 将40~50 A的保险丝，按垂直方向插入活塞顶部的螺孔中	7	按考核要点达到操作要求者满分，每漏一项扣4分，错一次扣4分，扣完为止		
		(2) 保持保险丝在活塞的顶面上				
5	安装气缸盖与气阀组	(1) 装上气阀组、安全弹簧、气缸盖	5	按考核要点达到操作要求者满分，每漏一项扣3分，错一次扣3分，扣完为止		
		(2) 正确上好螺栓，并以对角紧固法换位紧固				
6	盘车	盘车3~4周	5	按考核要点达到操作要求者满分，否则不得分		
7	再拆除气缸盖与气阀组	(1) 拆卸气缸盖螺栓，用对角松动法安全卸下气缸盖	5	按考核要点达到操作要求者满分，每漏一项扣2分，错一次扣2分，扣完为止		
		(2) 正确拆下排气阀组				
8	测量保险丝厚度	(1) 用游标卡尺测量压扁的保险丝	5	按考核要点达到操作要求者满分，每漏一项扣2分，错一次扣2分，扣完为止		
		(2) 测量前、后、左、右四个点的平均值并记录				
		(3) 与正常余隙比较				
9	再安装气缸盖与气阀组	(1) 装上气阀组、安全弹簧、气缸盖	3	按考核要点达到操作要求者满分，每漏一项扣2分，错一次扣2分，扣完为止		
		(2) 正确上好螺栓，并以对角紧固法换位紧固				
10	安全文明操作	(1) 遵守安全操作规程	5	按考核要点达到操作要求者满分，每违反一次扣3分，扣完为止		
		(2) 遵守纪律与文明工作守则				

续表

序号	考核内容	考核要点	配分	考核标准	扣分	得分
合计			50	本题考核得分		
否定项说明：若考生出现下列情况之一，则考生该试题记为零分。 1. 严重违反安全操作规程。 2. 操作顺序错误						

评分人：　　　　年　　月　　日　　　　　　　　核分人：　　　　　年　　月　　日

任务三　螺杆式制冷压缩机的结构认知

一、任务引入

螺杆式压缩机是目前制冷设备市场上的主力军，其高可靠性、高适应性、维护管理方便等优势，让它在大、中型制冷领域大放异彩。作为制冷行业的学生，必须熟练掌握螺杆压缩机的工作原理和结构组成，为将来更好地工作打好基础。

二、相关知识

螺杆压缩机依靠啮合运动着的一对阴阳转子，借助它们的齿、齿槽与机壳内壁所构成的呈“V”字形的一对齿间容积呈周期性大小变化，来完成制冷剂气体吸入—压缩—排出的工作过程。

1. 螺杆式制冷压缩机的基本结构

螺杆式制冷压缩机的主要零部件包括机体、转子、主轴承、轴封（仅开启式）、平衡活塞、能量调节装置六大部分。图1－3－1所示为其外形图，图1－3－2和图1－3－3所示为螺杆式制冷压缩机的结构简图，其结构组成如图1－3－4所示。

图1－3－1　螺杆式制冷压缩机外形图

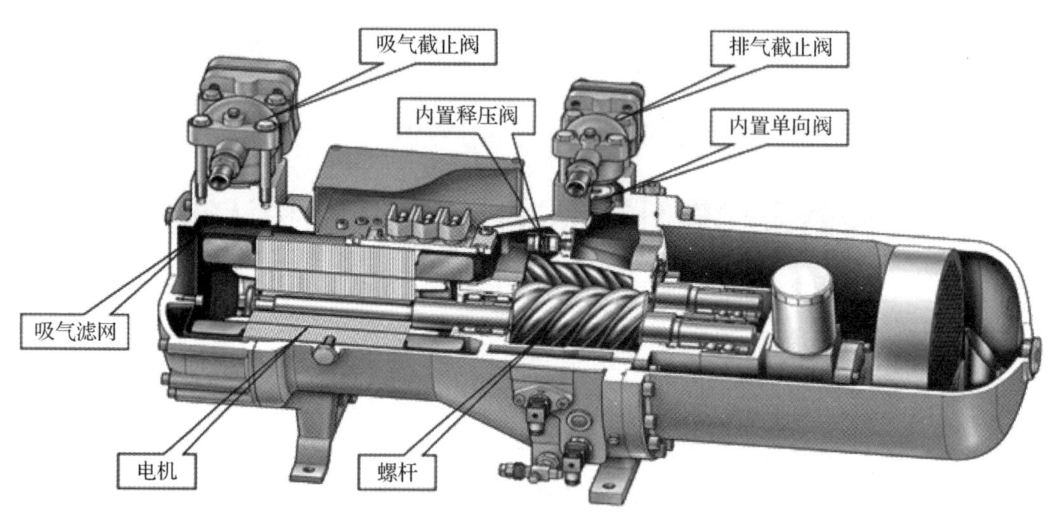

图 1-3-2　半封式螺杆式制冷压缩机结构图

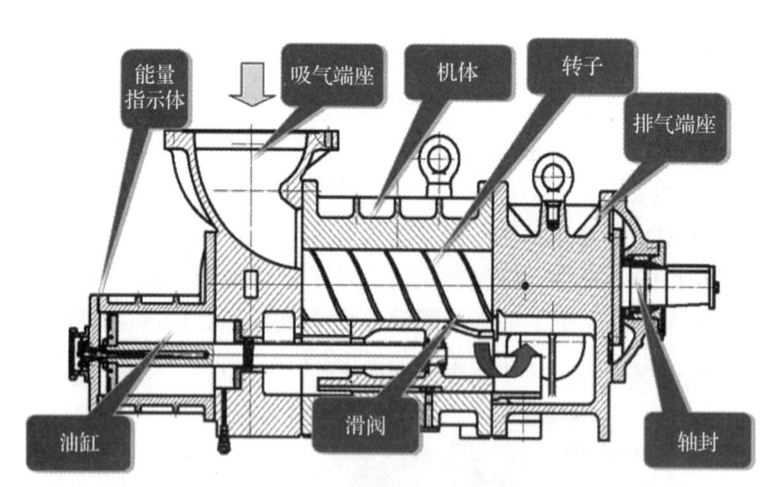

图 1-3-3　开启式螺杆式制冷压缩机结构图

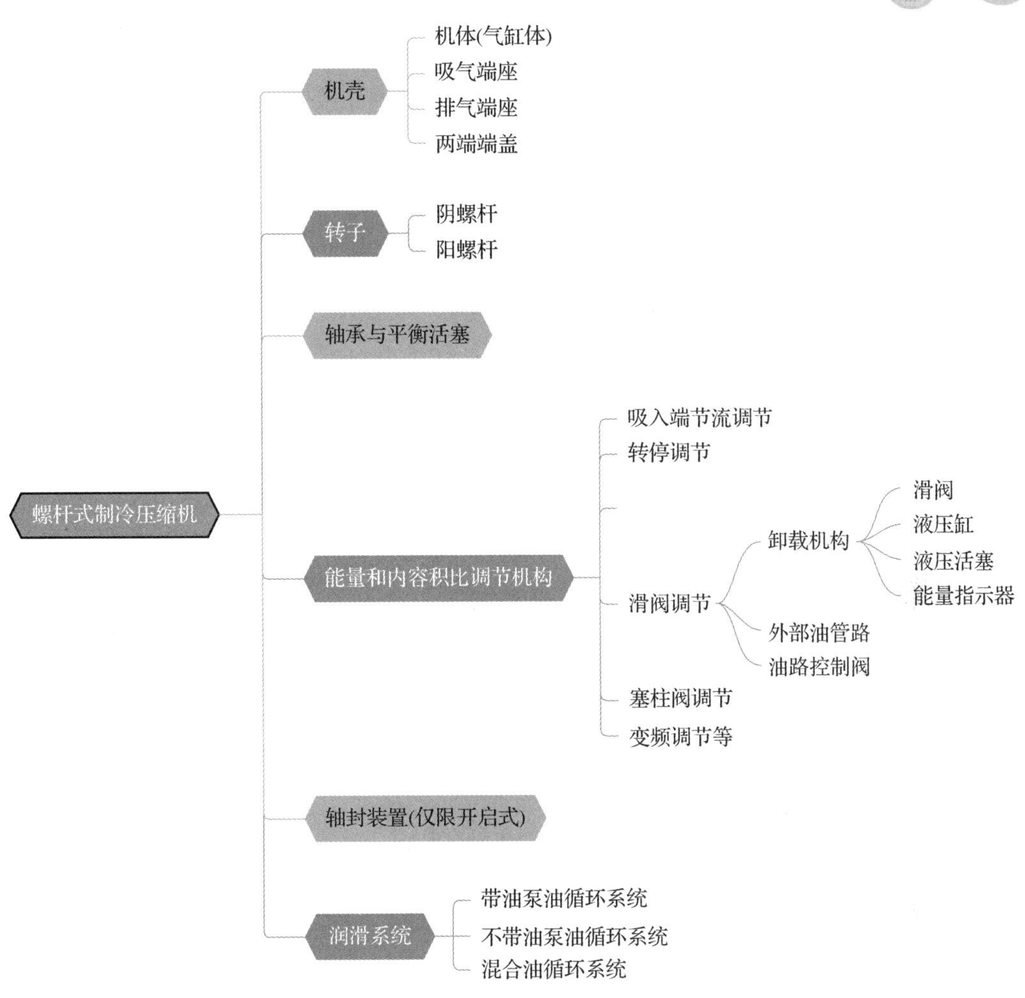

图 1-3-4 螺杆式制冷压缩机的主要结构

2. 螺杆式制冷压缩机的特点（见图 1-3-5）

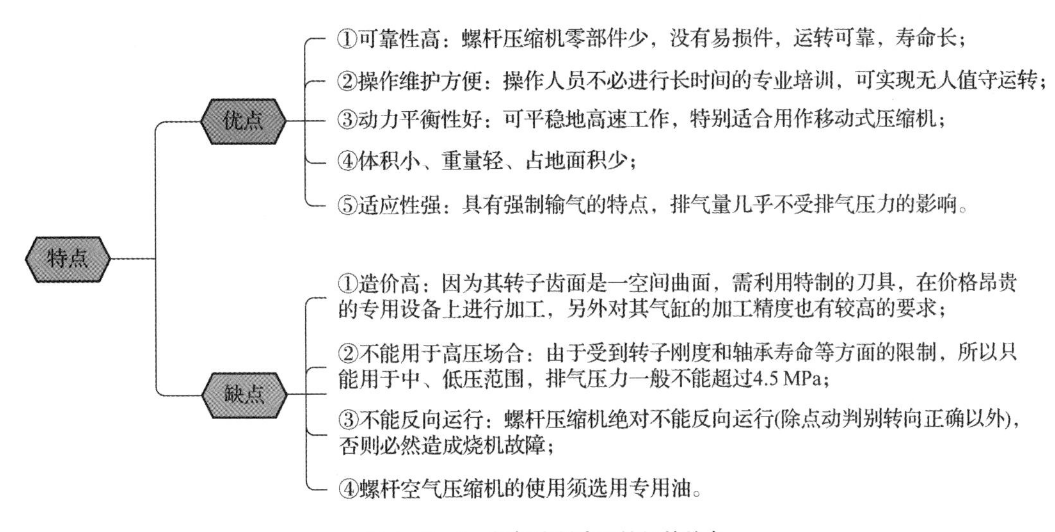

图 1-3-5 螺杆式制冷压缩机的特点

子任务一　螺杆压缩机机壳的结构认知

一、任务引入

经过前面对活塞式制冷压缩机的学习，你已经掌握了活塞机的基本结构，也一眼就能分辨出来，现在看到螺杆机，你感觉从外观上，二者就不一样，螺杆机没有活塞机的大包（长椭圆形缸盖），具体的结构需要认真地学习掌握。

二、相关知识

开启式螺杆压缩机的结构外形如图 1－3－6 所示。

（1）组成：螺杆机机体分为三段，分别是吸气端座、气缸体和排气端座。

（2）结构：吸气端座，端面上开有吸气孔口，低温低压的制冷剂气体由此进入。

两个轴承孔承担转子重力，下部孔腔为滑阀导管移动通道。油缸体内安装油活塞，油活塞在其内移动，为能量调节提供动力。

开启式螺杆压缩机为剖分式结构，包括机体、吸汽端座、排汽端座和两端端盖。其内腔断面呈横 8 字形，内腔上部靠吸气端有径向吸气孔口，内腔下部留有安装移动滑阀的位置，还铸有能量调节旁通口；外壁铸有加强筋板。

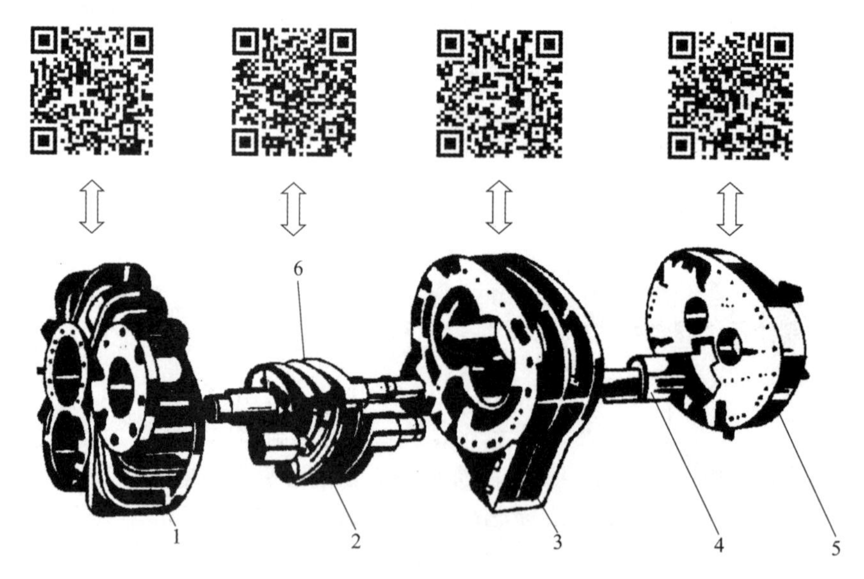

图 1－3－6　开启式螺杆压缩机的结构外形

1—吸气端盖；2—阴转子；3—气缸；4—滑阀；5—排气端盖；6—阳转子

三、任务反思

螺杆压缩机目前在市场上的份额相当重，形式也多种多样，课堂上主要以开启式为例进行学习，半封式和全封闭式螺杆压缩机的结构需要自行搜集资料进行学习，然后进行小组分享交流。

子任务二　螺杆压缩机轴封与轴承的结构认知

一、相关知识

1. 轴封和轴承的结构

1）轴封的结构

轴封是开启式制冷压缩机的主要密封装置，它起到防止压缩机内部的制冷剂和润滑油外泄的作用，同时当压缩机内的压力低于大气压时也起到防止空气和水分内渗的作用。

螺杆式压缩机通常采用密封性能较好的接触式机械密封，其结构如图 1-3-7 和图 1-3-8 所示。使用中，需向此轴封处供以高于压缩机内部压力的润滑油，以保证在密封面上形成稳定的油膜。必须注意的是，轴封中有关零部件的材料要能耐制冷剂的腐蚀。

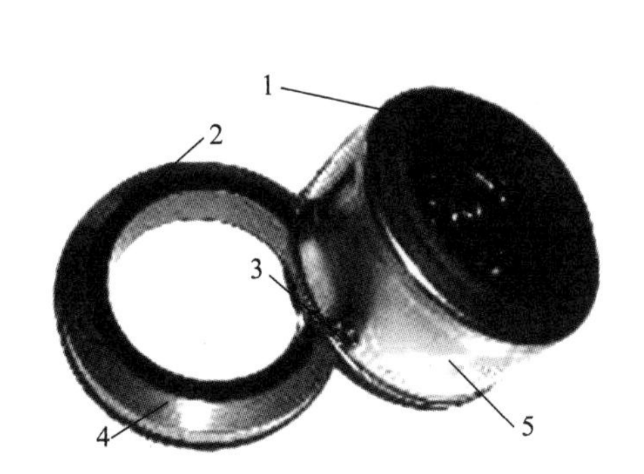

图 1-3-7　轴封

1—石墨环；2—密封圈；3—固定螺纹孔；4—静环；5—动环

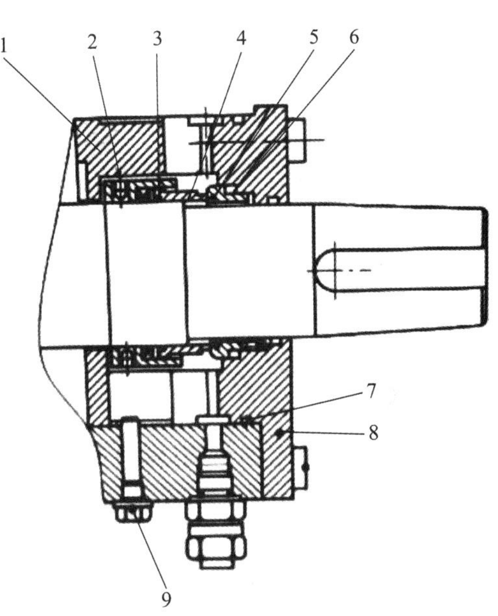

图 1-3-8　轴封的结构

1—轴封套；2—动环紧固螺钉；3—动环密封圈；4—动环；5—静环；6—静环密封圈；7—O 形密封圈；8—轴封盖；9—定位螺钉

2）轴承的结构

螺杆式制冷压缩机的轴承包括滑动轴承（主轴承）和向心推力球轴承两种，如图 1-3-9 所示。

压缩机运转时，两螺杆的螺旋部分端面及螺旋齿面上都作用着气体压力，从而使螺杆产生径向力和轴向力。

径向力主要依靠滑动轴承支承。滑动轴承又称为流体动力轴承，其中轴被油膜支承起来，不存在机械磨损部件。只要轴承被充以适当黏度和品质的润滑油，工作在适当的压力和温度下，并且润滑油经过良好过滤，滑动轴承的工作寿命将十分长久。

阴螺杆上的轴向分力用向心推力球轴承支承。由于作用在阳螺杆上的轴向分力要比作用

于阴螺杆大得多，所以阳螺杆上的轴向分力需要使用向心推力轴承和油压平衡活塞支承，如图 1 – 3 – 9 所示。

（a）　　（b）

图 1 – 3 – 9　滑动轴承与向心推力球轴承

（a）滑动轴承；（b）向心推力球轴承

2. 实训步骤

1）轴封的拆卸与检查

以下轴封的拆装操作是以图 1 – 3 – 10 和图 1 – 3 – 11 所示的结构为例。

（1）轴封的拆卸步骤与注意事项。

①拆去固定轴封盖的内六角头螺钉，留下两个对称的螺钉，再交替地松开剩下的两个螺钉，使轴封弹簧轻轻地推动轴封盖，如果此时轴封盖与垫片黏在一起，则松开螺钉后用手将其分开。

②拆去轴封盖。将轴封盖从轴的一端拉出，注意不要撞到轴上。

③轴封盖拆去后，擦拭轴并仔细检验，如果轴上有任何划伤的痕迹，则用精砂纸加工，以避免轴封拉出时损坏 O 形密封圈。

④拆下静环和静环密封圈，松开固定动环的紧固螺钉。

⑤松开动环紧固螺钉，用手抓住动环小心地向外拉，注意不要划伤轴。

图 1 – 3 – 10　拆卸轴封盖

图 1 – 3 – 11　拆卸轴封动环

⑥拆下定位螺钉，将两个螺栓插入轴封套的螺栓孔中，与轴平行地向外拉，注意拉时不要让轴封套倾斜。

（2）轴封的基本检查事项。

①检查轴封动环与静环的摩擦表面。具有光滑、无污染表面的动环、静环可以再利用，如果有任何划伤的痕迹，则需更换，否则将导致泄漏。

②检查O形密封圈。在氟利昂系统中，O形密封圈容易受腐蚀，如果发现O形密封圈有不正常的地方就要更换。轴封上共计有3个O形密封圈，分别用于密封轴封盖、动环与静环。

③检查轴封套的摩擦表面，若发现有磨损，则更换新的零件。由于轴封套是专为压缩机设计的，故只能采用专门的零件。

④如果拆卸轴封时轴封盖垫片没有损坏，则无须更换。

2）轴封的装配

装配本质上与拆卸的工序正好相反。在装配之前所有的工具及零件都要进行彻底清洗，零件用压缩机油处理。具体的装配步骤与注意事项如下：

①装配之前彻底清洗轴封接触面。

②装之前仔细检查密封面是否有划痕。

③装入轴封套。擦干净轴封孔，装O形密封圈，如图1－3－12所示。

④装轴封动环以及动环密封圈。上紧4个紧固螺钉，注意装动环时松一下紧固螺钉，防止高出空面的螺钉划伤轴颈。

⑤装轴封静环以及静环密封圈。注意对齐止动销，装轴封盖垫片。

⑥装入轴封盖，螺栓对称拧紧。

图1－3－12　装O形密封圈

3. 吸气端座与滑动轴承的拆卸和检查

螺杆式制冷压缩机的拆装操作以烟台冰轮集团的LG20机型为例，吸气端座及滑动轴承的拆卸步骤与注意事项如下。

（1）拆去将吸气端座固定于机体上的所有螺钉。

（2）将一些螺钉装到机体侧的不通螺纹孔中，以平衡地顶开吸气端座。螺钉应该交替地一点点拧紧，使吸气端座均匀地压起。

（3）定位销拆去后，将吸气端座移离机体。

（4）拆去阴转子孔密封盖。

（5）要拆吸气端主轴承，首先要先拆去相应挡圈，然后从转子侧推出轴承。如须用锤子来拆下轴承，则应用木块或类似的东西垫在上面，以免损坏。

（6）记录拆吸气端座时拆下的定位销位置，组装时应安装在原有位置。

（7）滑动轴承的基本检查事项。

①检查 O 形密封圈是否有损坏，若有必要，则更换新的。

②检查轴承的内圈，看是否有异物附着在轴承金属上。

③检查轴承的尺寸。

4. 推力轴承的拆卸与检查

1）推力轴承的拆卸步骤与注意事项

（1）将碟簧与轴承压套取出。

（2）将螺母上止动垫圈的止动齿弄直，拆去螺母。推力轴承内圈与轴之间为间隙配合。

（3）将一段直径为 2 mm 左右带有小钩的钢丝插入轴承外圈与轴承压套之间，勾住轴承压套并将其拉出。

（4）轴承隔圈位于轴承之后。通常将相关的零件放在一起，零件上都做了标记，以区分哪些是阴转子的、哪些是阳转子的，以免混淆。不正确的装配将导致配合尺寸上的错误，引起压缩机故障。

2）推力轴承的基本检查事项

（1）彻底地清洁轴承并吹干。

（2）检查轴承的滚珠及保持架。轴承应光亮，保持架上无毛刺。检查滚珠与保持架之间的间隙。

（3）水平地抓住内圈，迅速旋转外圈。如果手指感觉有不正常的振动，则须进一步仔细检查。振动有可能是由于加工残渣或轴承的异常引起的。

（4）虽然轴承的实际运行寿命取决于操作环境，但原则上轴承应该每运行 3 年进行一次拆检。如果轴承有任何划伤，即使是最轻微的划伤，也要更换。

5. 滑动轴承的装配

滑动轴承的装配步骤及注意事项如下。

（1）主轴承采用过盈配合，用挡圈来固定主轴承。如果轴承需要敲进去，则需要用木块或塑料块垫上。

（2）吸、排气端座主轴承在压装时应注意油槽位置按照设计要求角度压装。

（3）装上固定轴承的挡圈。

6. 推力轴承的装配

向心推力球轴承（滚动轴承）的装配步骤及注意事项如下：

（1）装轴承隔圈。

（2）装滚动轴承，注意滚动轴承应成对使用，背靠背，按轴承标记方向安装。

（3）在阳、阳转子滚动轴承外安装圆螺母、止动垫圈。注意止动垫圈应安装在两个螺母之间。

（4）用工具撬起止动垫圈的止动齿，使其卡紧圆螺母的齿槽。

二、任务实施

以小组为单位，依据螺杆式制冷压缩机的特点，熟练掌握螺杆式制冷压缩机的结构、螺杆机的轴封结构及拆装操作、主轴承的结构及拆装操作、推力轴承的结构及拆装操作。

三、考核评价

考核内容：基本知识水平、基本技能、任务构思能力、任务完成情况、任务检测能力、工作态度、纪律、出勤、团队合作能力。

评价方式：教师考核、小组成员相互考核。

综合评价				
主项目	序号	子项目	权重	评价分值 （总分 100）
素质要求	1	纪律、出勤	0. 1	
	2	工作态度、团队精神	0. 1	
基本知识 技能水平	3	基本知识	0. 1	
	4	基本技能	0. 1	
项目能力	5	设备维修能力	0. 2	
	6	系统运行管理能力	0. 2	
	7	项目报告质量	0. 2	
教师 评语	成绩：________　　教师：________　　日期：________			

四、任务小结

通过“讲授法”，使学生熟练掌握螺杆式制冷压缩机的结构、螺杆式制冷压缩机的轴封结构及拆装操作、主轴承的结构及拆装操作、推力轴承的结构及拆装操作。

通过实施任务驱动法，提高学生对所授知识的理解和方法的掌握，让学生参与到螺杆式制冷压缩机拆装的全过程，带动理论的学习和职业技能的训练，大大提高了学生学习的效率和兴趣。一个“任务”完成了，学生就会获得满足感、成就感，从而激发他们的求知欲望，逐步形成一个感知心智活动的良性循环。

通过教师考核与小组成员互相考核的方式，了解到学生基本掌握了所授的知识。本任务要求较强的动手操作能力，因此，需要学生反复观看安装视频，并练习安装工具的使用，保证顺利完成本任务的学习。

五、作业布置

（1）螺杆式制冷压缩机的基本结构由哪几部分组成？

（2）轴封的拆卸与装配步骤是什么？

（3）轴承有哪些基本检查事项？

子任务二　螺杆压缩机能量调节指示器的结构认知

一、相关知识

1. 滑阀能量调节器

1）滑阀能量调节的基本原理

螺杆式制冷压缩机输气量调节的方法主要有吸入节流调节、转停调节、变频调节、滑阀调节和塞柱阀调节等。目前使用较多的为滑阀调节和塞柱阀调节。滑阀能量调节方式是螺杆式制冷压缩机使用最广泛的一种能量调节方式，属于旁通调节。

滑阀调节的基本原理是通过滑阀的移动使压缩机阴、阳转子的齿间基元容积在齿面接触线从吸气端向排气端移动的前一段时间内，通过滑阀回流孔仍与吸气孔口相通，并使部分气体回流到吸气孔口，即通过改变转子的有效工作长度来达到输气量调节的目的。

图 1－3－13 所示为滑阀调节的原理图，图 1－3－14 所示为滑阀满载与轻载的结构图，其中图 1－3－13（a）和图 1－3－14（a）所示为全负荷的滑阀位置，当滑阀的背面与滑阀固定部分紧贴压缩机运行时，基元容积中的气体全部被压缩后排出。而在调节工况时，滑阀的背部与固定部分脱离形成回流孔，基元容积在吸气过程结束后的时间内，虽然已经与吸气孔口脱开，但仍和旁通口（回流孔）连通，随着基元容积的缩小，一部分进气被转子从旁通口中排回吸气腔，压缩并未开始，直到该基元容积的齿面密封线移过旁通口之后，所余的进气（体积为 V_p）才受到压缩，因而压缩机的输气量将下降。滑阀的位置离固定端越远，旁通口长度越大，输气量就越小，当滑阀的背部接近排气孔口时，转子的有效长度接近于零，便能起到卸载启动的目的。

2）滑阀能量调节装置的结构

滑阀能量调节机构由执行机构、控制机构和指示机构三部分组成。执行机构包括滑阀、滑阀顶杆、活塞、液压缸、压缩弹簧及端座。控制机构为油路及输气量调节控制阀。指示机构为输气量调节指示器。滑阀满载与轻载结构图如图 1－3－15 所示。

1）滑阀能量调节的执行机构

滑阀能量调节的执行机构是在控制机构的指令下，移动滑阀的位置，调整旁通口的大小，从而改变压缩机的负荷。执行机构主要包括滑阀、滑阀顶杆、顶杆弹簧、活塞、液压缸及端座等。

滑阀结构如图 1－3－16 所示，放置于气缸体下部的滑阀移动腔内，它的上部是两个圆弧形状，与机体共同形成“∞”形密封容积，滑阀可以在其内拖动；下部设置了安装销键的槽，保证在运动过程中不会发生转动。滑阀一端为排气端，一端与滑阀导管相连。

滑阀顶杆和顶杆弹簧的结构分别如图 1－3－17 和图 1－3－18 所示，滑阀顶杆一端与滑阀相连，另一端与活塞相连。滑阀顶杆起到传递动力并带动滑阀移动的作用。

滑阀顶杆外部套有弹簧，弹簧的一端卡在滑阀上，另一端卡在机体上，在空载时弹簧处于自然状态。

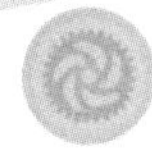
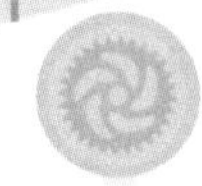

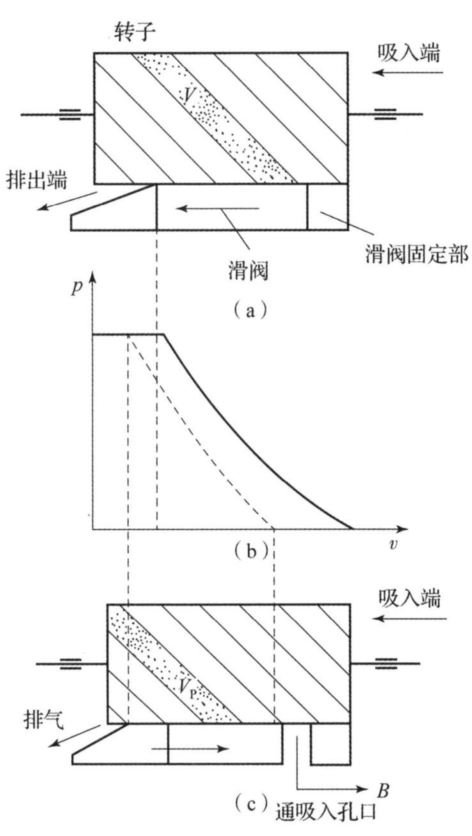

图1-3-13　滑阀位置与负荷关系

(a)

(b)

图1-3-14　滑阀满载与轻载结构图

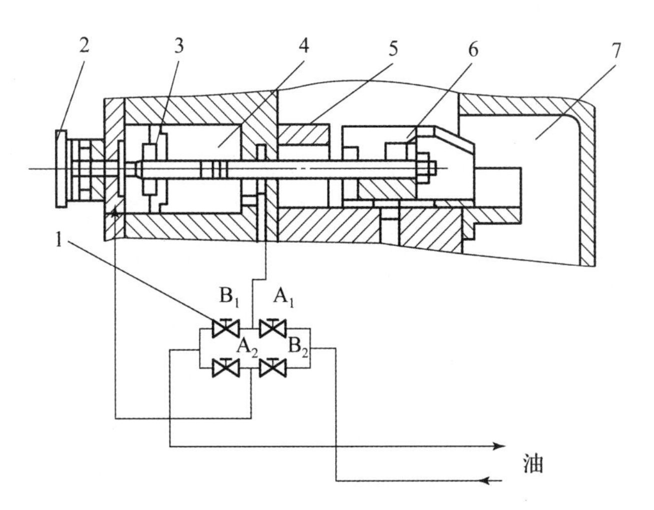

图1-3-15　滑阀能量调节机构

1—电磁阀组；2—冷量指示灯；3—油活塞；4—油缸；
5—固定块；6—滑阀；7—排气腔

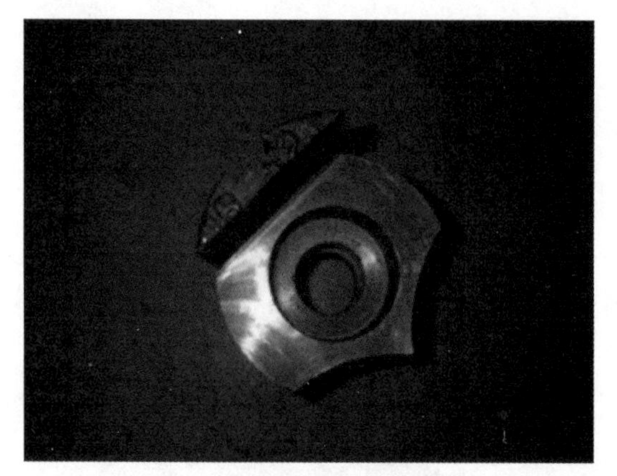

图 1-3-16 滑阀

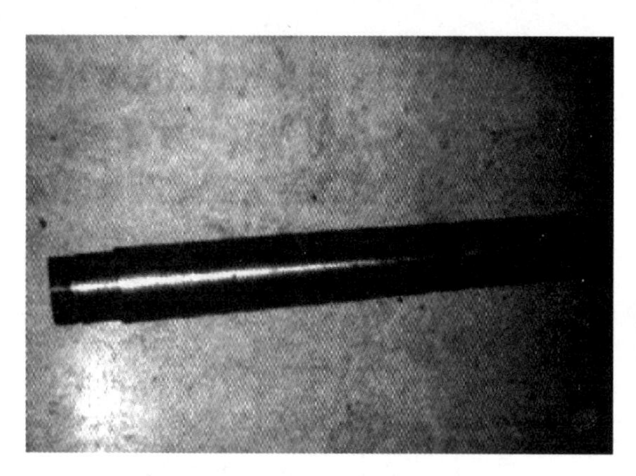

图 1-3-17 滑阀顶杆

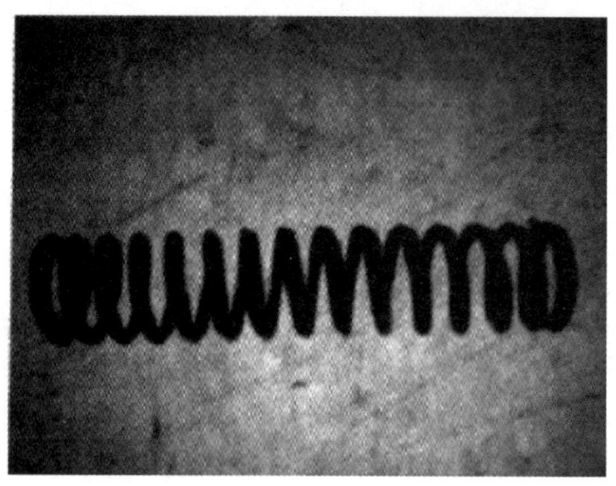

图 1-3-18 顶杆弹簧

活塞放置在能量调节液压缸内，中间有一道密封圈，这样就将液压缸分成两个封闭的腔室：上载腔和卸载腔，如图 1-3-19 所示。如果两封闭腔室的压力不同，那么活塞就向低腔室移动，又因为它与滑阀导杆连在一起，所以又会带动导杆以及滑阀移动。

(a)　　(b)

图 1-3-19 活塞

(2) 滑阀能量调节的控制机构。滑阀的调节是靠滑阀的移动来实现的，而滑阀的移动是靠活塞的移动推动的，故滑阀能量调节的控制机构就是控制活塞运动的装置。

四通电磁换向阀组控制的工作原理如图 1-3-20 所示，滑阀同液压缸的活塞连成一体，

由液压泵供油推动活塞来带动滑阀沿轴向左、右移动，供油过程的控制元件是电磁换向阀组。电磁换向阀组由两组电磁阀构成，电磁阀 a 和 b 为一组，电磁阀 c 和 d 为另一组，每组的两个电磁阀通电时同时开启，断电时同时关闭。

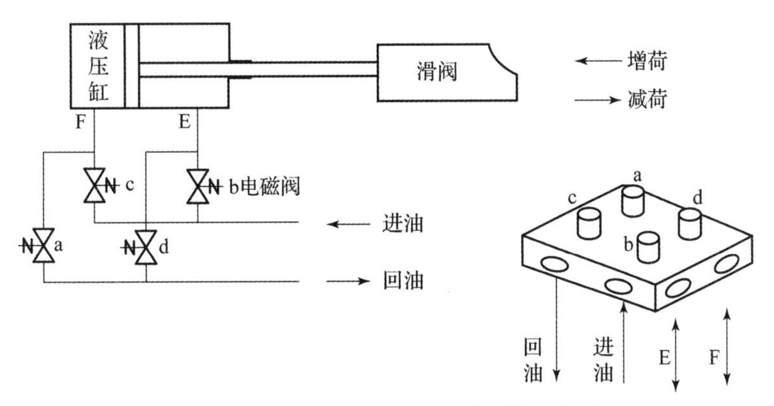

图 1-3-20　四通电磁换向阀组控制的工作原理

电磁换向阀组控制输气量调节滑阀的工作情况如下：电磁阀 a 和 b 开启、c 和 d 关闭，高压油通过电磁阀 b 进入液压缸右侧，使活塞左移，活塞左侧的油通过电磁阀 a 流回压缩机的吸气部位。当压缩机运转负载增至某一预定值时，电磁阀 a 和 b 关闭，供油和回油管路都被切断，活塞定位，压缩机即在该负载下运行；反之，电磁阀 c 和 d 开启、a 和 b 关闭，即可实现压缩机减载。在这种情况下，滑阀的增、减载是在油压差的作用下完成的。

（2）滑阀能量调节的指示机构。压缩机在不同的载位与滑阀的位置有关系，而由于滑阀安装在压缩机内部，在检测压缩机载位时不可能监测到滑阀的位置，所以若要检测压缩机的负荷，还需要其他部件如螺旋导管、喷油导杆等将滑阀的直线运动转变为旋转运动，并用指针表示出来。

2. 实训步骤

1）能量调节指示器的拆卸

当拆卸压缩机时，能量指示器应作为部件拆除。能量指示部件分为自动型与手动型两种，此处以自动型能量指示部件为例，具体拆卸步骤如下：

（1）将指示器上的电线拆去，并拆去固定指示器盖的三个螺栓。

（2）拆下指示器盖、指示器盖玻璃和挡圈。注意不要碰碎指示器盖玻璃。

（3）拆除相应螺钉即可拆除指针以及指示盘、电位器、微动开关、凸轮等零件。

（4）拆除指示器座与活塞缸体盖板固定的螺钉，沿着与活塞缸体平行的方向拉出其余指示器零件。

（5）拆除将微动开关固定于指示器座上的螺钉即可将微动开关拆下。

2）能量调节指示器的装配

拆卸指针等能量指示器的装配步骤与能量指示器的拆卸步骤相反，为保证安装后的压缩机能够正常运转，在安装时需要一些检查和定位操作。此处以自动型能量指示部件为例，具体装配步骤如下：

（1）用螺钉将端子盘、微动开关固定在指示器座上。装上支腿，注意支腿有长短之分，此处安装的为长支腿。注意左侧微动开关下需加装微动开关定位板。

（2）将组装好的部件用螺钉安装于活塞缸体盖板上。

（3）安装微动开关凸轮甲、乙，甲在外、乙在内。

（4）安装电位器，电位器上的销需与凸轮槽配合。

（5）安装短支腿、指针盘以及指针等，然后将组件用螺钉固定在活塞缸体上。

（6）分别连接活塞进油孔和回油孔。开通一个阀门使压缩机减载，然后关闭；开通另一个阀门使压缩机增载，检查滑阀是否达到满载位置。观察指针位置，验证螺旋导杆导程是否正确。

（7）将压缩机调节到零载位，调整凸轮乙凹槽与靠近底座的微动开关配合，锁紧其上螺钉，保证凸轮乙与传动套没有相对运动。

（8）调节压缩机到满载位，调整微动开关凸轮甲与另一微动开关配合，锁紧螺钉，保证两凸轮没有相对运动。

（9）装配能量指示器盖。

（10）在整个安装过程结束后，在阳转子端部拧上一个螺钉，用内六角扳手盘动，看是否灵活。

二、任务实施

以小组为单位，依据螺杆式制冷压缩机的特点，掌握螺杆式制冷压缩机能量调节的原理、螺杆式制冷压缩机能量调节装置的基本结构、螺杆式制冷压缩机能量调节装置的拆装操作，并可以在实训室正确拆装能量调节装置。

三、考核评价

考核内容：基本知识水平、基本技能、任务构思能力、任务完成情况、任务检测能力、工作态度、纪律、出勤、团队合作能力。

评价方式：教师考核、小组成员相互考核。

四、任务小结

通过“讲授法”，使学生掌握螺杆式制冷压缩机能量调节的原理、螺杆式制冷压缩机能量调节装置的基本结构、螺杆式制冷压缩机能量调节装置的拆装操作。

通过实施任务驱动法，提高学生对所授知识的理解和方法的掌握，让学生参与到螺杆式压缩机能量调节装置拆装的全过程，带动理论的学习和职业技能的训练，大大提高了学生学习的效率和兴趣。一个“任务”完成了，学生就会获得满足感、成就感，从而激发他们的求知欲望，逐步形成一个感知心智活动的良性循环。

通过教师考核与小组成员互相考核，了解到学生基本掌握了所授的知识。本任务要求较强的动手操作能力，因此，需要学生反复观看安装视频，并练习安装工具的使用，保证顺利完成本任务的学习。

五、作业布置

（1）螺杆式制冷压缩机的滑阀能量调节装置由哪些结构构成？

（2）讲述螺杆式制冷压缩机能量调节指导器的拆卸步骤。

（3）讲述螺杆式制冷压缩机能量调节指示器安装时如何验证螺旋导杆导程。

子任务三 螺杆式制冷压缩机整机拆卸

一、相关知识

1. 螺杆式制冷压缩机

螺杆式制冷压缩机按密封方式不同可分为开启螺杆式压缩机、半封闭螺杆式压缩机和全封闭螺杆式压缩机。开启螺杆式制冷压缩机广泛应用于食品、水产、商业的低温加工储藏和运输，以及工厂、医院及公共场所等大型建筑的空气调节等。因为它有自己的特点，所以一般以压缩机形式出售。

现以 LG20 型压缩机为例，介绍其整体结构，如图 1－3－21 所示。

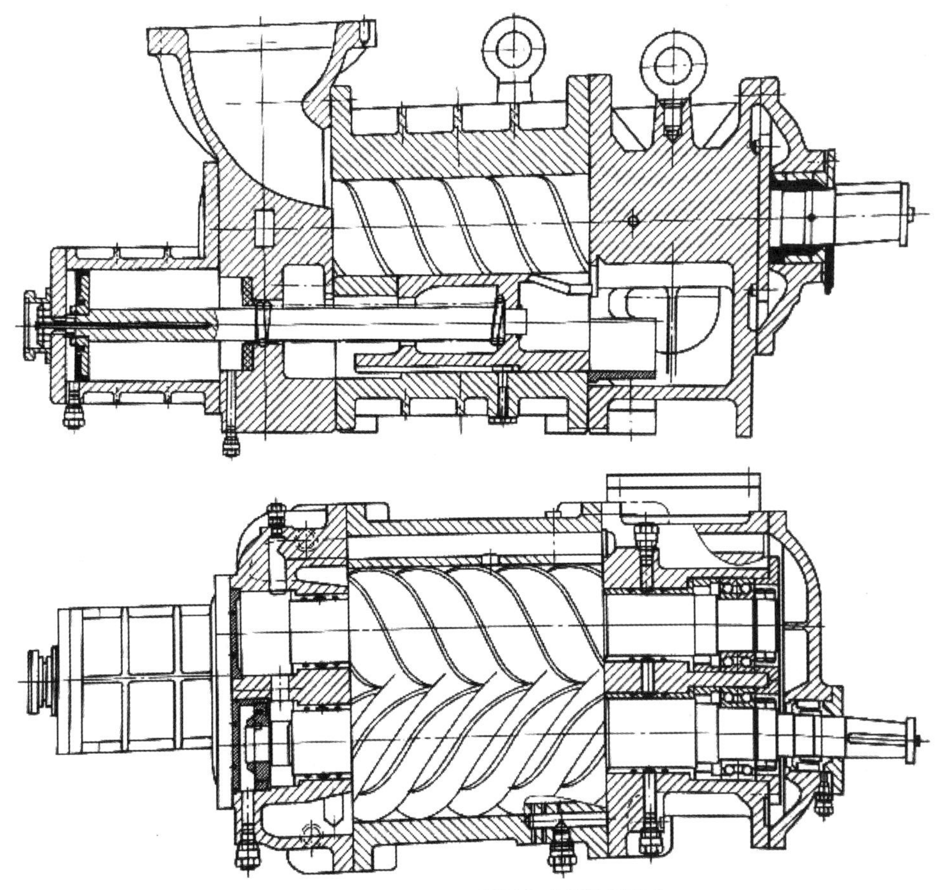

图 1－3－21 LG20 型螺杆式压缩机结构

LG20 型压缩机采用的制冷剂为 R717，转子公称直径 D 为 200 mm，转子长径比（长导程转子）为 1.5，主动转子额定转速为 2 960 r/min，标准工况制冷量 Q 为 581.5 kW，配用电动机功率为 220 kW。

电动机通过压缩机的联轴器与阳转子连接，然后由阳转子带动阴转子转动。机壳为垂直剖分式，中部为机体，前端（功率输入端）与排气端座及排气端盖相连，后端与吸气端座及吸气端盖相接，如图 1－3－22 所示。

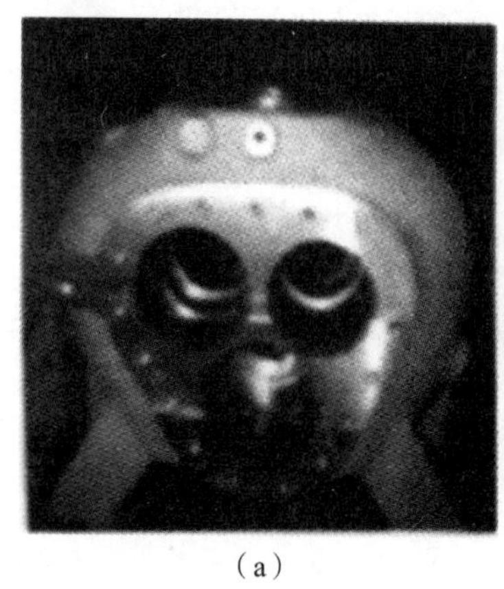
(a)

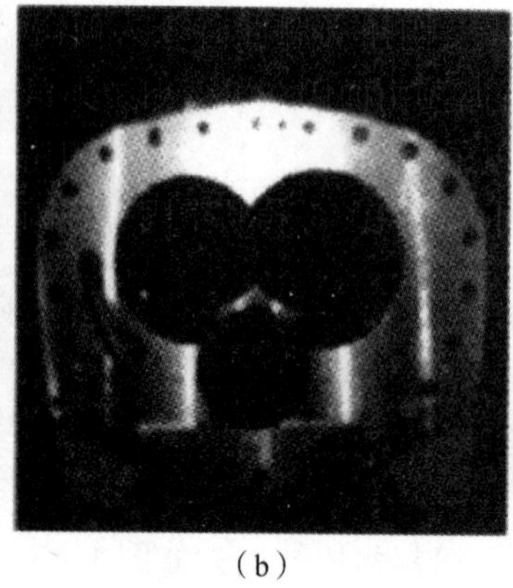
(b)

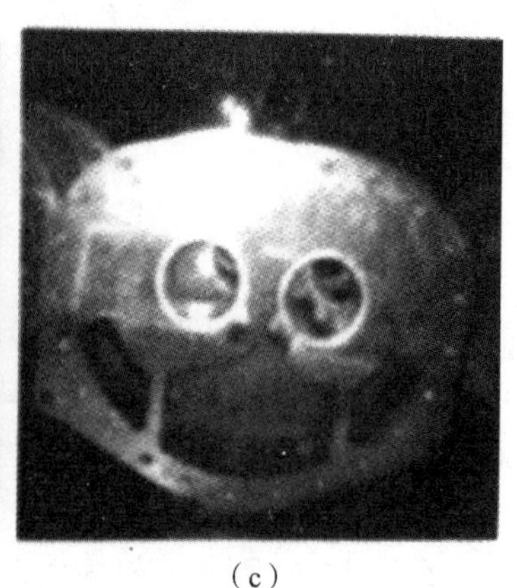
(c)

图 1-3-22 机壳部件立体图

(a) 吸气端座；(b) 机体；(c) 排气端座

机体也称为气缸体，是连接各零部件的中心部件，它为各零部件提供正确的装配位置，保证阴、阳转子在气缸内耦合，可靠地进行工作。其端面形状为“∞”字形，这与两个啮合转子的外圆柱面相适应，使转子精确地装入机体内。机体内腔上部吸气端有径向吸气孔口，它是依照转子的螺旋槽形状铸造而成的。机体内腔下部留有安装移动滑阀的位置，还铸有输气量调节旁通口；机体的外壁铸有肋板，可提高机体的强度和刚度，并起到散热作用。

吸气端座上部铸有吸气腔，与其内侧的轴向吸气孔口连通，装配时轴向吸气孔口与机体的径向吸气孔口连通。轴向吸气孔口的位置、形状和大小应能保证基元容积最大限度地充气，并能使阴转子的齿开始侵入阳转子齿槽时，基元容积与吸气孔口断开，其间的气体开始被压缩。吸气端座中部有安置后主轴承的轴承座孔和平衡活塞座孔，下部铸有输气量调节用的液压缸，其外侧面与吸气端盖连接。

排气端座中部有安置阴、阳转子的前主轴承及推力轴承的轴承座孔，下部铸有排气腔，与其内侧的轴向排气孔口连通。轴向排气孔口的位置、形状和大小应尽可能地使压缩机所要求的排气压力完全由内压缩达到，同时，排气孔口应使齿间基元容积中的压缩气体能够全部排到排气管道。轴向排气孔口的面积越小，则获得的内容积比（内压力比）越大。装配时，排气端座的外侧面与排气端盖连接。

转子的齿形为单边不对称摆线圆弧齿形，阳转子与阴转子的齿数配置为 4 : 6。两转子通过主轴承和向心推力球轴承支承在机壳中，径向负荷主要由主轴承承受；阴转子的轴向负荷由向心推力球轴承承受；阳转子的轴向负荷较大，由其前端的向心推力球轴承和后端的平衡活塞共同承受。

压缩机的能量调节采用滑阀式能量调节机构。滑阀的前端开有径向排气孔口，与机壳排气腔连通。滑阀底面开有导向槽，与机体内的滑阀导向块配合，以保证滑阀平稳地移动。滑阀做成中方阀，背上钻有喷油孔。滑阀、滑阀导管、开有螺旋槽的套管和活塞连成一体，一同做往复运动。与喷油管固连的销插入套管的螺旋槽内，当滑阀往复移动时，使喷油管转动。滑阀的位移量与喷油管的转角成正比变化，因而由喷油管带动的能量调节指示器可示出能量调节负荷的大小。喷油管、滑阀导管和能量调节滑阀的中空部分构成向转子齿间容积喷油的通道。压缩机的能量调节滑阀有一固定部分，为适应不同的运转工况，通常采用更换滑

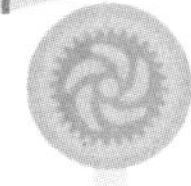

阀的方法来调节内容积比。

该压缩机的轴封为摩擦环式轴封装置，装在阳转子轴的功率输入端。

2. 实训步骤

螺杆式制冷压缩机整机的拆卸操作也是以烟台冰轮集团的 LG20 机型为例。

1）整机拆卸前准备工作与注意事项

（1）设备拆检、维修时，确保与驱动设备的连接断开，保证驱动设备停止运行，并将所有电源切断。

（2）设备拆检、维修，必须保证部件内外无制冷剂和冷冻润滑油，以免引起火灾和人身伤害。

（3）在拆卸压缩机前，确保压缩机内部压力与大气压力相同。

（4）螺杆式制冷压缩机除轴封、能量调节指示器之外其他部件的拆卸及检验工作，只有当压缩机从机组上拆下，并放置到一个足够大的适于拆卸的地方才能进行。

（5）普通的工具如锤、扳钳、锉刀、刮刀、砂纸同压缩机提供的随机工具一样，应在拆卸工作之前准备好。

（6）应准备好干净的润滑油、抹布。

（7）由于压缩机中有很多较重的部件，在吊装这些部件时要注意安全，防止部件掉落造成人身伤害。

（8）拆卸与装配工作应该在牢固放置并足够大的工作台上进行，同时确保工作环境干燥、无灰尘。

（9）所有拆卸下的零件全部按所在位置顺序标记，并妥善收好，否则无法进行组装。

2）整机拆卸的步骤

螺杆式制冷压缩机整机拆卸的步骤也是按从整机到部件、从部件到零件的顺序进行的。从整机到部件的拆卸步骤如下：

（1）拆卸轴封部件。

（2）拆卸能量指示部件。

（3）拆卸活塞缸体盖板。

（4）拆卸活塞及活塞缸体。

（5）拆卸排气端盖。

（6）拆卸平衡活塞。

（7）拆卸轴承压盖。

（8）拆卸滑阀、转子及机体。

（9）拆卸吸气端座及轴承。

（10）拆卸推力轴承。

（11）拆卸排气端座及主轴承。

3）拆卸活塞缸体盖板

活塞缸体盖板与螺旋杆压板间有轴承，螺旋杆与螺旋杆压板间有 O 形密封圈，轴承及螺旋杆压板安装在活塞缸体盖板上，位于活塞缸体的末端。这些部件如果没有异常（如泄漏），不必拆卸。活塞缸体盖板的拆卸顺序如下：

（1）拆除固定活塞缸体盖板的螺钉。

（2）沿与活塞缸轴线平行的方向拉出活塞缸体盖板。

（3）松开内六角头螺钉，拆去螺旋杆压板。

（4）压板、O 形密封圈、密封垫也一并折下，拆除压板相关螺钉即可更换 O 形密封圈。

（5）拆下挡圈，拆卸深沟球轴承。

（6）检查螺旋杆压板上的沟槽是否有损坏及异常的磨损，必要时可更换。

4）拆卸活塞及活塞缸体

活塞及活塞缸体的拆卸步骤如下：

（1）将活塞拉到满负荷位置，将锁紧螺母上的锁紧垫圈止动齿弄直。

（2）用随机工具中的锁紧螺母扳手卸去锁紧螺母。

（3）将两个吊孔螺钉固定到活塞的螺钉孔中，利用其拉出活塞。

（4）拆去螺钉及定位销，将活塞缸体盖板与活塞缸体作为一个部件从吸气端座上拆下。

（5）记录拆卸活塞缸体时定位销的位置，组装时安装在原位置。

5）拆卸排气端盖

排气端盖的拆卸步骤如下：

（1）拆除将排气端盖固定到排气端座上的螺钉，留下一个顶部的螺钉，以防压盖突然掉下。

（2）拆下最后一个螺钉。如果垫片黏到排气端盖或排气端座上，则用小锤轻敲盖的侧面使垫片脱落。

（3）记录拆排气端盖时定位销的位置，组装时请安装在原位置。

6）拆卸平衡活塞

平衡活塞的拆卸步骤如下：

（1）拉出平衡活塞套。由于有间隙，故很容易完成。

（2）拆去 O 形密封圈。

（3）将固定平衡活塞的螺母的锁紧垫圈止动齿弄直，用随机工具中的螺母扳手卸去螺母。

（4）用吊孔螺栓将平衡活塞沿与轴平行的方向拉出，平衡活塞的销将留在键槽中。

（5）如果还想拆去轴承，则要拆去内部的挡圈。

7）拆卸轴承压盖

轴承压盖的拆卸步骤如下：

（1）拆去轴承压盖的固定螺钉。

（2）在轴承压盖上的对称点处攻有不通螺纹孔，平衡地装上螺钉以便压起轴承压盖。当间隙足够以后，用小铲将垫片从法兰面上剥离，注意不要损坏垫片。

（3）取出碟簧以及轴承压套。

8）拆卸滑阀、转子及机体

滑阀、转子及机体的拆卸步骤如下：

（1）由于螺杆压缩机的转子很重，故当拆卸转子时需要用麻绳或尼龙带。当清洗机体时，用绳子将转子以及排气端座悬挂起来，连同排气端座一起从机体中拉出。

（2）注意不要碰坏吸气端座内的主轴承。

（3）不要将转子直接放在地板上，否则会损坏齿边。将转子轴放在支架上。

（4）握住滑阀，将滑阀拉出机体。

（5）拆去滑阀导管末端的螺母，然后拆下锁紧垫圈。

9）拆卸吸气端座及滑动轴承

吸气端座及滑动轴承的拆卸步骤如下：

（1）拆去将吸气端座固定于机体上的所有螺钉。

（2）将一些螺钉装到机体侧的不通螺纹孔中，以平衡地顶开吸气端座。螺钉应该交替地一点点拧紧，使吸气端座均匀顶起。

（3）定位销拆去后，将吸气端座移离机体。

（4）拆去阴转子孔密封盖。

（5）要拆滑动轴承，首先要拆去挡圈，然后从转子侧推出轴承。如需用锤子来拆下轴承，则要用木块或类似的东西垫在上面以免损坏。

10）拆卸推力轴承

推力轴承是压缩机中最重要的部件之一。压缩机的性能取决于正确的安装及推力轴承的调节，否则将导致操作故障。因此装配及拆卸轴承时一定要特别小心。

该轴承在确定转子的排气端面与轴承座之间的间隙方面起着很重要的作用。推力轴承的拆卸步骤如下：

（1）将碟簧与轴承压套取出。

（2）将螺母上止动垫圈的止动齿弄直，拆去螺母。

（3）推力轴承内圈与轴之间为间隙配合。将一段直径为 2 mm 左右的带有小钩的钢丝插入轴承外圈与轴承压套之间，勾住轴承压套并将其拉出。

（4）拆卸的零件上都做了标记，以区分哪些是阴转子的、哪些是阳转子的，将相关的零件放在一起以免混淆。不正确的装配将导致配合尺寸上的错误，引起压缩机故障。

11）拆卸排气端座及主轴承

一般来说，压缩机的这一部分不需要进一步的拆卸，因为排气端座与机体拆开之后基本没有什么零件了，如无需要则可保持该状态。

若要拆出主轴承，则用钳子先拆去轴承盖侧的挡圈，然后拉出主轴承。如果轴承装得很紧，则用锤子垫着木块敲出，不要用锤子直接敲击轴承。检查轴承内径及转子轴外径，以确定是否有异物附着在轴承上。

二、任务实施

以小组为单位，依据螺杆式制冷压缩机的特点，掌握螺杆式制冷压缩机的整机结构，掌握开启螺杆式制冷压缩机的拆卸步骤并能合作拆卸，了解螺杆式制冷压缩机拆卸时的注意事项，并可以在实训室正确拆装活塞式制冷压缩机。

三、考核评价

考核内容：基本知识水平、基本技能、任务构思能力、任务完成情况、任务检测能力、工作态度、纪律、出勤、团队合作能力。

评价方式：教师考核、小组成员相互考核

四、任务小结

通过“讲授法”，使学生掌握螺杆式制冷压缩机的整机结构、开启螺杆式制冷压缩机的拆卸步骤，并能合作拆卸，了解螺杆式制冷压缩机拆卸时的注意事项。

通过实施任务驱动法，提高学生对所授知识的理解和方法的掌握程度，让学生参与到螺杆式制冷压缩机整机拆卸的全过程，带动理论的学习和职业技能的训练，大大提高了学生学习的效率和兴趣。一个“任务”完成了，学生就会获得满足感、成就感，从而激发他们的求知欲望，逐步形成一个感知心智活动的良性循环。

通过教师考核与小组成员互相考核，了解到学生基本掌握了所授的知识。本任务要求较强的动手操作能力，因此，需要学生反复观看安装视频，并练习安装工具的使用，保证顺利完成本任务的学习。

五、作业布置

（1）螺杆式制冷压缩机的机壳由哪几部分构成？各自加工有什么结构？

（2）讲述螺杆式制冷压缩机的拆卸步骤。

（3）拆卸螺杆式制冷压缩机的过程中有哪些注意事项？

子任务四　螺杆压缩机整机装配

一、相关知识

拆卸、检查及其他必要的修理工作结束之后，压缩机就要进行正确的重装。重装本质上与拆卸的工作正好相反。在重装之前所有的工具及零件都要进行彻底清洗。具体装配步骤如下：

（1）装配排气端座、吸气端座及主轴承。

（2）装配吸气端座、机体、滑阀以及活塞。

（3）装配转子、排气端座及推力轴承。

（4）装配轴承压盖。

（5）装配吸气端、机体组件与排气端组件。

（6）装配轴封。

（7）装配平衡活塞及液压缸体。

（8）装配活塞缸体盖板。

（9）装配能量调节指示器。

轴封部件及能量调节指示部件的拆卸操作已在前面介绍，这里省略。

1. 装配排气端座、吸气端座主轴承

由于排气端座为较重部件，故在吊装时要注意安全，防止部件掉落造成人身伤害。具体装配顺序如下：

（1）主轴承是过盈配合。用挡圈来固定主轴承，如果轴承需要敲进去，则用木块或塑料块垫上。注意排气端主轴承排口位置与排气端的排气口对齐，吸、排气端座主轴承在压装时注意油槽位置，应按照设计要求的角度压装。

（2）装上固定轴承的挡圈。

（3）吸气端座主轴承安装与排气端座相同。

2. 装配吸气端座、机体、滑阀以及活塞

（1）将滑阀装入机体，注意与滑阀导块轴及滑阀导块的配合，保证滑阀可以灵活移动。

（2）压装好主轴承的吸气端座和垫片，为了使垫片紧贴吸气端面，可以均匀涂抹层防锈油。

（3）将吸气端座和机体装到一起，打紧定位销，对称紧固周边螺栓。

（4）把滑阀装到机体里，从另一头装入滑阀导管，拧紧圆螺母，撬起圆螺母止动垫圈的止动齿。

（5）将卸载弹簧装到滑阀导管上，装入机体里。

（6）把密封套套上垫片、O 形密封圈，装到吸气端座里，并装配密封套螺钉。

（7）滑阀导管头部内孔装配螺旋导杆衬套和螺旋导杆销。

（8）把组装完毕的活塞装到滑阀导管上，装止动垫圈和圆螺母，撬起止动垫圈的止动齿。

3. 装配转子、排气端座及推力轴承

（1）把阴、阳转子旋到一起，并小心地装入排气端座。注意不得碰撞，并保持转子表面的清洁。

（2）装轴承隔圈。

（3）装滚动轴承，注意滚动轴承使用时成对使用，背靠背，按轴承标记方向安装。

（4）在阴、阳转子滚动轴承外安装圆螺母、止动垫圈并拧紧，止动垫圈装在两个螺母之间。

（5）用工具斫起止动垫圈的止动齿，使其卡紧圆螺母的齿槽。

4. 装配轴承压盖

（1）装入阴、阳转子轴承压套。用深度尺量取轴承压套到排气端小端面的距离。

（2）量取轴封盖和垫片以及轴封套的高度，这两个高度加上碟簧的自由高度减去轴承压套到排气端小端面的距离即为阳转子碟簧的预紧量。

（3）量取阴转子轴承压盖的高度，计算碟簧的预紧量。

（4）如果碟簧预紧量大于规定范围，则用磨去轴封套高度的方法调整碟簧预紧量。

（5）装排气端座垫片。为了使垫片贴紧排气端，常涂一些防锈油。

（6）装轴封动环。拧紧固定螺钉，装轴封盖上止动销。

（7）装配轴封盖、阴转子轴承压盖，并对称拧紧螺栓。在转子端部拧上一个螺钉，用扳手把住螺栓，盘动转子，看转动是否灵活。

5. 装配吸气端、机体组件与排气端组件

（1）装机体与排气端垫片，为便于垫片贴紧机体，可涂一层防锈油。

（2）将排气端座与转子组件仔细吊入机体吸气端座组件内。

（3）阴、阳转子进入机体孔后，淋一些冷冻润滑油，帮助润滑，并将转子轻轻推入。

（4）找正销孔位置，用铜棒打紧，然后装螺钉，按对角线拧紧。

（5）盘动转子，看转动是否灵活。

6. 装配平衡活塞及液压缸体

(1) 装平衡活塞，注意使平衡活塞键槽与转子键槽对齐。

(2) 装上平衡活塞销。

(3) 装平衡活塞外止动垫圈和圆螺母，撬起止动垫圈的止动齿。

(4) 装平衡活塞套、止动销。注意 O 形密封圈不要漏装。

(5) 装阴转子孔密封盖。

(6) 装活塞缸体垫片。为了使垫片贴紧吸气端，可涂一层防锈油。装活塞缸体，打入定位销并拧紧螺栓。

7. 装配活塞缸体盖板

(1) 把滚动轴承装入液压缸体盖板孔内，装孔用弹性挡圈。

(2) 把修研过螺旋槽的螺旋杆穿过轴承内孔，装轴用弹性挡圈。

(3) 装密封垫。装螺旋杆压板及 O 形密封圈，并将螺钉拧紧。

(4) 装压板，用螺钉紧固，装传动套。

二、任务实施

以小组为单位，依据螺杆式制冷压缩机的特点，掌握螺杆式制冷压缩机的整机结构，掌握开启螺杆式制冷压缩机的装配步骤并能合作装配，了解螺杆式制冷压缩机装配时的注意事项。

三、考核评价

考核内容：基本知识水平、基本技能、任务构思能力、任务完成情况、任务检测能力、工作态度、纪律、出勤、团队合作能力。

评价方式：教师考核、小组成员相互考核。

四、任务小结

通过“讲授法”，使学生掌握螺杆式制冷压缩机的整机结构、开启螺杆式制冷压缩机的装配步骤并能合作装配，了解螺杆式制冷压缩机装配时的注意事项。

通过实施任务驱动法，提高学生对所授知识的理解和方法的掌握程度，让学生参与到螺杆式制冷压缩机拆装的全过程，带动理论的学习和职业技能的训练，大大提高了学生学习的效率和兴趣。一个“任务”完成了，学生就会获得满足感、成就感，从而激发他们的求知欲望，逐步形成一个感知心智活动的良性循环。

通过教师考核与小组成员互相考核，了解到学生基本掌握了所授的知识。本任务要求较强的动手操作能力，因此，需要学生反复观看安装视频，并练习安装工具的使用，保证顺利完成本任务的学习。

五、作业布置

(1) 讲述螺杆式制冷压缩机的整机装配步骤。

(2) 讲述滑阀组件的装配顺序。

(3) 讲述轴承压盖的装配顺序。

任务四　离心式制冷压缩机的结构认知

一、任务引入

离心式压缩机具有单机制冷量大、易损件少、经济、方便调节能量且调节范围较大等优点，各制冷设备厂家都以拥有各自的离心机生产线作为企业实力的标志。在中国，不乏大型建筑为这些大型空间提供冷源，这也让离心机成了不二之选，所以我们必须学习和掌握离心机的工作原理和结构，与行业发展紧密衔接。

二、相关知识

1. 离心式制冷压缩机的主要结构（见图 1－4－1）

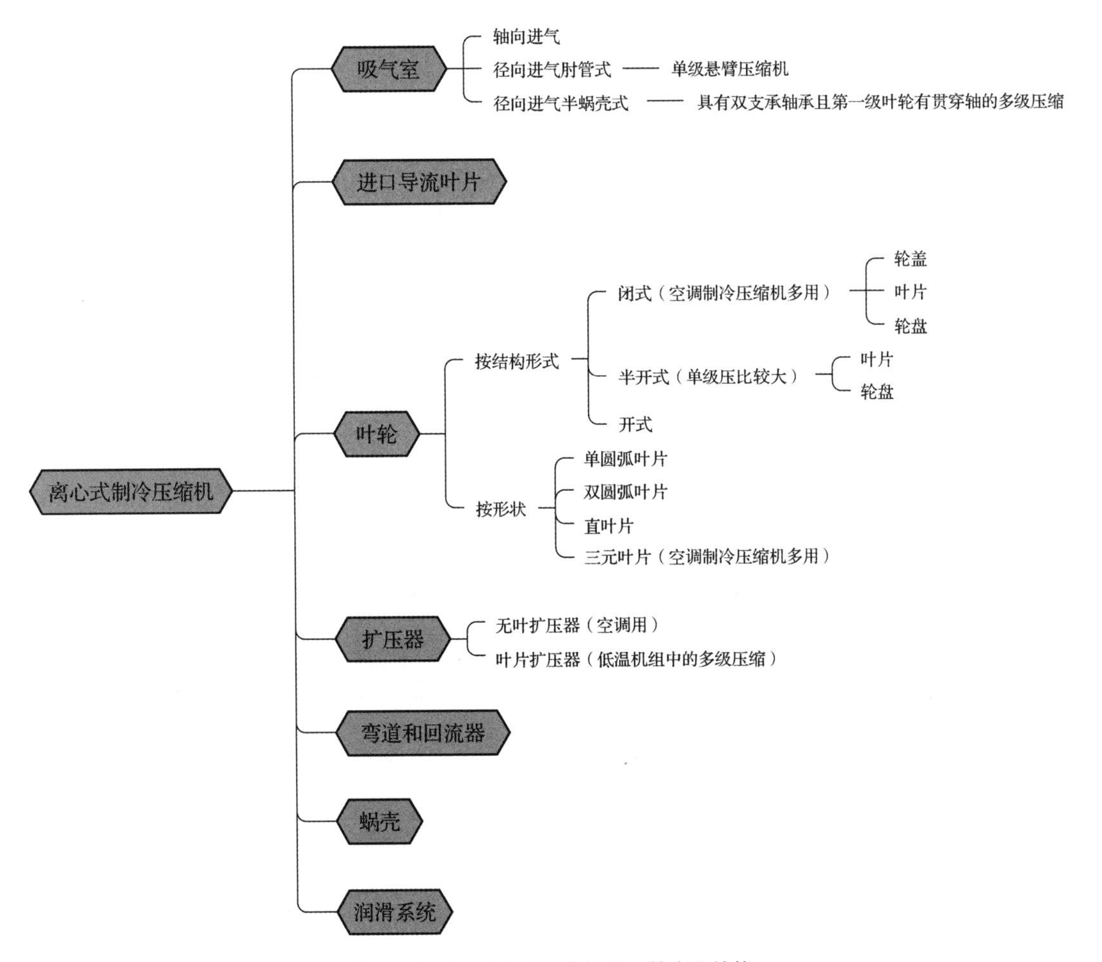

图 1－4－1　离心式制冷压缩机的主要结构

2. 离心式制冷压缩机的能量调节方式（见图 1－4－2）

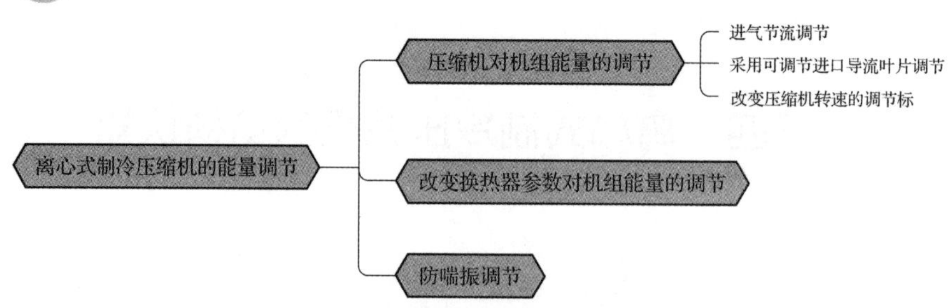

图1-4-2　离心式制冷压缩机的能量调节方式

子任务一　离心式压缩机的初识

一、工作原理

电动机带动压缩机主轴叶轮转动，在离心力的作用下，气体被甩到工作轮后面的扩压器中去，而在工作轮中间形成稀薄地带，前面的气体从工作轮中间的进气部分进入叶轮，由于工作轮不断旋转，气体连续不断地被甩出去，从而保持了气压机中气体的连续流动。气体因离心作用增加了压力，还可以很大的速度离开工作轮，气体经扩压器逐渐降低了速度，动能转变为静压能，进一步增加了压力。如果一个工作叶轮得到的压力还不够，则可通过使多级叶轮串联起来工作的方法来达到对出口压力的要求。级间的串联通过弯通、回流器来实现。这就是离心式压缩机的工作原理。

二、基本结构

离心式压缩机由转子及定子两大部分组成，结构如图1-4-3所示。转子包括转轴，以及固定在轴上的叶轮、轴套、平衡盘、推力盘及联轴节等零部件。定子则有气缸，以及定位于缸体上的各种隔板以及轴承等零部件。在转子与定子之间需要密封气体之处还设有密封元件。各个部件的作用如下。

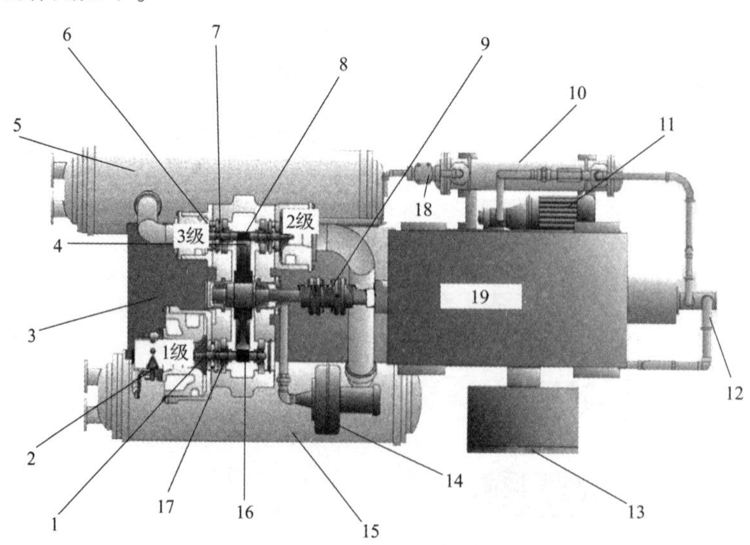

图1-4-3　离心压缩机结构图

1——级叶片；2—进气调节器；3—油箱及基座；4—主驱动齿轮；5—两级中间冷却器；6—气体密封；7—润滑油密封；8—二、三级叶轮组件；9—联轴器；10—油冷却器；11—辅助油泵；12—主油泵；13—控制柜；14—油污排风扇；15——级中间冷却器；16——级叶轮组件；17—转子轴承；18—油过滤器；19—驱动电机

1. 叶轮

叶轮是离心式压缩机中最重要的一个部件，驱动机的机械功即通过此高速回转的叶轮对气体做功而使气体获得能量，它是压缩机中唯一的做功部件，亦称工作轮。叶轮一般是由轮盖、轮盘和叶片组成的闭式叶轮，也有没有轮盖的半开式叶轮。

2. 主轴

主轴是起支持旋转零件及传递扭矩作用的。根据其结构形式，有阶梯轴及光轴两种，光轴具有形状简单、加工方便的特点。

3. 平衡盘

在多级离心式压缩机中因每级叶轮两侧的气体作用力大小不等，使转子受到一个指向低压端的合力，这个合力即称为轴向力。轴向力对于压缩机的正常运行是有害的，容易引起止推轴承损坏，使转子向一端窜动，导致动件偏移与固定元件之间失去正确的相对位置，情况严重时转子可能与固定部件碰撞造成事故。平衡盘是利用它两边气体的压力差来平衡轴向力的零件。它的一侧压力是末级叶轮盘侧间隙中的压力，另一侧通向大气或进气管，通常平衡盘只平衡一部分轴向力，剩余轴向力由止推轴承承受。在平衡盘的外缘需安装气封，用来防止气体漏出，保持两侧的差压。轴向力的平衡也可以通过叶轮的两面进气和叶轮的反向安装来平衡。

4. 推力盘

由于平衡盘只平衡部分轴向力，其余轴向力通过推力盘传给止推轴承上的止推块，构成力的平衡，故推力盘与推力块的接触表面应做得很光滑。在推力盘与推力块的间隙内要充满合适的润滑油，在正常操作下推力块不致磨损。在离心压缩机启动时，转子会向另一端窜动。为保证转子应有的正常位置，转子需要两面止推定位，其原因是压缩机启动时，各级的气体还未建立，平衡盘两侧的压差还不存在，只要气体流动，转子便会沿着与正常轴向力相反的方向窜动，因此要求转子双面止推，以防止造成事故。

5. 联轴器

由于离心压缩机具有高速回转、大功率以及运转时难免有一定振动的特点，故要求所用的联轴器既要能够传递大扭矩，又要允许径向及轴向有少许位移。联轴器分齿型联轴器和膜片联轴器，目前常用的都是膜片式联轴器，该联轴器不需要润滑剂，制造容易。

6. 机壳

机壳也称气缸，对中低压离心式压缩机，一般采用水平中分面机壳，利于装配，上下机壳由定位销定位，即用螺栓连接。对于高压离心式压缩机，则采用圆筒形锻钢机壳，以承受高压。这种结构的端盖是用螺栓和筒型机壳连接的。

7. 扩压器

气体从叶轮流出时，仍具有较高的流动速度，为了充分利用这部分速度能，以提高气体的压力，在叶轮后面设置了流通面积逐渐扩大的扩压器。扩压器一般有无叶、叶片和直壁形扩压器等多种形式。

8. 弯道

在多级离心式压缩机中级与级之间，气体必须拐弯，即采用弯道，弯道是由机壳和隔板构成的弯环形空间。

9. 回流器

在弯道后面连接的通道就是回流器，回流器的作用是使气流按所需的方向均匀地进入下一级，它由隔板和导流叶片组成。导流叶片通常是圆弧的，可以和气缸铸成一体，也可以分开制造，然后用螺栓连接在一起。

10. 蜗壳

蜗壳的主要作用是把扩压器或叶轮后流出的气体汇集起来引出机器，蜗壳的截面形状有圆形、犁形、梯形和矩形。

11. 密封

为了减少通过转子与固定元件间间隙的漏气量，常装有密封。密封分内密封和外密封两种。内密封的作用是防止气体在级间倒流，如轮盖处的轮盖密封、隔板和转子间的隔板密封；外密封是为了减少和杜绝机器内部的气体向外泄露，或外界空气窜入机器内部而设置的，如机器端的密封。

离心压缩机中密封种类很多，常用的有以下几种。

1）迷宫密封

迷宫密封目前是离心压缩机用得较为普遍的密封装置，用于压缩机的外密封和内密封。迷宫密封的气体流动：当气体流过梳齿形迷宫密封片的间隙时，气体经历了一个膨胀过程，压力从 P_1 降至 P_2，这种膨胀过程是逐步完成的，当气体从密封片的间隙进入密封腔时，由于截面积的突然扩大，气流形成很强的旋涡，使速度几乎完全消失。密封面两侧的气体存在着压差，密封腔内的压力和间隙处的压力一样，按照气体膨胀的规律来看，随着气体压力的下降，速度应该增加，温度应该下降，但是由于气体在狭小缝隙内的流动属于节流性质，此时气体由于压降而获得的动能在密封腔中完全损失掉，而转化为无用的热能，故这部分热能转过来又加热气体，从而使得瞬间刚刚随着压力降落下去的温度又上升起来，恢复到压力没有降低时的温度。气流经过随后的每一个密封片和空腔就重复一次上面的过程，一直到压力 P_2 为止。由此可见迷宫密封是利用节流原理，当气体每经过一个齿片时，压力就有一次下降，经过一定数量的齿片后就有较大的压降，实质上迷宫密封就是给气体的流动以压差阻力，从而减小气体的通过量。

常用的迷宫密封有以下几种：平滑形、曲折形、曲折形、迷宫密封、台阶形。

2）油膜密封（即浮环密封）

浮环密封的原理是靠高压密封在浮环与轴套间形成膜，产生节流降压，阻止高压侧气体流向低压侧。浮环密封既能在环与轴的间隙中形成油膜，环本身又能自由地径向浮动。

浮环密封中，靠高压侧的环叫高压环，靠低压侧的环叫低压环，这些环可以自由沿径向浮动，但不能转动，密封油压力通常比工艺气体压力高 0.5 $kg/cm^2$① 左右进入密封室，一路经高压环和轴之间的间隙流向高压侧，在间隙中形成油膜，将高压气封住；另一路则由低压环与轴之间的间隙流出，回到油箱。通常低压环有好几只，从而达到密封的目的。

浮环密封用钢制成，端面镀锡青铜，环的内侧浇有巴氏合金（巴氏合金作为耐磨材料），以防轴与油环的短时间接触。浮环密封可以做到完全不泄露，被广泛地用作压缩机的轴封装置。

---

① 1 kg/cm^2 = 0.098 MPa。

3）机械密封

机械密封装置有时用于小型压缩机轴封上，压缩机用的机械密封与一般泵用的机械密封的不同点，主要是转速高、线速度大、PV 值高、摩擦热大及动平衡要求高等。因此，在结构上一般将弹簧及其加荷装置设计成静止式，而且转动零件的几何形状力求对称，传动方式中不用销子、链等，以减少不平衡质量所引起的离心力的影响，同时从摩擦件和端面比压来看，尽可能采取双端面部分平衡型，其端面宽度要小，摩擦副材料的摩擦系数低，同时还应加强冷却和润滑，以便迅速导出密封面的摩擦热。

机械密封结构如图 1－4－4 所示。

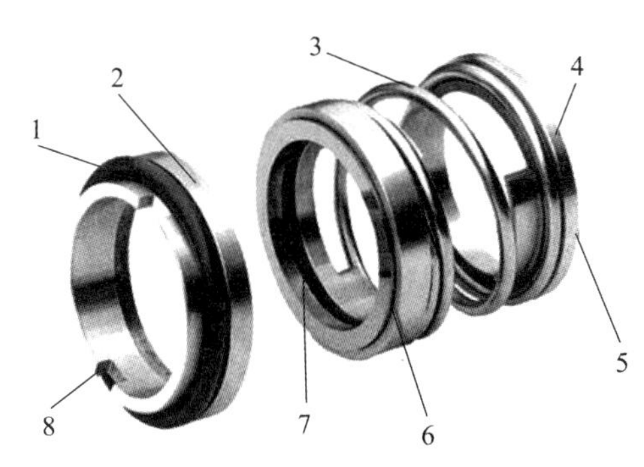

图 1－4－4　机械密封结构

1—静密封圈；2—热套静环；3—弹簧；4—弹簧座；5—传动销；
6—热套动环；7—动密封圈；8—防转销位置

4）干气密封

随着流体动压机械密封技术的不断完善和发展，其重要的一种密封形式——螺旋槽面气体动压密封即干气密封在石化行业得到了广泛的应用。相对于封油浮环密封，干气密封具有较多的优点：运行稳定可靠，易操作，辅助系统少，大大降低了操作人员维护的工作量，密封消耗的只是少量的氮气，既节能又环保。

螺旋槽面干气密封，它由动环、静环、弹簧、O 形环、组装套及轴组成。一般来讲螺旋槽深度为 2.5～10 μm，密封环表面平行度要求很高，需小于 1 μm，螺旋槽形状近似对数螺旋线。

当动环旋转时将密封用的氮气周向吸入螺旋槽内，由外径朝向中心，径向方向朝着密封堰流动，而密封堰起着阻挡气体流向中心的作用，于是气体被压缩引起压力升高，此气体膜层压力企图推开密封，形成要求的气膜。此平衡间隙或膜厚 h 典型值为 3 μm。这样，被密封气体的压力和弹簧力与气体膜层压力配合好，使气膜具有良好的弹性，即气膜刚度高，形成稳定的运转并防止密封面相互接触，同时具有良好刚度的氮气膜可有效地阻止介质的泄漏。

干气密封作用力情况。正常运转条件下该密封的闭合力（弹簧和气体作用力）等于开启力（气膜作用力），若受到外力干扰间隙减小，则气体剪切率增大，螺旋槽开启间隙的效能增加，开启力大于闭合力，恢复到原间隙；若受到外扰间隙增大，则间隙内膜压下降，开启力小于闭合力，密封面合拢恢复到原间隙。

12. 轴承

离心式压缩机有径向轴承和推力轴承。径向轴承为滑动轴承，它的作用是支持转子使之高速运转；止推轴承则承受转子上剩余的轴向力，限制转子的轴向窜动，保持转子在气缸中

的轴向位置。

1）径向轴承

径向轴承主要由轴承座、轴承盖、上下两半轴瓦等组成。

轴承座是用来放置轴瓦的，可以与气缸铸在一起，也可以单独铸成后支持在机座上，转子加给轴承的作用力最终都要通过它直接或间接地传给机座和基础。

轴承盖：盖在轴瓦上，并与轴瓦保持一定的预紧力，以防止轴承跳动，轴承盖用螺栓紧固在轴承座上。

轴瓦：用来直接支承轴颈，轴瓦圆表面浇铸巴氏合金，由于其减摩性好、塑性高、易于浇注和跑合，故在离心压缩机中被广泛采用。在实际中，为了装卸方便，轴瓦通常制成上下两半，并用螺栓紧固，目前使用巴氏合金的厚度通常为 1 ~ 2 mm。

轴瓦在轴承座中的放置有两种：一种是轴瓦固定不动；另一种是活动的，即在轴瓦背面有一个球面，可以在运动中随着主轴挠度的变化自动调节轴瓦的位置，使轴瓦沿整个长度方向受力均匀。

润滑油从轴承侧面的油孔进入轴承，在进入轴承的油路上安装一个节流孔板，借助于节流孔板直径的改变就可以调节进入轴承油量的多少。在轴瓦上半部内有环状油槽，这样可使得润滑油能更好地循环，并对轴颈进行冷却。

2）推力轴承

推力轴承与径向轴承一样，也是分上下两半，中分面有定位销，并用螺栓连接，球面壳体与球面座间采用定位套筒，防止相对转动。由于球面支承可根据轴挠曲程度而自动调节，故推力轴承与推力盘一起作用。安装在轴上的推力盘随着轴转动，把轴传来的推力作用在若干块静止的推力块上，在推力块工作面上也浇铸一层巴氏合金，推力块的厚度误差小于 0.01 ~ 0.02 mm。

离心压缩机中广泛采用米切尔式推力轴承和金斯泊雷式轴承。

离心式压缩机在正常工作时，轴向力总是指向低压端，承受这个轴向力的推力块称为主推力块。在压缩机启动时，由于气流的冲力方向指向高压端，这个力使轴向高压端窜动，为了防止轴向高压端的窜动，设置了另外的推力块，这种推力块在主推力块的对面，称为副推力块。

推力盘与推力块之间留有一定的间隙，以利于油膜的形成，此间隙一般为 0.25 ~ 0.35 mm，其间隙的最大值应当小于固定元件与转动元件之间的最小轴向间隙，这样才能避免动、静件相碰。

润滑油从球面下部进油口进入球面壳体，再分两路，一路经中分面进入径向轴承，另一路经两组斜孔通向推力轴承，进入推力轴承的油一部分进入主推力块，另一部分进入副推力块。

子任务二　离心式制冷压缩机的深知

一、任务引入

近年来，离心式制冷压缩机的应用有逐年上升的趋势，尤其是在一些大冷量范围的应用有其无可比拟的优势，国内主要制冷设备厂家也以有无独立的离心式制冷压缩机的研发生产能力作为其实力的代表，所以离心式制冷压缩机的相关知识是本课程必不可少的内容。

二、相关知识

1. 基本结构与工作原理

离心式制冷压缩机属于速度型压缩机，是一种叶轮旋转式的机械，它是靠高速旋转的叶轮对气体做功，以提高气体的压力的。气体的流动是连续的，其流量比容积型制冷压缩机要大得多。为了产生有效的能量转换，其旋转速度必须很高，一般用于大容量的制冷装置中。

离心式制冷压缩机的吸气量为0.03～15 m^3/s，转速为1 800～90 000 r/min，吸气温度通常为－100～+10 ℃，吸气压力为14～700 kPa，排气压力小于2 MPa，压力比为2～30，几乎所有制冷剂都可采用。目前常用的制冷剂工质有R22、R123、R134a等。

离心式制冷压缩机有单级、双级和多级等多种结构形式。

单级压缩机主要由吸气室、叶轮、扩压器、蜗壳及轴封等组成，如图1－4－5所示。

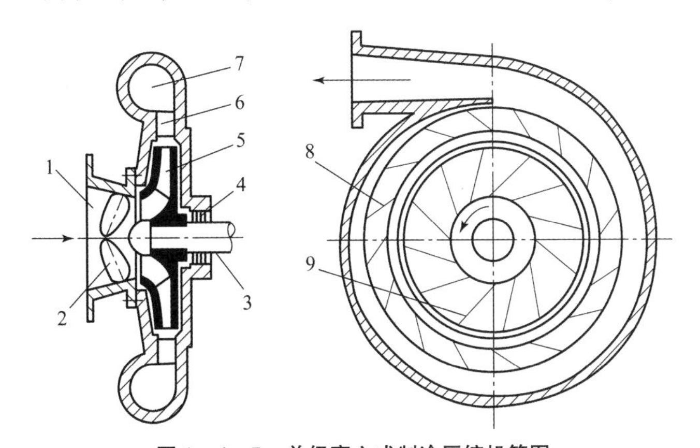

图1－4－5　单级离心式制冷压缩机简图

1—吸气室；2—进口可调导流叶片；3—主轴；4—轴封；5—叶轮；
6—扩压器；7—蜗壳；8—扩压器叶片；9—叶轮叶片

对于多级压缩机，还设有弯道和回流器等部件。一个工作叶轮和与其相配合的固定元件（如吸气室、扩压室、弯道、回流器或蜗壳等）就组成压缩机的一个级。多级离心式制冷压缩机的主轴上设置着几个叶轮串联工作，以达到较高的压力比。多级离心式制冷压缩机简图如图1－4－6所示。

图1－4－6　多级离心式制冷压缩机简图

2. 离心式制冷压缩机的特点

（1）在相同制冷量时，其外形尺寸小、质量轻、占地面积小。相同的制冷工况及制冷量，活塞式制冷压缩机比离心式制冷压缩机（包括齿轮增速器）重5~8倍，占地面积多一倍左右。

（2）无往复运动部件，动平衡特性好，振动小，基础要求简单。目前对中小型组装式机组，压缩机可直接装在单筒式的蒸发—冷凝器上，无须另外设计基础，安装方便。

（3）磨损部件少，连续运行周期长，维修费用低，使用寿命长。

（4）润滑油与制冷剂基本上不接触，从而提高了蒸发器和冷凝器的传热性能。

（5）易于实现多级压缩和节流，达到同一台制冷机多种蒸发温度的操作运行。

（6）能够经济地进行无级调节。可以利用进口导流叶片自动进行制冷量的调节，调节范围和节能效果较好。

（7）对于大型制冷机组，若用经济性高的工业汽轮机直接带动，实现变转速调节，则节能效果更好，尤其是对有废热蒸汽的工业企业，还能实现能量回收。

（8）转速较高，因此用电动机驱动的一般需要设置增速器，而且对轴端密封要求高，这些均增加了制造上的困难和结构上的复杂性。

（9）当冷凝压力较高或制冷负荷太低时，压缩机组会发生喘振而不能正常工作。

（10）制冷量较小时，效率较低。

3. 分类

1）按用途（压缩机的使用场合）分类

（1）冷水机组用压缩机，其蒸发温度在 -5 ℃以上，广泛用于大型中央空调或制取5 ℃以上冷水或略低于0 ℃盐水的工业过程的场合。

（2）低温机组用压缩机，其蒸发温度在 -40 ~ -5 ℃，多用于制冷量较大的化工流程。另外在啤酒工业、人造冰场、冷冻土壤、低温实验室和冷温水同时供应的热泵系统等也可使用离心式压缩制冷机组。离心式制冷压缩机通常用于制冷量较大的场合，通常在350~7 000 kW范围内采用封闭离心式制冷压缩机，在7 000~35 000 kW范围内多采用开启离心式制冷压缩机。

2）按压缩机的密封结构形式分类

（1）全封闭式（见图1-4-7）。

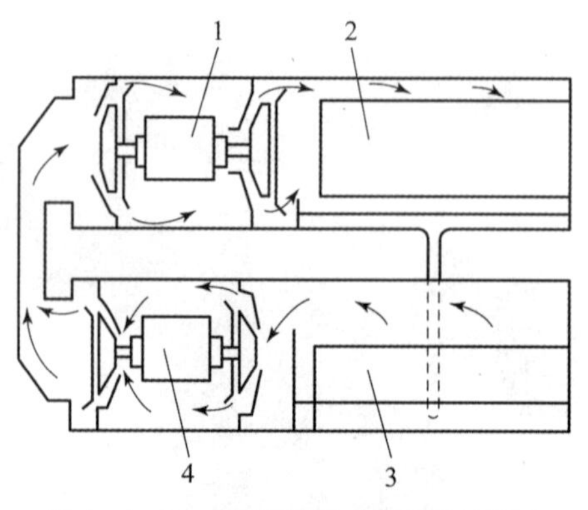

图1-4-7　全封闭离心式制冷机组简图

1，4—电动机；2—冷凝器；3—蒸发器

（2）半封闭式（见图 1-4-8）。

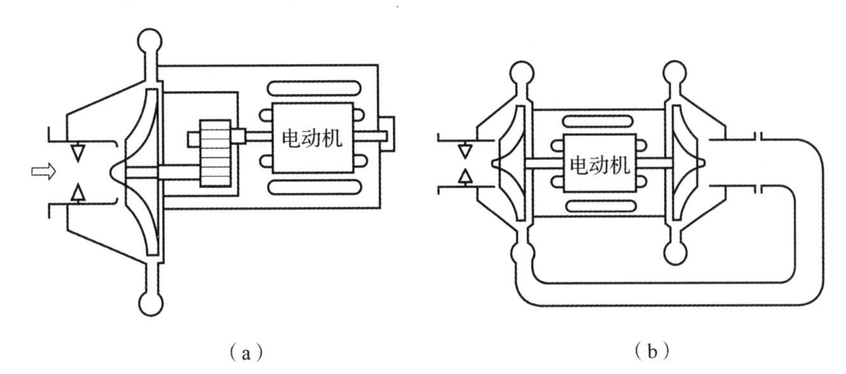

图 1-4-8　半封闭离心式制冷机组结构简图

（a）单级压缩式；（b）直联二级压缩式

（3）开启式（见图 1-4-9）。

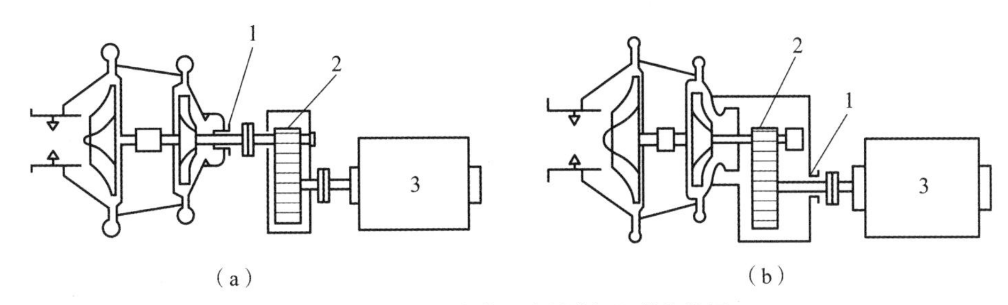

图 1-4-9　开启离心式制冷机组结构简图

（a）增速齿轮外装式；（b）增速齿轮内装式

4. 典型结构

1）单级离心式制冷压缩机

由其结构决定，它不可能获得很大的压力比，因此单级离心式制冷压缩机多用于冷水机组中，其结构组成如图 1-4-10 所示。

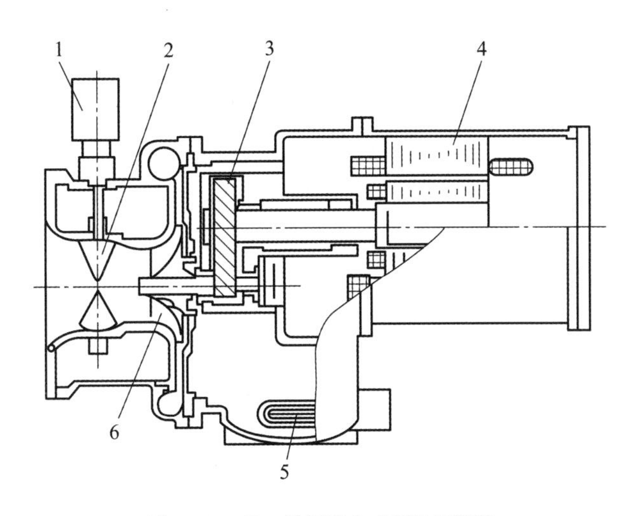

图 1-4-10　单级离心式制冷压缩机

1—导叶电动机；2—进口导叶叶轮；3—增速齿轮；4—电动机；5—油加热器；6—叶轮

2）多级离心式制冷压缩机（见图 1－4－11）

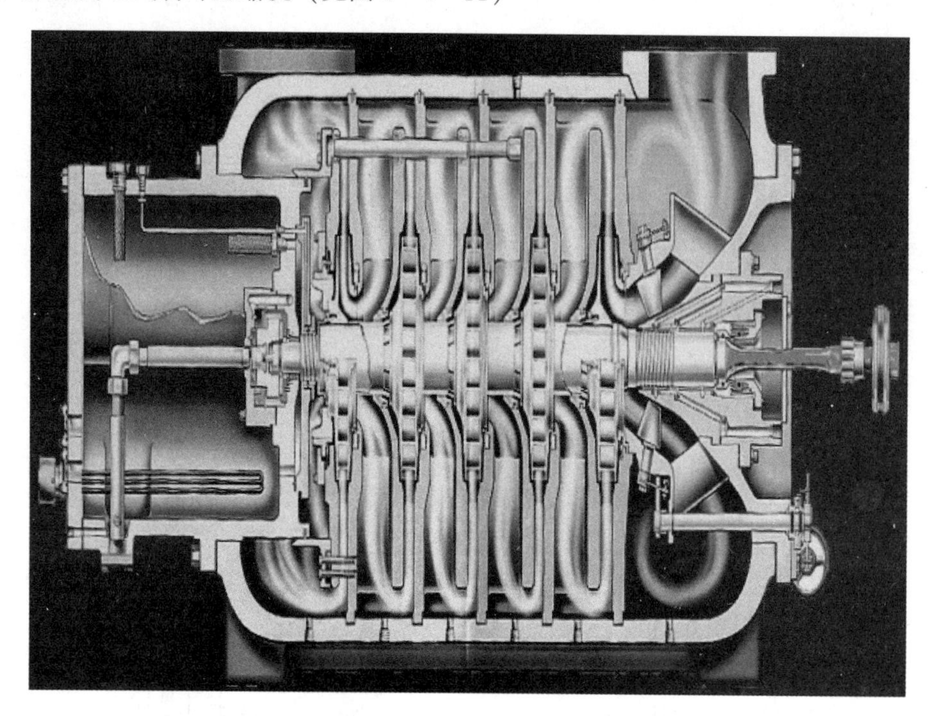

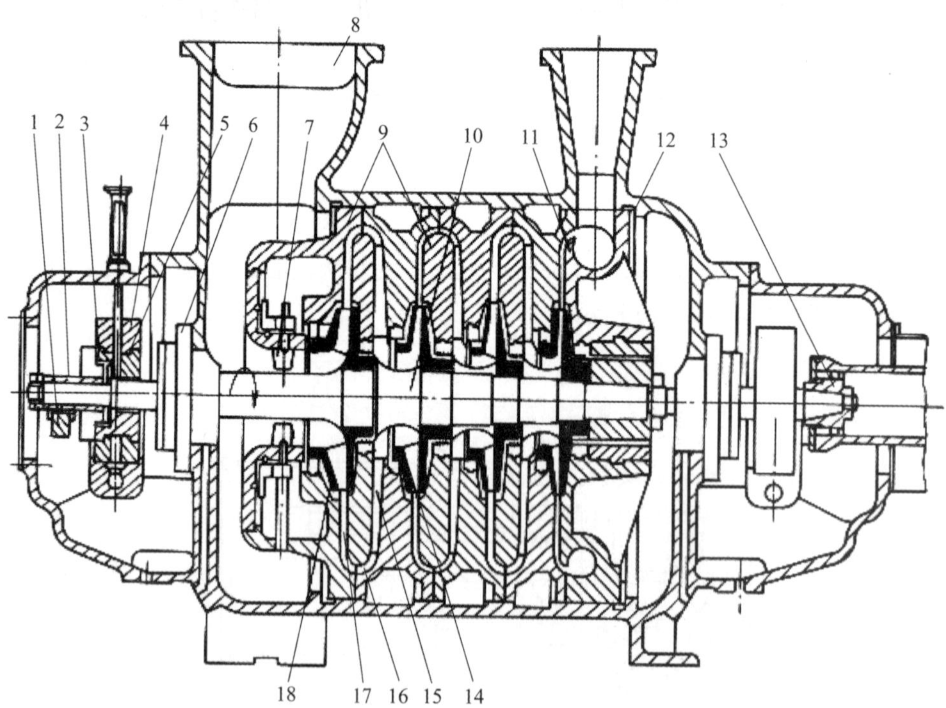

图 1－4－11　多级离心式制冷压缩机

1—顶轴器；2—套筒；3—推力轴承；4—轴承；5—调整块；6—轴封；7—进口导叶；8—吸入口；9—隔板；10—轴；11—蜗壳；12—调整环；13—联轴器；14—第二级叶轮；15—回流器；16—弯道；17—无叶扩压器；18—第一级叶轮

5. 主要零部件的结构与作用

1）吸气室

吸气室的作用是将从蒸发器或级间冷却器来的气体，均匀地引导至叶轮的进口。为减少气流的扰动和分离损失，吸气室沿气体流动方向的截面一般做成渐缩形，使气流略有加速。吸气室的结构比较简单，有轴向进气和径向进气两种形式，如图 1－4－12 所示。

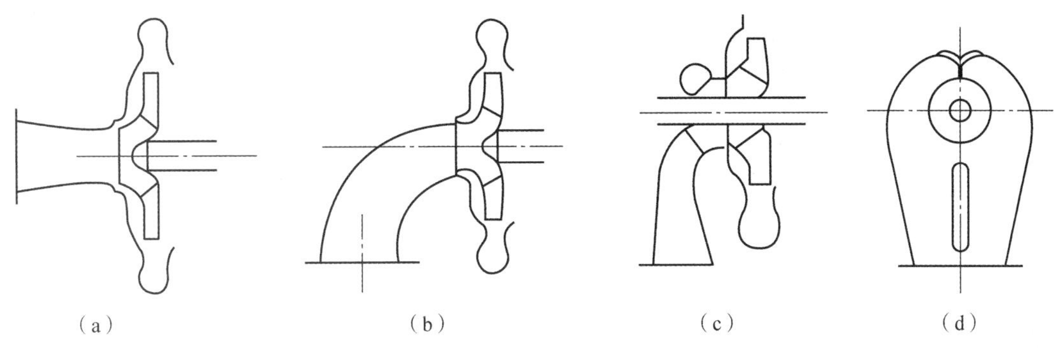

图 1－4－12 吸气室种类

（a）轴向进气吸气室；（b）径向进气肘管式吸气室；（c）径向进气半蜗壳式吸气室

2）进口导流叶片

在压缩机第一级叶轮进口前的机壳上装有进口导流叶片（见图 1－4－13），当导流叶片旋转时，改变了进入叶轮的气体流动方向和流量的大小，达到了调节制冷量的目的。

3）叶轮

叶轮也称工作轮，是压缩机中对气体做功的唯一部件。叶轮随主轴高速旋转后，利用叶片对气体做功，气体由于受离心力的作用以及在叶轮内的扩压流动，使气体通过叶轮后的压力和速度都得到提高。叶轮按结构形式分为闭式、半开式和开式三种，通常采用闭式和半开式两种，如图 1－4－14 所示。

图 1－4－13 进口导流叶片

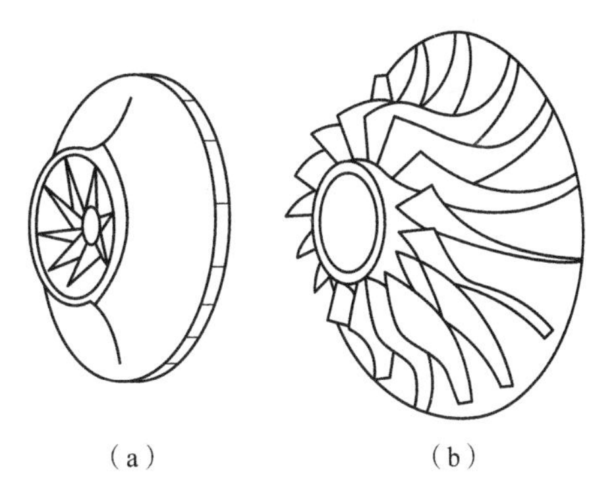

图 1－4－14 叶轮种类

（a）闭式；（b）半开式

闭式叶轮由轮盖、叶片和轮盘组成，空调用制冷压缩机大多采用闭式。闭式叶轮结构图见二维码。

闭式叶轮设有轮盖，可减少内漏气损失，提高效率，但在叶轮旋转时，轮盖的应力较

大，因此叶轮的圆周速度不能太大，即限制了单级压力比的提高。

半开式叶轮不设轮盖，一侧敞开，仅有叶片和轮盘，用于单级压力比较大的场合，如图 1-4-15 所示。

图 1-4-15　半开式叶轮结构

半开式叶轮由于没有轮盖，适宜于承受离心惯性力，因而对叶轮强度有利，叶轮圆周速度可以较高。钢制半开式叶轮圆周速度目前可达 450~540 m/s，单级压力比可达 6.5。

4）扩压器

气体从叶轮流出时有很高的流动速度，一般可达 200~300 m/s，气体的动能占叶轮对气体做功的比例很大。为了将这部分动能充分地转变为压力能，同时为了使气体在进入下一级时有较低且合理的流动速度，在叶轮后面设置了扩压器。

扩压器通常是由两个与叶轮轴相垂直的平行壁面组成的。如果在两平行壁面之间不装叶片，则称为无叶扩压器；如果设置叶片，则称为叶片扩压器。扩压器内环形通道截面是逐渐扩大的，当气体流过时速度逐渐降低、压力逐渐升高。

5）弯道和回流器

在多级离心式制冷压缩机中，弯道和回流器的作用是把由扩压器流出的气体引导至下一级叶轮，如图 1-4-16 所示。弯道的作用是将扩压器出口的气流引导至回流器进口，使气流从离心方向变为向心方向。回流器则是把气流均匀地导向下一级叶轮的进口，为此，在回流器流道中设有叶片，使气体按叶片弯曲方向流动，沿轴向进入下一级叶轮。

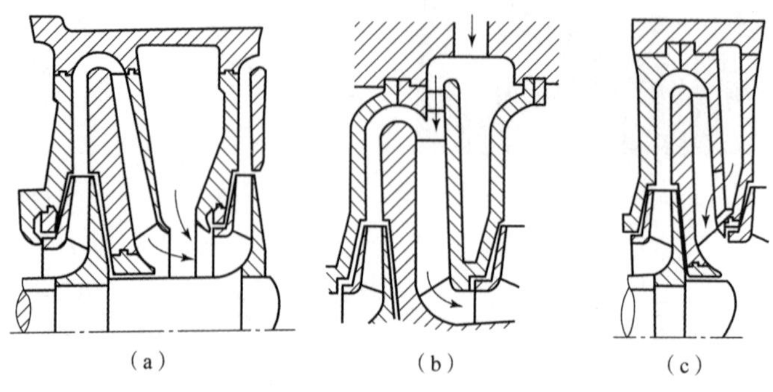

图 1-4-16　弯道和回流器

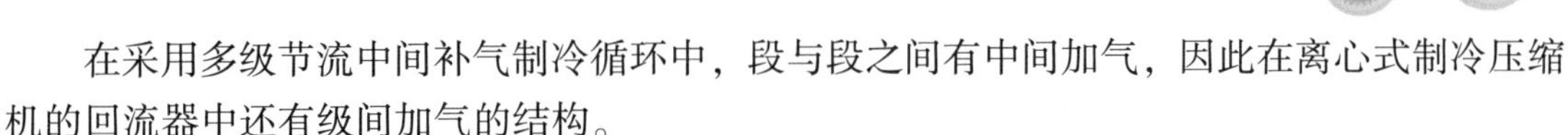

在采用多级节流中间补气制冷循环中，段与段之间有中间加气，因此在离心式制冷压缩机的回流器中还有级间加气的结构。

6）蜗壳

蜗壳的作用是把从扩压器或叶轮中（没有扩压器时）流出的气体汇集起来，排至冷凝器或中间冷却器，其结构如图 1－4－17 所示。

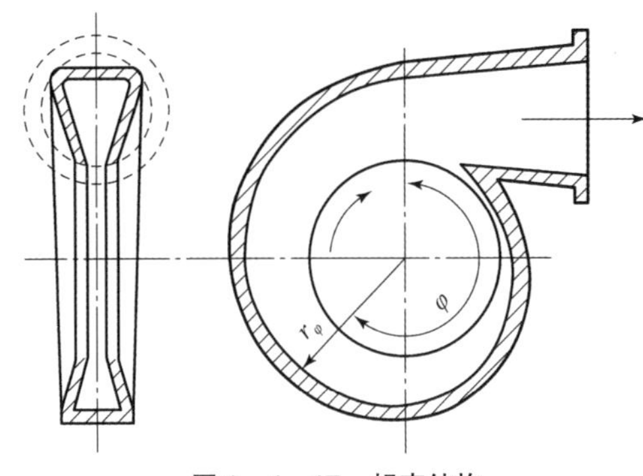

图 1－4－17　蜗壳结构

7）润滑系统

离心式制冷压缩机一般是在高转速下运行的，其叶轮与机壳无直接接触摩擦，无须润滑。但其他运动摩擦部位则不然，即使短暂缺油，也将导致烧坏，因此离心式制冷机组必须带有润滑系统。开启式机组的润滑系统为独立的装置，半封闭式的润滑系统则放在压缩机机组内，如图 1－4－18 所示。

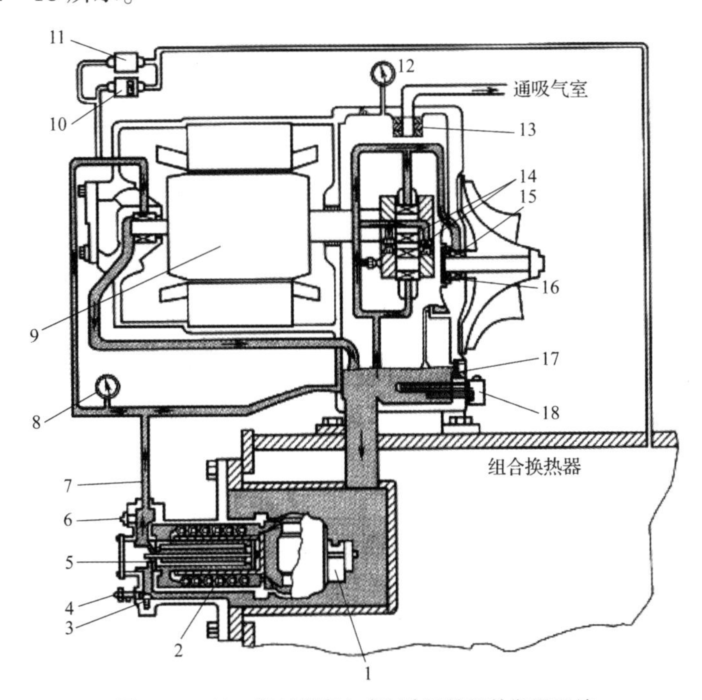

图 1－4－18　半封闭离心式制冷压缩机的润滑系统

1—油泵；2—油冷却器；3—油压调节阀；4—注油阀；5—油过滤器；6—磁力塞；7—供油管；8—油压表；9—电动机；10—低油压断路器；11—关闭导叶的油开关；12—油箱压力表；13—除雾器；14—小齿轮轴承；15—径向轴承；16—推力轴承；17—喷油嘴视镜；18—油加热器的恒温控制器与指示灯

由于制冷剂中含油，故在运转中应不断把油回收到油箱。一般情况下经压缩后的含油制冷剂，其油滴会落到蜗壳底部，可通过喷油嘴回收到油箱，进入油箱的制冷剂闪发成气体再次被压缩机吸入。

油箱中设有带恒温装置的油加热器，在压缩机启动前或停机期间通电工作，以加热润滑油。其作用是使润滑油黏度降低，以利于高速轴承的润滑，另外在较高的温度下易使溶解在润滑油中的制冷剂蒸发，以保持润滑油原有的性能。

为了保证压缩机润滑良好，液压泵在压缩机启动前 30 s 先启动，在压缩机停机后 40 s 内仍连续运转。当油压差小于 69 kPa 时，低油压保护开关使压缩机停机。

8）抽气回收装置

空调机组采用低压制冷剂（如 R123）时，压缩机进口处于真空状态。当机组运行、维修和停机时，不可避免地有空气、水分或其他不凝性气体渗透到机组中。若这些气体过量而又不及时排出，会引起冷凝器内部压力的急剧升高，使制冷量减少、制冷效果下降、功耗增加，甚至会使压缩机停机。因此需采用抽气回收装置，随时排除机体内的不凝性气体和水分，并把混入气体中的制冷剂回收。抽气回收装置一般有有泵和无泵两种类型，如图 1－4－19～图 1－4－21 所示。

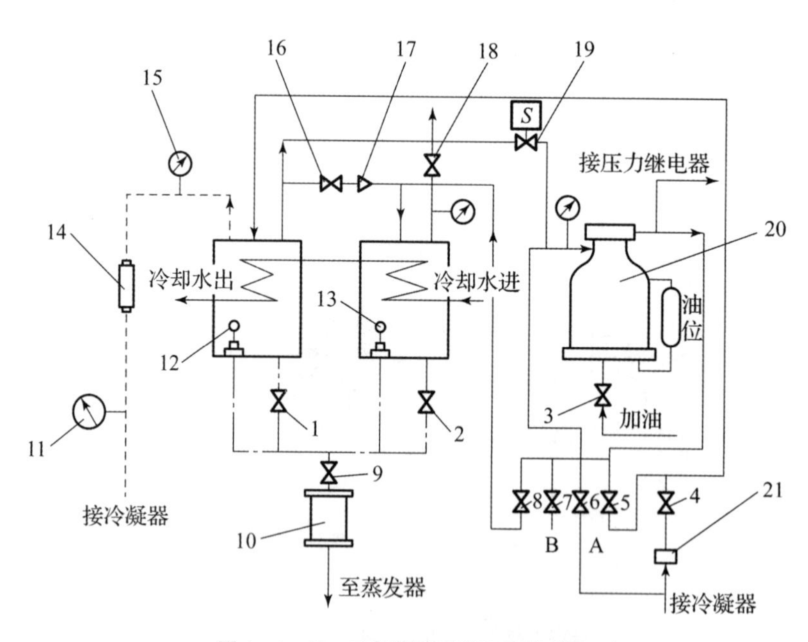

图 1－4－19　有泵型自动抽气回收装置

1～9—阀门；10—干燥过滤器；11—冷凝器压力表；12—回收冷凝器；13—制冷器；14—压差控制器；15—回收冷凝器压力表；16，18—减压阀；17—单向阀；19—电磁阀；20—抽气泵；21—节流器

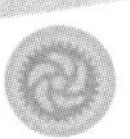

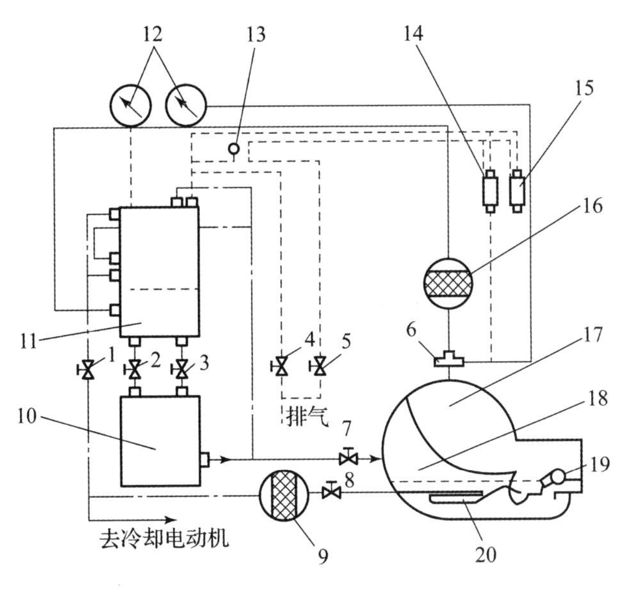

图 1-4-20　差压式无泵型抽气回收装置

1~8—波纹管阀；9，16—过滤器；10—干燥器；11—回收冷凝器；12—压力表；13—电磁阀；14—压差控制器；15—压力控制器；17—冷凝器；18—蒸发器；19—浮球阀；20—过冷段

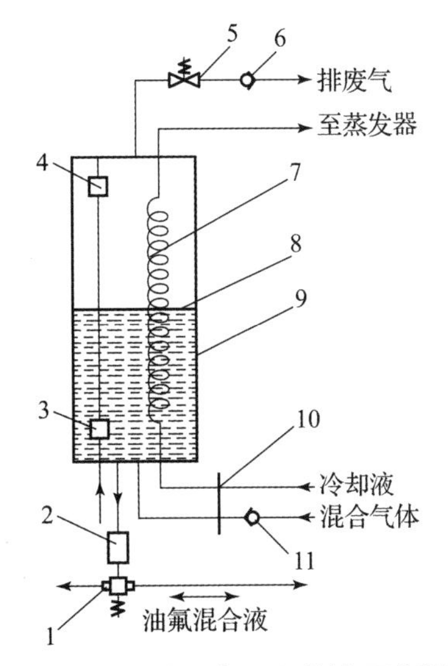

图 1-4-21　油压式无泵型抽气回收装置

1—三通电磁阀；2—干燥过滤器；3—下浮球阀；4—上浮球阀；5—排气电磁阀；6，11—单向阀；7—冷却盘管；8—润滑油油位；9—回收冷凝器；10—节流口

三、任务实施

以小组为单位，依据离心式制冷压缩机的特点，了解其分类，并掌握开启式、半封闭式、全封闭式制冷压缩机的不同之处。

四、考核评价

考核内容：基本知识水平、基本技能、任务构思能力、任务完成情况、任务检测能力、工作态度、纪律出勤、团队合作能力。

评价方式：教师考核、小组成员相互考核。

五、任务小结

通过“讲授法”，使学生掌握离心式制冷压缩机的基本结构与工作原理，了解离心式制冷压缩机的特点，熟悉离心式制冷压缩机的分类，掌握离心式制冷压缩机的典型结构。

通过实施任务驱动法，提高学生对所授知识的理解和方法的掌握程度，让学生参与到离心式制冷压缩机认识的全过程，带动理论的学习和职业技能的训练，大大提高了学生学习的效率和兴趣。一个“任务”完成了，学生就会获得满足感、成就感，从而激发他们的求知欲望，逐步形成一个感知心智活动的良性循环。

通过教师考核与小组成员互相考核，了解到学生基本掌握了所授的知识。本任务涉及的理论知识较多，并且要对系统各设备的结构有清楚的认识，以便为后面的制冷机组及系统打下基础。

六、作业布置

（1）简述离心式制冷压缩机的工作原理及特点。

（2）离心式制冷压缩机由哪些主要零部件组成？各主要零部件的作用是什么？

（3）抽气回收装置的作用是什么？常用的形式哪些？

子任务三　离心式制冷压缩机的拆装检修

一、准备工作

离心式压缩机拆卸前，应做好以下几项准备工作：

（1）切断电源，确保拆卸时的安全。

（2）关闭出入口阀门，拆除压缩机与增速器及增速器与电动机联轴器的连接装置。

（3）拆除进、出口法兰螺栓，使机壳与进、出口管路脱开，为安全起见在管口处加装盲板。对于水平剖分式压缩机，缸体不进行拆卸时也可不拆进、出口管线。

二、相关知识

1. 连接件的拆卸

离心式压缩机拆卸时，首先应拆卸机壳的连接螺栓或机壳与端盖的连接螺栓，拆开轴承压盖，将气缸盖或端盖、轴承压盖吊出。

在拆卸时，气缸盖与机壳的密封垫片有时会出现粘连现象，使气缸盖难以吊起，此时可用顶丝或通芯螺丝刀将机盖顶起或撬起后再行拆卸。

2. 缸盖及内件的拆卸

将气缸盖翻过来，使接合面向上，取出缸盖和缸盖内的全部密封装置、隔板、推力块、油封及轴瓦等零部件。锈死或卡住的气封或隔板应将煤油提前浇在止口处，并用紫铜棒轻轻敲击取出。

3. 转子的拆卸

用钢丝绳将转子绑好，从缸体上吊起；对于垂直剖分型压缩机，应将转子从机壳内缓缓抽出，吊起，放在事先准备好的支架上。

一般情况下，转子部分不进行拆卸解体，以保证转子动平衡不被破坏。需拆卸时，应沿轴向按从外向内的顺序依次进行，即推力盘→密封轴套→平衡盘→轴套→叶轮。轴套、叶轮等零件常常过盈套装在轴上，拆叶轮前可先将轴套用机加工的方法除去。

4. 叶轮的拆卸

一般情况下可采用迅速加热叶轮的方法来拆卸叶轮，拆卸时应注意加热温度和时间。从转子上拆卸零件时应使用专用工具，如拉力器等。如图 1 －4 －22 所示。

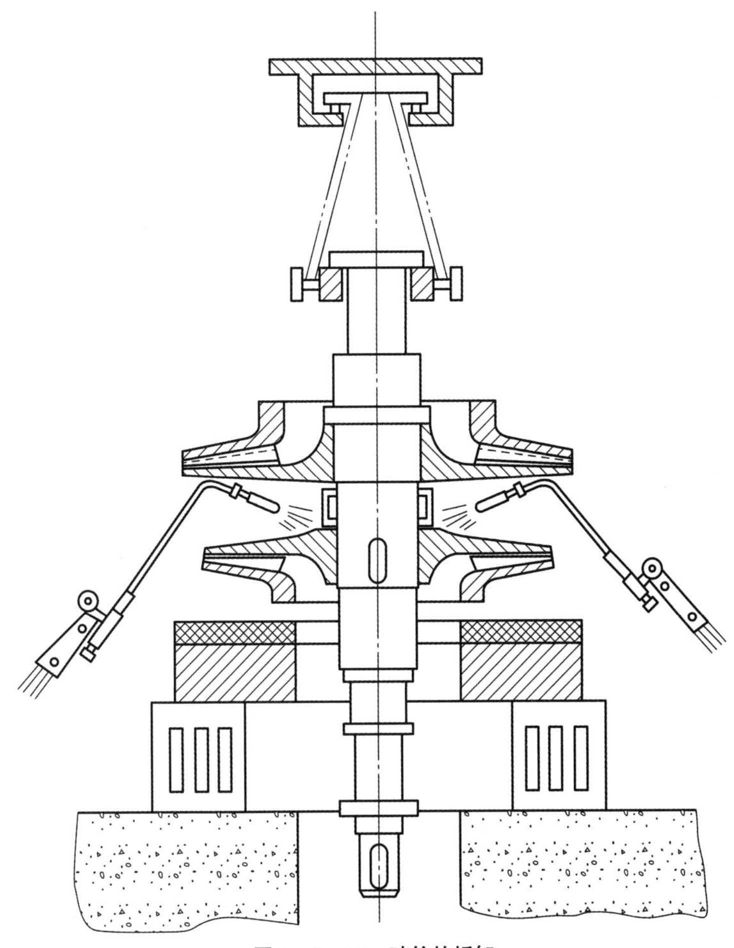

图 1 －4 －22　叶轮的拆卸

5. 缸体的拆卸

拆卸气缸体与机座处的连接螺栓，或缸体与基础连接处的地脚螺栓，将缸体拆下。

6. 注意事项

拆卸时要做好标记，记录好原始安装位置，以防止回装时出现漏装、错装、错位和倒向等错误。拆下的零件应摆放整齐，对拆卸后暴露的油孔、油管等应及时、妥善封闭，严防异物落入，一旦有异物落入，必须尽一切办法取出。

任务五　拓展学习　虚拟仿真压缩机拆装软件的运用

一、方法描述

学生先通过软件的学习模式，学习压缩机的自动拆卸和自动组装，接着利用练习模式开展上机手动拆卸和手动组装，最后通过考核模式开展拆卸和组装考核。

二、学生交互性操作步骤说明

（1）下载 PC 端，安装后，在登录界面（见图 1－5－1）单击“注册账号”按钮，进入账号注册界面（见图 1－5－2），输入账号信息并单击“立即注册”按钮进行账号注册。注册账号需要后台审核，不经审核账号无法登录。

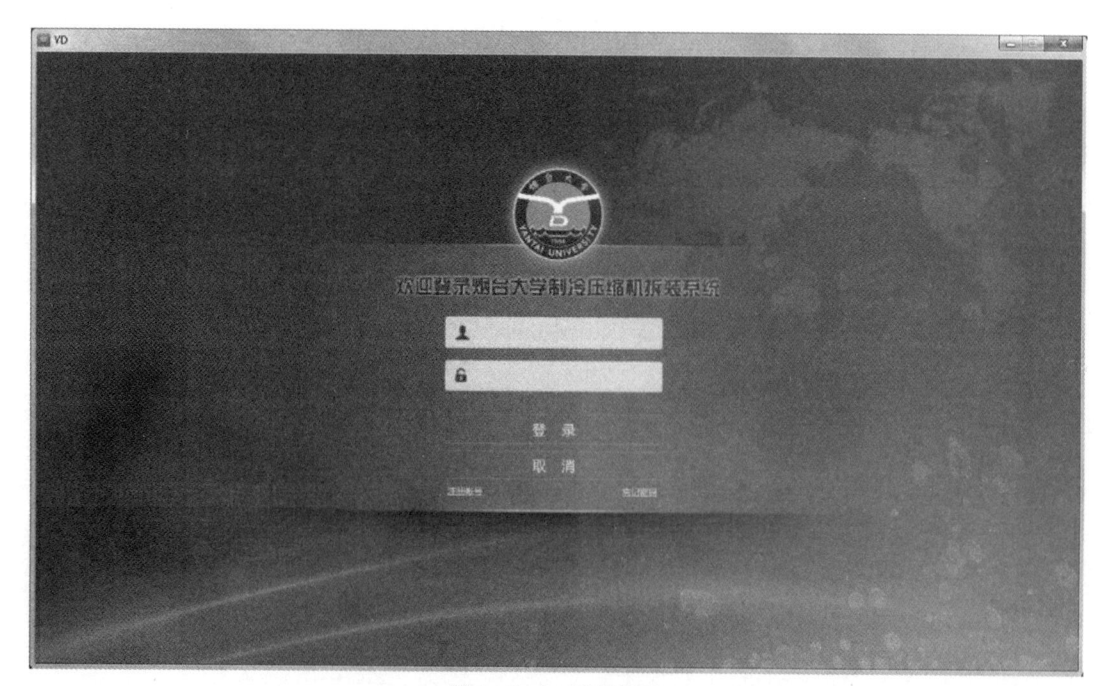

图 1－5－1　登录界面

图1-5-2　注册界面

（2）在登录界面输入审核过的账号和密码进行登录，如图1-5-3所示。

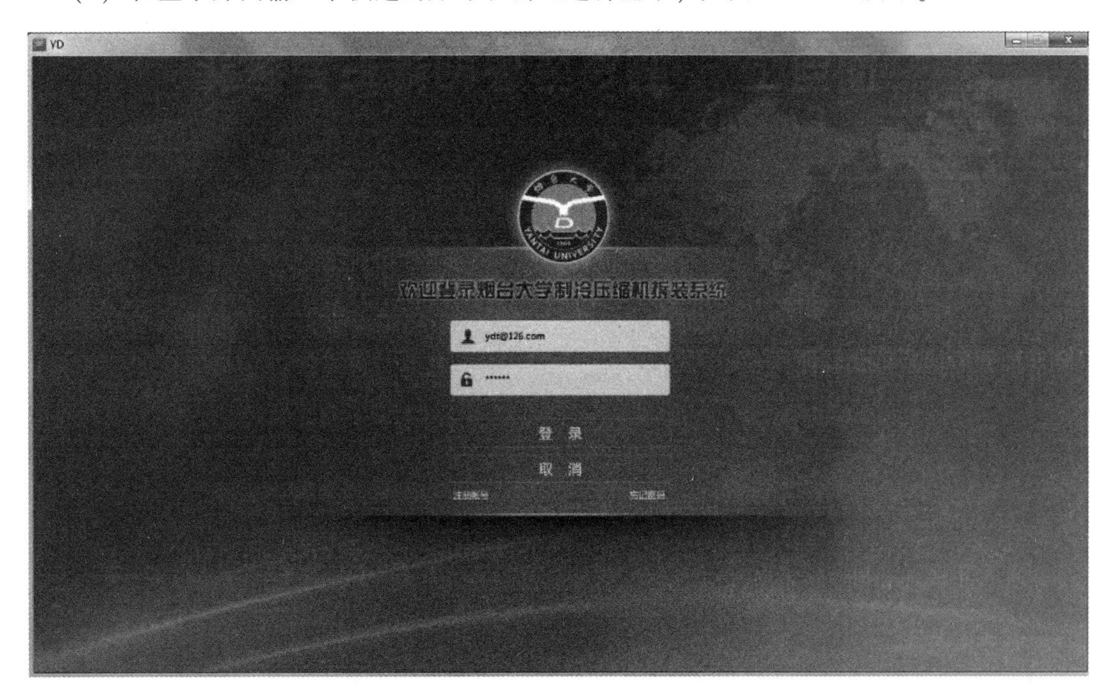

图1-5-3　注册后登录界面

（3）压缩机选择：登录成功后，在压缩机选择界面单击要选择操作的压缩机（活塞式和螺杆式），进入对应压缩机的主界面。

（4）选择模式，从“学习模式”“练习模式”“考核模式”中选择（见图1-5-4），先选择“学习模式”。

图1-5-4　压缩机选择界面

（5）在“学习模式”中单击“自动拆卸”按钮可进行自动拆卸和组装，在对应的场景里单击“暂停”按钮可停止自动拆卸，单击“继续”按钮可继续自动拆卸，单击“返回”按钮则返回模式。如图1-5-5所示。

（6）模式选择界面，单击“自动组装”按钮可进行自动组装，在对应的场景里单击“暂停”按钮可停止自动组装，单击“继续”按钮可继续自动组装，单击“返回”按钮则返回模式选择界面。如图1-5-6所示。

图1-5-5　活塞压缩机自动拆卸界面

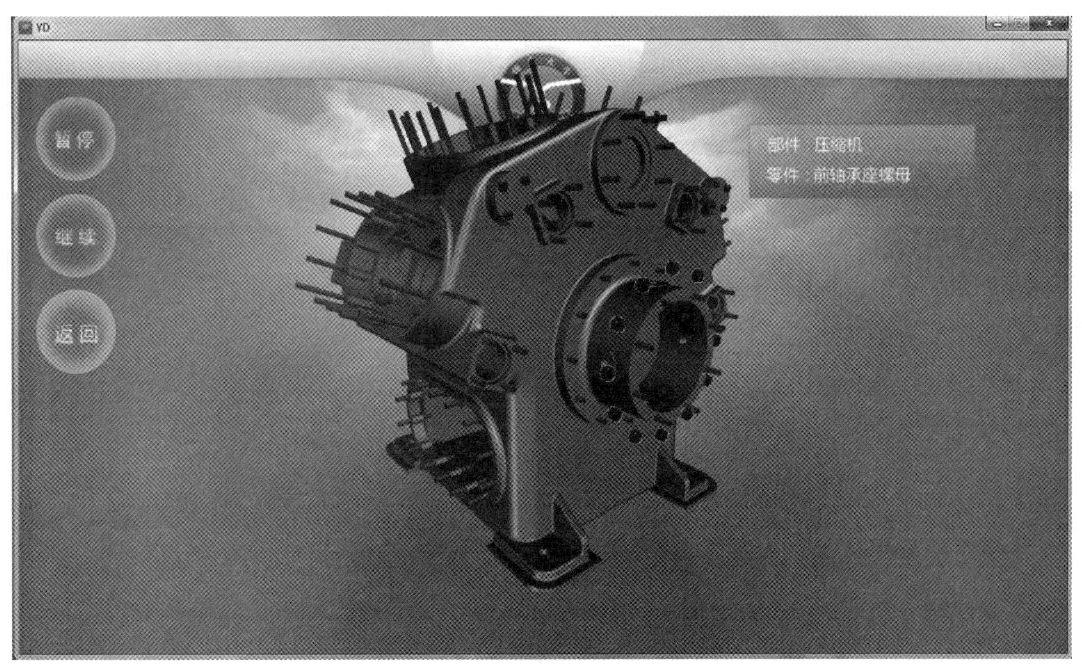

图1-5-6　活塞压缩机自动组装界面

（7）练习模式（包含9个主要操作步骤）。

在模式选择界面单击“手动拆卸”按钮，进入“练习模式”的手动拆卸场景。进入场景选择需要切换到的零件，单击“切换”按钮即可从选择的零件开始拆卸。然后按照拆卸顺序单击需要用到的工具，双击拆卸的零件。在不清楚应该拆卸哪个零件的情况下，可单击“提示”按钮，获得下一步操作指导。如图1-5-7所示。

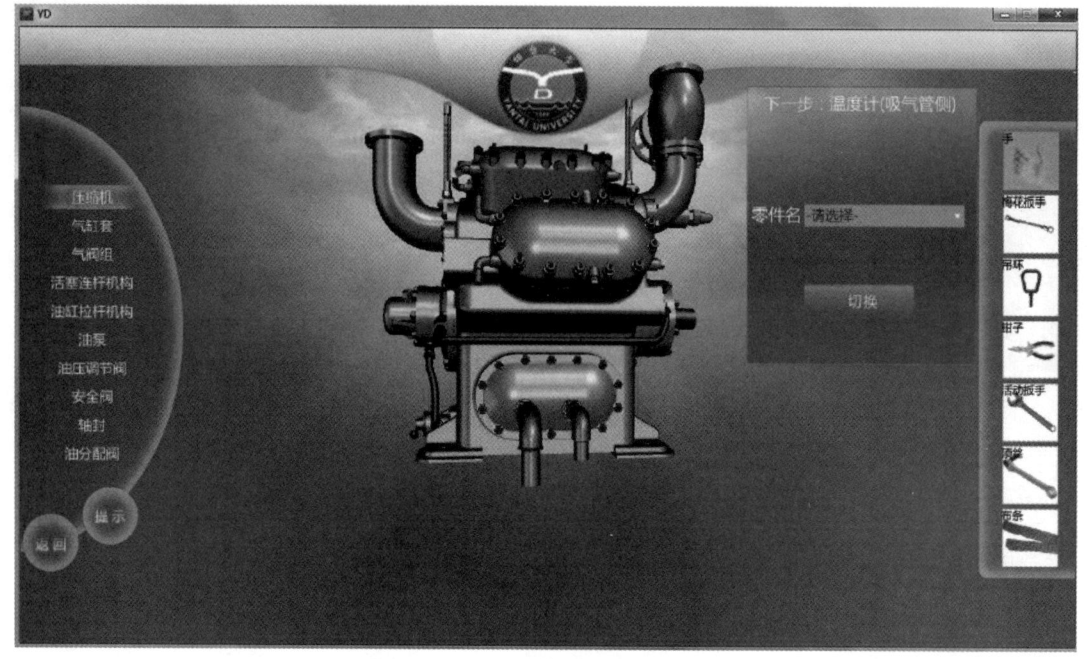

图 1－5－7　活塞压缩机练习模式界面

在此模式下，可从右侧工具箱中选择所需要的工具，如图 1－5－8 所示。鼠标指向图标时会出现与该工具相关的提示。

运用工具依次完成以下操作：

①拆卸气缸套；

②拆卸气阀组；

③拆卸活塞连杆机构；

④拆卸油缸拉杆机构；

⑤拆卸油泵；

⑥拆卸油压调节阀；

⑦拆卸安全阀；

⑧拆卸轴封；

⑨拆卸油分配阀。

以上每步操作中都要先选择工具，找到对应的部件完成拆装，如图 1－5－9 所示。

要求：实验中要会正确地选择工具，且拆卸顺序正确，拆装过程完整。

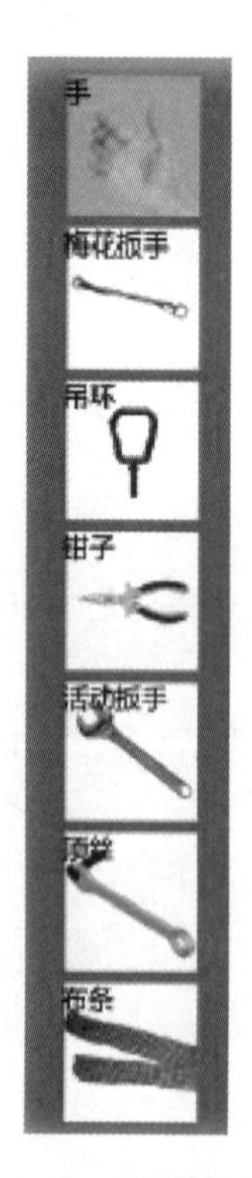

图 1－5－8　工具选择工具箱

（8）手动组装。

在模式选择界面单击“手动组装”按钮，进入“练习模式”的手动组装场景。进入场景后选择需要切换到的零件，单击“切换”按钮即可从选择的零件开始组装，然后按照组装顺序双击需要组装的零件模型。在不清楚应该组装哪个零件的情况下，可单击“提示”按钮。如图 1－5－10 所示。

要求：实验中要会正确地选择工具，且组装顺序正确，组装过程完整。

(9) 考核拆卸压缩机。

在模式选择界面单击“考核模式”的“拆卸”按钮，进入拆卸考核模式，如图1-5-11所示。

按照拆卸顺序，单击需要用到的工具，双击拆卸的零件。在不清楚应该拆卸哪个零件的情况下，单击“跳过”按钮可跳过当前需要拆卸的零件，继续拆卸后面的零件。在拆卸完所有的部件及零件后单击“提交”按钮，将显示错误步骤数及错误零件名，并将考核结果提交到后台。

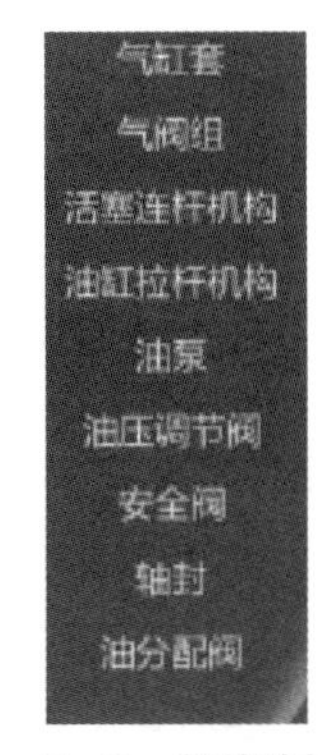

图1-5-9　部件选择菜单

图1-5-10　手动组装练习模式界面

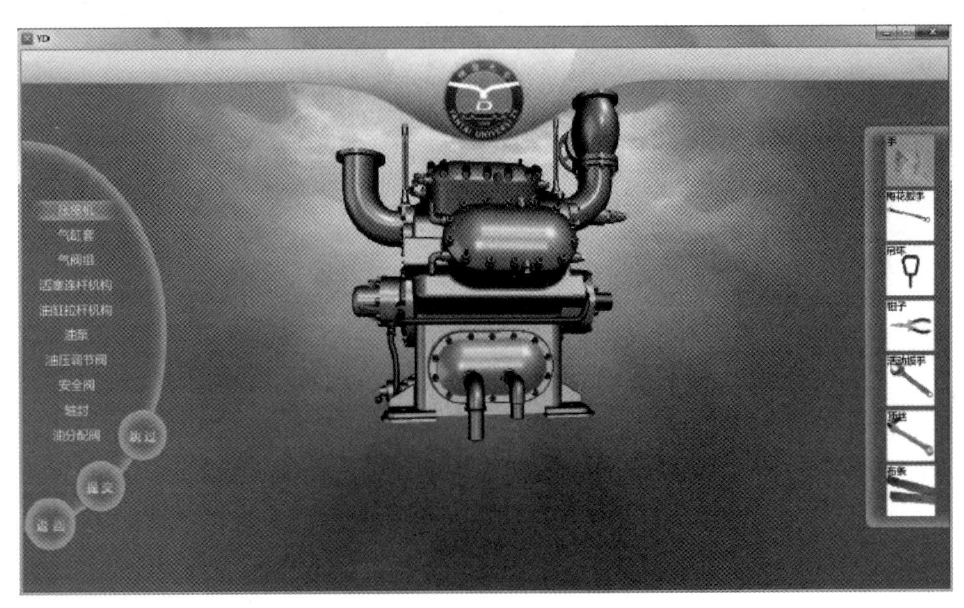

图1-5-11　考核拆卸压缩机界面

考核出错后，后台的记录界面如图 1 -5 -12 所示。

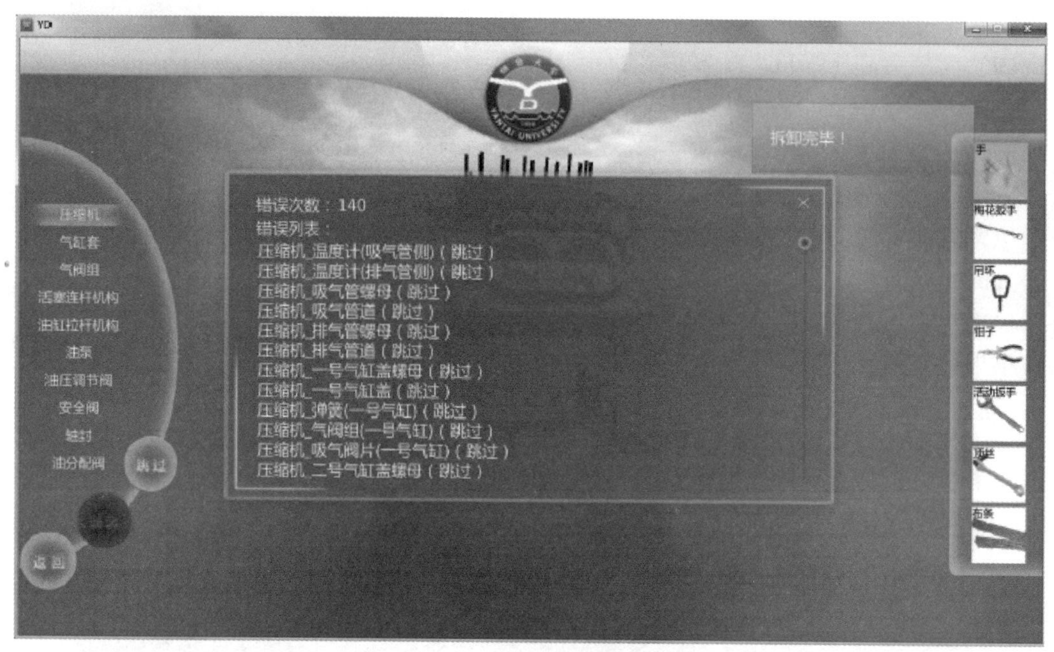

图 1 -5 -12　后台考核出错记录界面

（10）考核组装。

在模式选择界面单击考核模式的“组装”按钮，进入组装考核模式，如图 1 -5 -13 所示。

图 1 -5 -13　考核组装界面

按照组装顺序，用鼠标左键拖动右侧零件到零件所在位置进行组装。在不清楚应该组装哪个零件的情况下，单击“跳过”按钮可跳过当前需要组装的零件，继续组装后面的零件。

在组装完所有的部件及零件后单击“提交”按钮，将显示错误步骤数及错误零件名，并将考核结果提交到后台。

组装出错后，后台给出出错位置及原因，如图1－5－14所示。

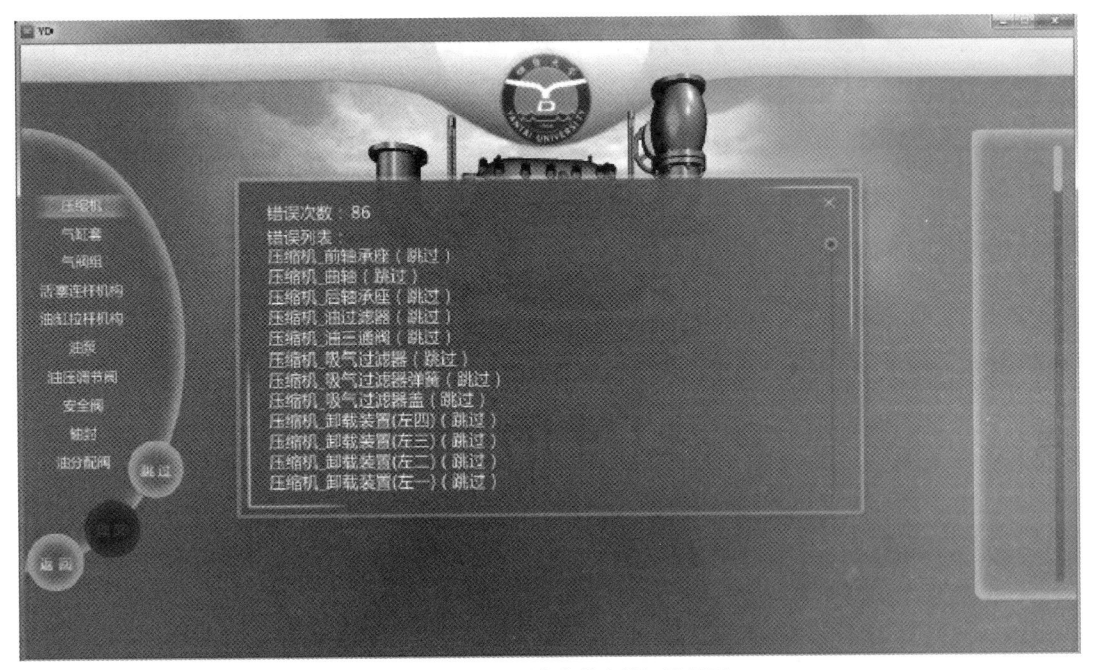

图1－5－14 后台考核出错记录界面

教师在后台程序可以查看学生的拆装进度、出错步骤等信息，并及时提醒学生，实现交互实验指导。

项目二 制冷设备的维护与保养

1. 知识目标

- 制冷设备维修常用仪器仪表及工具的使用方法。
- 掌握制冷设备运行维护管理的通用流程。
- 掌握制冷设备首次调试的流程。
- 掌握制冷设备维护管理的流程。
- 掌握制冷辅助设备维护管理的流程。

2. 能力目标

- 能够对制冷设备及其辅助设备进行正确规范的调试、日常维护和常规保养。
- 本项目适用于工程项目管理、设备制造厂的售后工程师等职务，要求具备专业技能以及沟通协调能力、应变能力、创新能力、市场开拓能力；同样适用于工程运营管理等岗位，要求具备专业技能、应变能力和节能意识，能够总结工作经验，汇总运行数据，进行能耗分析，制定科学的管理方案，对系统进行科学的运行管理。

任务一 制冷设备维修常用仪器仪表及工具使用方法

一、工作情境描述

工具、仪表是制冷设备维修工在工作中不可缺少的帮手。没有良好工具的帮助，就不可能顺利地完成各种制冷设备的修理或安装工作；没有先进仪器的介入，就不能精确地检测设备的特性与故障所在。因此，正确掌握工具、仪表的使用，是保证设备质量、提高维修速度的关键。

本任务主要讲述制冷设备维修工在工作中常用的工具、仪表及其选用技能。

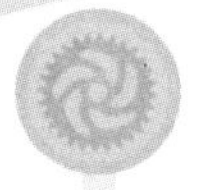

子任务一　制冷设备维修常用仪器仪表

一、任务引入

“工欲善其事，必先利其器”，要想成为一名优秀的售后人员，首先必须掌握维修工具的使用方法。

二、相关知识

1. 万用表的工作原理与使用方法

1）指针式万用表

（1）指针式万用表的结构。

指针式万用表由表头（指示部分）、测量电路和转换装置三部分组成，如图 2－1－1 所示，其面板如图 2－1－2 所示。

图 2－1－1　指针式万用表的结构

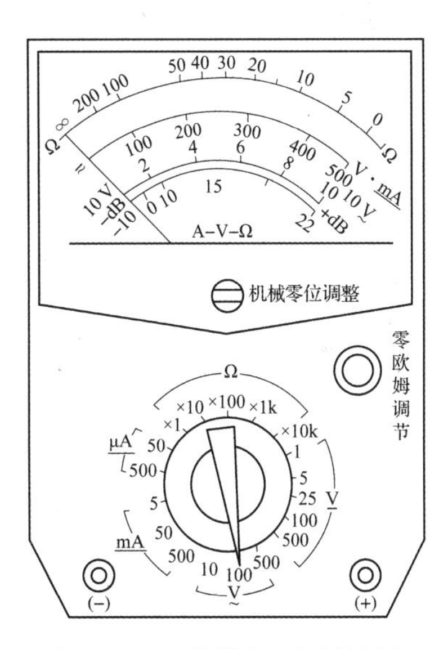

图 2－1－2　指针式万用表的面板

万用表的常用字母与符号见表 2－1－1。

表 2－1－1　万用表的常用字母与符号

符号与字母	表示意义	符号与字母	表示意义
⌓	表头的转动是永磁动圈式	5 000 Ω/V ~	交流电压挡灵敏度值
—▷|—	交流显示为整流式	－2.5	直流电压挡准确度值（±2.5%）
Ω	欧姆值刻度	~4.0	交流电压挡准确度值（±4.0%）
DC 或 －	直流电参量测量	3 kV	电表的绝缘等级值
AC 或 ~	交流电参量测量	+，－	测量表笔的正、负极性
20 000 Ω/V －	直流电压挡灵敏度值		

表头通常是一种高灵敏度的磁电式直流微安表，其构造如图 2－1－1－3 所示。在马蹄形永久磁铁的磁极间放有导磁能力很强的极掌，它的圆柱孔内有纯铁制成的圆柱形铁芯，极掌与圆柱形铁芯之间的空隙中放有活动线圈。活动线圈上面固定有轴座，轴座上安装有轴尖、游丝和指针。当活动线圈中有电流通过时，电流产生的磁场与永久磁铁的磁场相互作用，产生转动力矩，使线圈旋转。线圈转动力矩的大小与通过活动线圈中电流的大小成正比。当活动线圈的转动力矩与游丝的反作用力矩相等时，指针就处于平衡状态，这样就可以根据指针所指的刻度直接读出被测量参数（如电流、电压、电阻等）的大小。

（2）指针式万用表使用方法（见图 2－1－4）和注意事项。

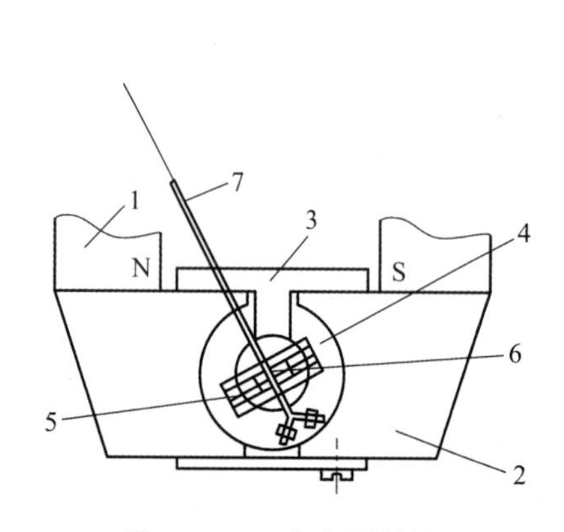

图 2－1－3　表头结构简图

1—永久磁铁；2—极掌；3—铁芯；4—空隙；
5—活动线圈；6—轴座；7—游丝和指针

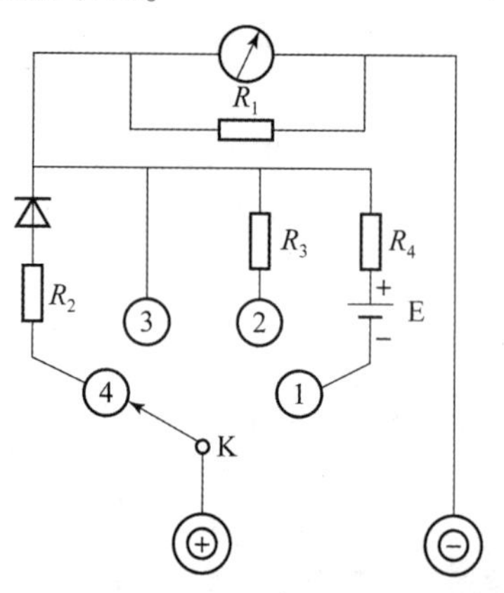

图 2－1－4　万用表的简单测量原理

①每次测量前应把万用表水平放置，观察指针是否在表盘左侧电压挡的零刻度上，若指针不指零，则可用旋具微调表头的机械零点螺钉，使指针指零。

②将红、黑色表笔正确插入万用表插孔。

③测量直流电压或直流电流时，如果不清楚被测电路的正、负极性，可将转换开关旋钮放在最高一挡，测量时用表笔轻轻碰一下被测电路，同时观察指针的偏转方向，从而判定出电路的正、负极。

④测量时，如果不清楚所要测量的电压是交流还是直流，可先用交流电压挡的最高挡来试测，得到电压的大概范围后再用适当量程的直流电压挡进行测量，如果此时表头指针不发生偏转，即可判定被测电压为交流电压，若有读数则为直流电压。

⑤测量电流、电压时，不能因为怕损坏表头而把量程选择很大，正确的量程选择应该使表头指针的指示值在大于量程一半的位置上，以减小测量误差。

⑥测量电压时，一定要正确选择挡位，绝不能放在电流或电阻挡上，以免造成万用表的损坏。

⑦测量高阻值的电器元件时，不能用双手接触电阻两端，以免将人体电阻并联到待测元件上，造成大的测量误差。

⑧测量电路中的电阻时，一定要先断掉电路中电阻的电源，即将电阻一端与电路断开再进行测量。

⑨测量电阻时，每改变一次量程都应重新调零。

⑩万用表每次使用完毕后，应将转换开关旋钮换到交流电压最高挡处，以防止他人误用造成万用表的损坏。

2）数字万用表

（1）数字万用表的面板。

以 DT830 型（见图 2－1－5）为例，前面板装有 LCD 显示器、电源开关、量程选择开关、晶体管放大倍数测量口和输入插孔等。

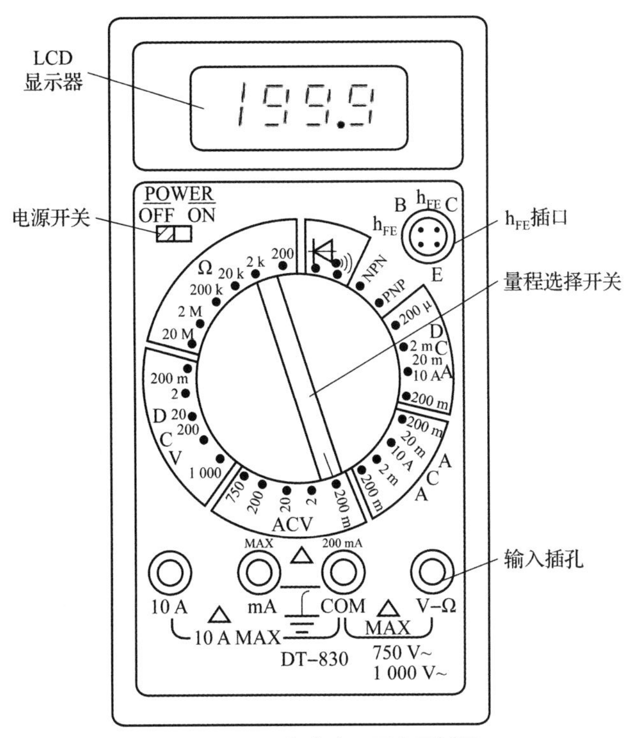

图 2－1－5　数字式万用表面板图

（2）基本使用方法。

①电压测量。

②电流测量。

③电阻测量。

④h_{FE}（测晶体三极管）值测量。

⑤电路通、断的检查。

2. 钳形电流表的工作原理与使用方法

1）钳形电流表的工作原理

钳形电流表由电流互感器和电流表组成如图 2－1－6 所示。互感器的铁芯有一活动部分，并与手柄相连，使用时按动手柄使活动铁芯张开，将被测电流的导线放入钳口中，放开后使铁芯闭合。此时通过电流的导线相当于互感器的一次线圈，二次线圈出现感应电流，其值由导线的工作电流和圈数比确定。电流表是接在二次线圈两端的，因而它所指示的电流是二次线圈中的电流，此电流

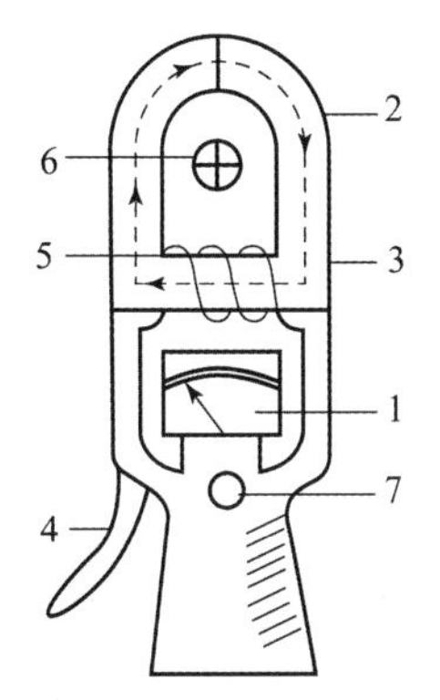

图 2－1－6　钳形电流表结构示意图

1—电流表；2—电流互感器；3—铁芯；4—手柄；5—二次绕组；6—被测导线；7—量程开关

与导线中的电流成正比，所以只要将计算好的刻度作为电流表的刻度，当导线中有工作电流通过时，与二次线圈相连的电流表指针便按比例发生偏转，从而指示出被测电流的数值。

2）钳形电流表的使用方法和注意事项

（1）使用方法。

①测量前要机械调零。

②选择合适的量程，先选大量程，后选小量程或看铭牌值估算。

③当使用最小量程测量，其读数还不明显时，可将被测导线绕几匝，匝数要以钳口中央的匝数为准，则读数 = 指示值 × 量程/满偏 × 匝数。

④测量完毕，要将转换开关放在最大量程处。

⑤测量时，应使被测导线处在钳口的中央，并使钳口闭合紧密，以减少误差。

（2）注意事项。

①使用前，应检查钳形电流表的外观是否完好、绝缘有无破损、钳口铁芯的表面有无污垢和锈蚀。

②为使读数准确，钳口铁芯两表面应紧密闭合。如铁芯有杂声，则可将钳口重新开合一次。

③在测量小电流时，若指针的偏转角很小，读数不准确，可将被测导线在钳口上绕几圈以增大读数，此时实际测量值应为表头读数除以所绕的匝数。

④在测量时，为保证安全，应戴上绝缘手套，身体各部位应与带电体保持不小于 0.1 m 的安全距离。为防止造成短路事故，不得用于测量裸导线，也不准将钳口套在开关的闸嘴或套在保险管上进行测量。

⑤在测量中不准带电流转换量程挡位，应将被测导线退出钳口或张开钳口再换挡。使用完毕，应将钳形电流表的量程挡位开关置于最大量程挡。

3. 绝缘电阻表的工作原理与使用方法

1）绝缘电阻表的结构

绝缘电阻表的结构如图 2 -1 -7 所示。

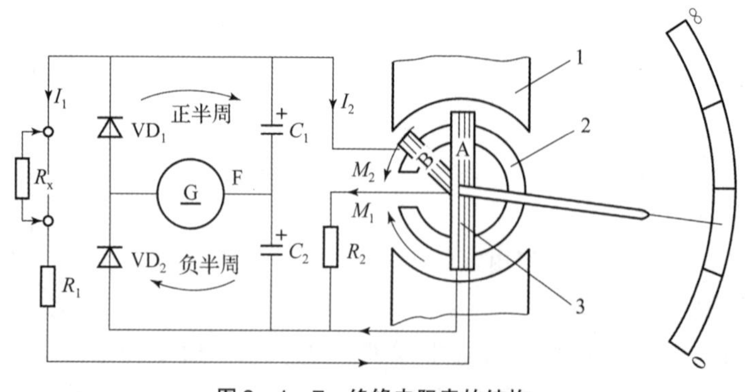

图 2 -1 -7　绝缘电阻表的结构

1—极掌；2—铁芯；3—线圈

2）绝缘电阻表的使用方法

（1）测量前，应先将被测设备电源断开，并将设备的引出线充分放电，测量后也应放电。放电通常使用的方法是短接线圈或对地放电。

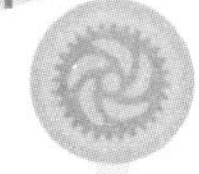

（2）绝缘电阻表的引线必须使用绝缘良好的单根多股软线，不能使用绞线或两根引线绞到一起。

（3）测量前，应先对绝缘电阻表进行一次开路和短路试验。开路试验的方法是将仪表放平，将“E”“L”端两根引线分开，由慢到快摇动手柄（达到120 r/min，匀速摇动约1 min），指针应指到“∞”处；短路试验时将两根引线短接，慢慢转动手柄，指针应指在“0”处，否则为绝缘电阻表有故障，必须检修。

（4）测量时，要将绝缘电阻表放置平稳，避免表身晃动，摇动手柄时速度慢慢加快，一般应保持在120 r/min，匀速不变；眼睛要随时注意表盘，待指针不变时读数，一般采用1 min读数为准。如所测短路，则应立即停止摇动手柄。

（5）测量结束后，要先取下绝缘电阻表的测量引线，再停止摇动摇把。

4. 检漏工具的工作原理与使用方法

1）卤素检漏灯的结构及使用方法

（1）卤素检漏灯的结构。卤素检漏灯由底盘、酒精杯、吸气软管、吸气管接头、吸风罩、火焰圈和手轮等组成，如图2－1－8所示。

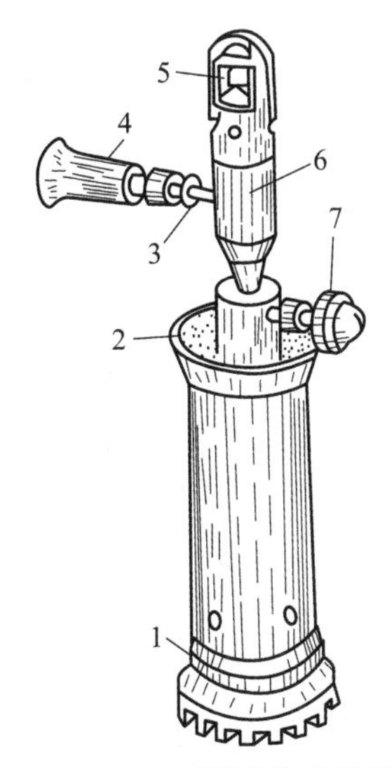

图2－1－8 卤素检漏灯结构

1—底盖；2—烧杯；3—吸气软管；4—吸气管接头；5—火焰套；6—吸风罩；7—手轮

（2）卤素灯检漏原理。当含有氟利昂气体的空气与检漏灯的火焰接触时，就会分解为含有氟、氯元素的气体，而氯气与灯内炽热的铜火焰圈接触时便会生成氯化铜气体（$Cu + Cl_2 \rightarrow CuCl_2$），此时火焰的颜色就会由蓝色变成绿色或紫色。

卤素检漏灯火焰颜色与R12泄漏量的关系见表2－1－2。

表2－1－2 卤素检漏灯火焰颜色与R12泄漏量的关系

序号	R12泄漏量		火焰颜色	备注
	g/24 h	l/24 h		
1	0.13	0.03	不变	不能检出
2	0.80	0.16	微绿色	

续表

序号	R12 泄漏量		火焰颜色	备注
	g/24 h	l/24 h		
3	1.07	0.21	淡绿色	
4	1.40	0.28	深绿色	
5	3.80	0.76	紫绿色	
6	5.43	1.09	深紫绿色	
7	16.67	3.33	强紫绿色	

（3）卤素检漏灯的使用方法。

①旋下底盘处螺塞，向酒精筒中加满浓度为99%的乙醇或甲醇，然后再将底盘螺塞旋紧。

②先将手轮向右旋转，关紧调节阀，然后向酒精杯中倒入一点乙醇或甲醇，点燃，对酒精筒中的酒精加热，使其气化，压力升高。

③当酒精杯内的酒精接近烧完时，将手轮向左转，使手轮调节阀稍微松开，让酒精蒸气从喷嘴中喷出，并在喷嘴口立即燃烧。

④将吸气软管靠近制冷系统，无泄漏时，检漏灯的火焰呈淡蓝色；如遇泄漏，火焰的颜色将会随着泄漏量的不同而变化，呈现不同颜色。

（4）卤素灯使用的注意事项。

①灯的喷嘴孔很小（0.2 mm），为防止其脏堵，一定要加纯净的乙醇或甲醇，并在使用前用通针插入喷嘴孔中将脏物清除，保持喷嘴畅通。

②灯头内铜片或铜丝必须清洁，上面的污垢和氧化物应擦除干净，以免氟利昂气体无法与炽热的铜直接接触，火焰的颜色不改变而引起检漏失误。

③由于氟利昂气体的密度大于空气，故吸气管口应放在检漏部位的下方。

④R12、R22遇明火时，其蒸气能分解出有毒光气（$COCl_2$），因此，检漏时若发现火焰颜色呈紫色，应停止用卤素检漏灯检漏，以免发生光气中毒，可改用其他方法检漏。

⑤检漏灯用毕熄灭时，不要将阀门关得过紧，以防止冷却后收缩使阀门处裂开。

2）电子卤素检漏仪的结构与使用方法

电子卤素检漏仪结构示意图如图2-1-9所示。

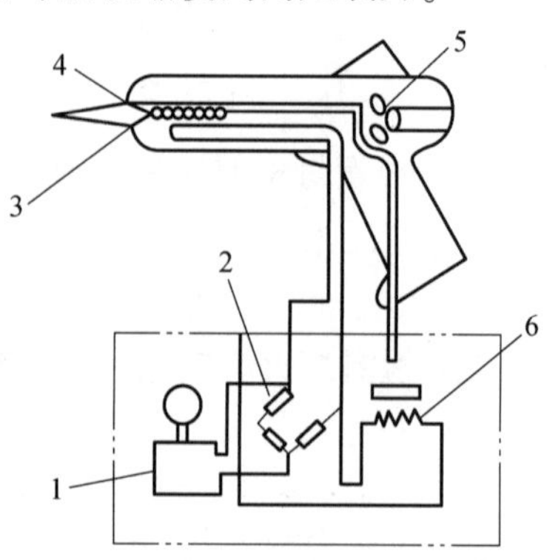

图2-1-9　电子卤素检漏仪结构示意图

1—放大器；2—电桥；3—阳极；4—阴极；5—风扇；6—变压器

（1）空调系统要加入足够的制冷剂，确保空调在不工作时保持至少340 kPa的压力。当温度低于15 ℃时，因为压力不足，故泄露点可能检测不出来。

（2）如果被检测部件是有污染的，则注意不要污染到探头。如果零部件比较脏，或者有凝固物体，则在检测之前用干的毛巾擦掉或者用压缩空气吹掉。不能使用清洁剂或者溶剂去清除，否则会对探头产生影响。

（3）目测整个制冷系统，检查所有管道和其他构件里面有没有软化油泄露、损坏或者腐蚀的痕迹，每个有

问题的地方都需要用探头仔细检测。

(4) 在制冷剂系统中要按照结构路径进行检测，不能有遗漏的地方，如果找到漏孔，还要继续检测剩余没有检测到的位置。检漏时探头要围绕被检测的零部件进行移动，速度不要超过25～50 mm/s，而且距离地面的高度不要大于5 mm，要完整地围绕零部件进行移动，这样才可以达到最佳的检测效果。当发现有漏点时，卤素检漏仪会发出警报声进行提醒。

(5) 当听到报警声时，要将卤素检漏仪拿开，重新将灵敏度调节到合适的位置，对刚刚检测过的零部件再检查一遍，确定漏点的具体位置。

(6) 核实泄漏点的位置。

三、任务实施

以小组为单位，了解制冷设备维修常用仪器仪表的结构及其工作原理。

四、考核评价

考核内容：基本知识水平、基本技能、任务构思能力、任务完成情况、任务检测能力、工作态度、纪律、出勤、团队合作能力。

评价方式：教师考核、小组成员相互考核。

五、任务小结

通过“讲授法”，使学生了解制冷设备维修常用仪器仪表的结构及其工作原理。通过实施任务驱动法，提高学生对所授知识的理解和方法的掌握，让学生参与到制冷设备维修中常用仪器仪表认识的全过程，带动理论的学习和职业技能的训练，大大提高了学生学习的效率和兴趣。一个“任务”完成了，学生就会获得满足感、成就感，从而激发他们的求知欲望，逐步形成一个感知心智活动的良性循环。

通过教师考核与小组成员互相考核，了解到学生基本掌握了所授的知识。

六、作业布置

卤素灯使用的注意事项。

子任务二 常用维修工具的使用方法

一、任务引入

“工欲善其事，必先利其器”，要想成为一名优秀的售后人员，首先必须掌握维修工具的使用方法。

二、相关知识

1. 割刀

割刀也称为割管器，是专门用于切断紫铜管、铝管等金属管的工具。直径为4～12 mm的紫铜管不允许用钢锯锯断，必须使用割刀切断。割刀的构造如图2－1－10所示。

割刀的使用方法：将铜管放置于滚轮与割轮之间，铜管的侧壁贴紧两个滚轮的中间位置，割轮的切口与铜管垂直夹紧；然后转动调整转柄，使割刀的切刃切入铜管管壁，随即均

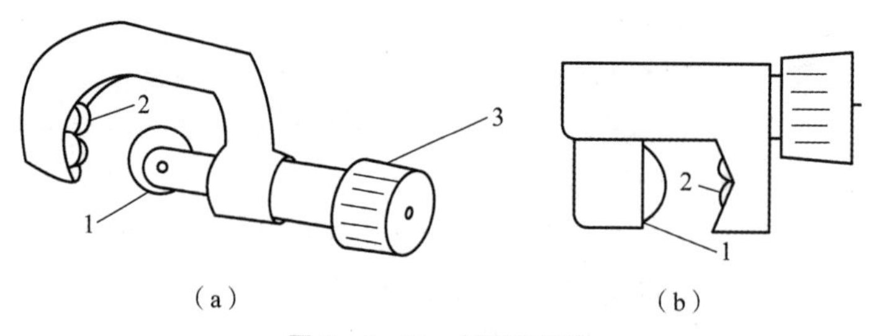

图 2-1-10　割刀的构造

1—割轮（割刀）；2—支承滚轮；3—调整转柄

匀地将割刀整体环绕铜管旋转；旋转一圈后再拧动调整转柄，使割刃进一步切入铜管，每次进刀量不宜过多，只需拧进 1/4 圈即可，然后继续转动割刀。此后边拧边转，直至将铜管切断。切断后的铜管管口要整齐光滑，适宜涨扩管口。

毛细管的切断要用专门的毛细管钳，或用锐利的剪刀夹住毛细管来回转动划出裂痕，然后用手轻轻地折断。

2. 扩管器

扩管器又称为涨管器，主要用来制作铜管的喇叭口和圆柱形口。喇叭口形状的管口用于螺纹接头或不适于对插接口时的连接，目的是保证接口部位的密封性和强度；圆柱形口则在两个铜管连接时，一个管插入另一个管的管径内使用。扩管器的结构如图 2-1-11 所示。

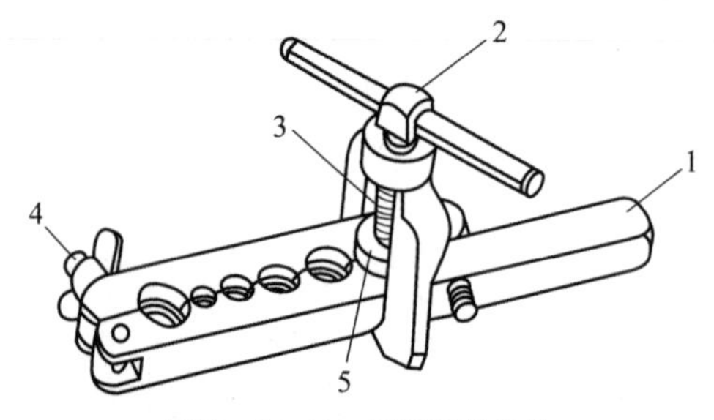

图 2-1-11　扩管器的结构

1—扩管器夹具；2—顶压装置（弓形架）头；3—螺杆；4—夹具紧固螺母；5—扩管锥头（或涨头）

扩管器的夹具分成对称的两半，夹具的一端使用销子连接，另一端用紧固螺母和螺栓紧固。两半对合后形成的孔按不同的管径制成螺纹状，目的是便于更紧地夹住铜管；孔的上口制成 60°的倒角，以利于扩出适宜的喇叭口。

扩管器的使用方法：扩管时首先将铜管扩口端退火并用锉刀锉修平整，然后把铜管放置于相应管径的夹具孔中，拧紧夹具上的紧固螺母，将铜管牢牢夹死。具体的扩口操作方法如图 2-1-12 所示。

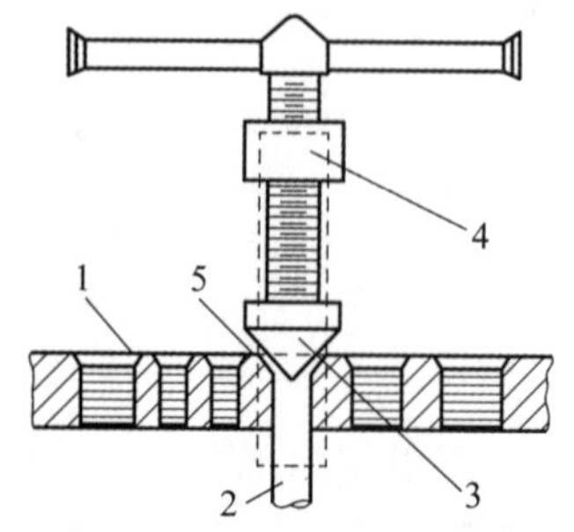

图 2-1-12　扩口的操作方法

1—夹具；2—铜管；3—扩管锥头；4—弓形架；5—铜管的扩口

扩喇叭形口时管口必须高于扩管器的表面，其高度大约与孔倒角的斜边相同，然后将扩管锥头旋固在螺杆上，连同弓形架一起固定在夹具的两侧。扩管锥头顶住管口后再均匀缓慢地旋紧螺杆，锥头也随之顶进管口内。此时应注意旋进螺杆时不要过分用力，以免顶裂铜管。一般每旋进 3/4 圈后

再倒旋 1/4 圈，这样反复进行直至扩制成形。最后扩成的喇叭口要圆正、光滑且没有裂纹。扩制圆柱形口时，夹具仍必须牢牢地夹紧铜管，否则扩口时铜管容易后移而变位，导致圆柱形口的深度不够。管口露出夹具表面的高度应略大于涨头的深度。扩管器配套的系列涨头对于不同管径的涨口深度及间隙都已制作成形，一般小于 10 mm 管径的伸入长度为 6～10 mm，间隙为 0.06～0.10 mm。扩管时只需将与管径相对应的涨头固定在螺杆上，然后固定好弓形架，缓慢地旋进螺杆即可。具体操作方法与扩喇叭口时相同。

3. 倒角器

铜管在切割加工过程中，易产生收口和毛刺现象。倒角器主要用于去除切割加工过程中所产生的毛刺，消除铜管收口现象。

4. 封口钳

制冷系统维修过程中经常需要焊接封口。由于系统中有制冷剂，故压力比较高，不容易焊接，而且制冷剂遇明火会产生有害气体，危害维修人员健康。通常用封口钳在管路上先进行封口，然后再进行焊接处理。

三、任务实施

以小组为单位，了解常用维修工具的使用方法。

四、考核评价

考核内容：基本知识水平、基本技能、任务构思能力、任务完成情况、任务检测能力、工作态度、纪律、出勤、团队合作能力。

评价方式：教师考核、小组成员相互考核。

五、任务小结

通过“讲授法”，使学生了解制冷设备常用维修工具的使用方法。通过实施任务驱动法，提高学生对所授知识的理解和方法的掌握，让学生参与到制冷设备常用维修工具使用方法认识的全过程，带动理论的学习和职业技能的训练，大大提高了学生学习的效率和兴趣。一个“任务”完成了，学生就会获得满足感、成就感，从而激发他们的求知欲望，逐步形成一个感知心智活动的良性循环。

通过教师考核与小组成员互相考核，了解到学生基本掌握了所授的知识。

六、作业布置

利用所学知识，制作多联机室内机和室外机的连接管路。

任务二　制冷设备安装、运行工作检查

一、工作情境描述

对于制冷设备厂家的售后人员，或者用户设备的运营方，需要对客户提出的要求予以及时准确的反馈，为了培养学生在该方面的能力，特根据实际工作需要进行情境教学：客户反

馈机组异常，需要售后或者运营方予以解决；或者新设备刚到场地，需要进行签收并调试，等等工作场合均适用该教学内容。

二、学习活动

1. 接受任务后需要注意的事项

售后服务人员在对项目调试或服务时，首先应该先全面地检查和了解机组的状况，无论对于何种情况的服务都应如此，不要急于进行服务。

2. 需要检查的项目

（1）对于新机组，作为出厂时全新的设备，在运达现场的过程中可能会出现不可预想的情况：

①机组部件被碰坏或踩踏变形导致损坏或泄漏。

②机组因保管或使用不当导致机组冻坏进水，零部件失效。

③机组控制柜或系统被私自改装，等等。

（2）机组电控箱内的清洁：用户进行电缆安装时可能会将铁屑、铜屑等掉落在机组的电控柜内和元器件上，施工过程的灰尘也会进入柜内。

（3）机组进、出水口管路的支撑：很多案例说明如果机组的进、出水口管路没有足够的支撑，可能会导致水室漏水甚至损坏，尤其是单元机、末端和风冷模块的管路比较细，需更加注意。

（4）水流开关是否安装并且正常是机组正常运行的关键之一。调试或服务完毕离开工地前一定要确认水流开关动作是否正常。

①加强调试前水流开关的检查。先检查水泵启停时开关动作是否正常、进线孔处密封有无异常、电线是否符合要求、外观是否有明显损坏等，然后拆盖检查水流开关内部是否有水渍、裂纹、泄漏、锈蚀等异常，检查用户安装是否符合水流开关的安装操作使用要求。以上检查内容应在售后报告中予以记录。

②在对用户进行培训时，需强调水流开关在机组使用过程中的重要性，并要求用户定期检查水流开关和水流量是否正常。

③在更换或拆卸水流开关时要仔细检查原水流开关的故障特点，及时判断故障原因，争取与用户理清责任。

（5）电源的检查：现场除了检查三相电压是否正常、零线是否接了外，机组是否接地也非常重要且往往会被忽视，失效的接地可能导致严重的人员伤亡和/或财产损失。

（6）冷水机组的安装环境是否符合要求，特别是潮湿的机房、室内机露天或半露天安装以及机组地基的水平尤其需注意。

（7）风冷机组的安装环境是否符合要求，特别是凹陷安装、有排风障碍物及有腐蚀、烟气的环境中尤其需注意。风冷机组错误的安装示意图如图 2－2－1 所示。

（8）对于冬季需要运行的机组，涉及冬天或运行中防冻的问题。

图2－2－1　风冷机组错误的安装示意图

（9）机组首次开机调试前，必须清洗水系统，最初清洗时必须将机组旁通，尤其注意使用板式换热器的模块机更应如此。

（10）如果机组的电压三相不平衡超过10%，或电流不平衡超过2%，会导致机组压缩机损坏，务必停机，并告知用户联系电力部门解决。

（11）机组调试完成或维修服务完成后，务必告知用户当机组运行中频繁出现故障报警停机时，千万不要再随意复位机组开机运行，否则可能会引起严重的机组故障甚至损坏机组，应立即联系我们。

3. 检查完毕后的事项

调试或维修完成后，务必让用户了解“机组关键操作维护注意事项”并签字认可。

如果发现上述问题，应首先拍照取证，并在服务报告上说明情况，若有相应部件被损坏，则向用户说明按照规定应取消质保，同时及时汇报上级主管。上级主管则需尽快与用户联系，视情况进行服务，但不应不理睬用户。若想免费给用户更换，在得到公司给予客户免费维修批准时应第一时间告知用户，这属于用户自己的责任造成的，但为了双方的长期友好合作，可以免费提供备件，但需要用户及时纠正错误或避免再次出现问题。

三、评价方法

将学生分成小组，一名同学扮演用户，一名同学扮演运营或者厂家的售后人员，从见面开始模拟工作流程。再由两名同学进行情景表演，其他同学指出存在的问题及改正办法。最后由同学互评和老师评价，对学生的掌握情况进行打分。

综合评价				
主项目	序号	子项目	权重	评价分值（总分100）
素质要求	1	纪律、出勤	0.1	
	2	工作态度、团队精神	0.1	

续表

综合评价				
主项目	序号	子项目	权重	评价分值（总分100）
基本知识技能水平	3	基本知识	0.1	
	4	基本技能	0.1	
项目能力	5	设备维修能力	0.2	
	6	系统运行管理能力	0.2	
	7	项目报告质量	0.2	
教师评语	成绩：________ 教师：________ 日期：________			

子任务一　活塞式冷水机组首次调试

一、工作情境描述

活塞式冷水机组用材简单，可用一般金属材料，加工容易，造价低；系统装置简单，润滑容易，不需要排气装置；可采用多机头，高速多缸，性能可得到改善。不过活塞机制冷量小，单机头部分负荷下调节性能差，卸缸调节不能无级调节；属上下往复运动，振动较大；单位制冷量重量指标较大。活塞机在小冷量领域具有一定的优势，在总冷负荷不大于500 kW且只配置一台冷水机组时，可优先选用该机型。有一小型冷产品加工车间用一台活塞式冷水机组，需要你前去帮忙调试。

二、相关知识

场地调试工作，至少要包含以下内容。

1. 开启前的检查与准备工作

目前广泛使用的活塞式冷水机组均为多台（最多可达8台）半封闭压缩机组合的机型，又称多机头机型，其日常开机前的检查与准备工作以开利30HK/HR型活塞式冷水机组为例介绍如下：

1）检查每台压缩机的油位和油温

（1）油面在1/8～3/8。

（2）油温在40～50 ℃，手摸加热器须发烫。

2）检查主电源电压和电流

（1）电源电压为340～440 V。

（2）三相电压不平衡值<2%（>2%绝对不能开机）。

（3）三相电流不平衡值<10%。

3）检查进出口压差

启动冷冻水泵和冷却水泵，在两个水系统的循环建立起来以后，调节蒸发器和冷凝器进、出口阀门的开度，使两者的进、出口压差均在0.05 MPa左右。

4）检查冷冻水供水温度的设定值

检查冷冻水供水温度的设定值是否合适，不合适可改设。

2. 冷水机组的启动

在空调领域中，冷水机组大多采用的是水冷方式，在启动前先要完成两个水系统，即冷冻水系统和冷却水系统的启动，其启动顺序一般为空气处理装置→冷却塔及冷却水泵→冷冻水泵。两个水系统启动完成，水循环建立以后经再次检查，设备与管道等无异常情况后即可进入冷水机组（或称主机）的启动阶段，以此来保证冷水机组启动时其部件不会因缺水或少水而损坏。

应当注意的是，需要多台水泵、冷却塔或冷水机组同时运行，在按上述顺序启动各设备的过程中，均应先启动一台，待运行平稳后（可通过观察运行电流值来判定）再启动下一台，尽量避免多台同时启动的方式（特别是采用遥控启动时尤其要注意），防止由于启动瞬间的启动电流过大，造成很大的线路电压降而使其启动困难，并影响到同一线路上其他电动设备的正常运行，甚至发生控制回路或主回路中熔断器烧断的现象。

3. 冷水机组的运行调节

不同类型和同类型但不同型式的机组，由于其自身的工作原理和使用的制冷剂不同，在运行参数和运行特征方面都或多或少会有些差异，了解和掌握所管理的冷水机组正常运行标志和制冷量的调节方法，是用好该机组的基础。

对于冷水机组，在运行时主要需关注以下情况：

（1）蒸发器冷冻水进、出口的温度和压力；

（2）冷凝器冷却水进、出口的温度和压力；

（3）蒸发器中制冷剂的压力和温度；

（4）冷凝器中制冷剂的压力和温度；

（5）主电动机的电流和电压；

（6）润滑油的压力和温度；

（7）机组运转是否平稳，是否有异常的响声；

（8）机组的各阀门有无泄漏；

（9）与各水管的接头是否严密。

冷水机组的主要运行参数要作为原始数据记录在案，以便与正常运行参数进行比较，借以判断机组的工作状态。

开利 30HK/HR 型活塞式冷水机组正常运行的主要参数参见表 2－2－1。

表 2－2－1　开利 30HK/HR 型活塞式冷水机组正常运行的主要参数

参数	蒸发压力	吸气温度	冷凝压力
正常范围	0.4～0.6 MPa	蒸发温度＋5～10 ℃的过热度	1.7～1.8 MPa
参数	排气温度	冷却水压差	冷却水温度
正常范围	110～135 ℃	0.05～0.10 MPa	4～5 ℃
参数	油温	油压差	电动机外壳温度
正常范围	低于 74 ℃	0.05～0.08 MPa	低于 51 ℃

4. 制冷量调节

开利 30HK/HR 型活塞式冷水机组的制冷量调节是通过制冷量调节装置自动完成的。制冷量调节装置由冷冻水温度控制器、分级控制器及一些由电磁阀控制的气缸卸载机构组成，通过感受冷冻水的回水温度来控制压缩机的工作台数和一台特定压缩机若干个工作气缸的上载或卸载来实现制冷量的梯级调节。

5. 运行参数分析

1）蒸发压力与蒸发温度

蒸发器内制冷剂具有的压力和温度，是制冷剂的饱和压力和饱和温度，可以通过设置在蒸发器上的相应仪器或仪表测出。这两个参数中，测得其中一个，即可通过相应制冷剂的热力性质表查到另外一个。当这两个参数都能被检测到，但与查表值不相同时，有可能是制冷剂中混入了过多的杂质或传感器及仪表损坏。

蒸发压力、蒸发温度与冷冻水带入蒸发器的热量密切相关。空调冷负荷大时，蒸发器冷冻水的回水温度升高，引起蒸发温度升高，对应的蒸发压力也升高；相反，当空调冷负荷减少时，冷冻水回水温度降低，其蒸发温度和蒸发压力均降低。实际运行中，空调房间的冷负荷是经常变化的，为了使冷水机组的工作性能适应这种变化，一般采用自动控制装置对冷水机组实行能量调节，来维持蒸发器内的压力和温度相对稳定在一个很小的波动范围内。蒸发器内压力和温度波动范围的大小完全取决于空调冷负荷变化的频率和机组本身的自控调节性能。一般情况下，冷水机组的制冷量必须略大于其负担的空调设计冷负荷量，否则将无法在运行中得到满意的空调效果。

根据我国 JB/T 7666 标准（制冷和空调设备名义工况一般规定）的规定，冷水机组的名义工况为冷冻水出水温度 7 ℃、冷却水回水温度 32 ℃，其他相应的参数为冷冻水回水温度 12 ℃、冷却水出水温度 37 ℃。由于提高冷冻水的出水温度对冷水机组的经济性十分有利，故运行中在满足空调使用要求的情况下，应尽可能提高冷冻水出水温度。

一般情况下，蒸发温度常控制在 3～5 ℃，较冷冻水出水温度低 2～4 ℃。过高的蒸发温度往往难以达到所要求的空调效果，而过低的蒸发温度不但会增加冷水机组的能量消耗，还容易造成蒸发管道冻裂。

蒸发温度与冷冻水出水温度之差随蒸发器冷负荷的增减而分别增大或减小。在同样负荷的情况下，温差增大则传热系数减小。此外，该温度差的大小还与传热面积有关，而且对管内的污垢情况、管外润滑油的积聚情况也有一定的影响。为了减小温差，增强传热效果，要定期清除蒸发器水管内的污垢，积极采取措施将润滑油引回到油箱中去。

2）冷凝压力与冷凝温度

由于冷凝器内的制冷剂通常也是处于饱和状态的，因此其压力和温度也可以通过相应制冷剂的热力性质表互相查找。

冷凝器所使用的冷却介质，对冷水机组冷凝温度和冷凝压力的高低有重要影响。冷水机组冷凝温度的高低随冷却介质温度的高低而变化。水冷式机组的冷凝温度一般要高于冷却水出水温度 2～4 ℃，如果高于 4 ℃，则应检查冷凝器内的铜管是否结垢需要清洗；空冷式机组的冷凝温度一般要高于出风温度 4～8 ℃。

冷凝温度的高低，在蒸发温度不变的情况下，对于冷水机组功率消耗有决定意义。冷凝温度升高，功耗增大；反之，冷凝温度降低，功耗随之降低。当空气存在于冷凝器中时，冷

凝温度与冷却水出口温差增大，而冷却水进、出口温差反而减小，此时冷凝器的传热效果不好，冷凝器外壳有烫手感。

除此之外，冷凝器管子水侧结垢和淤泥对传热的影响也起着相当大的作用。因此，在冷水机组运行时应注意保证冷却水温度、水量、水质等指标在合格范围内。

3）冷冻水的压力与温度

空调用冷水机组一般是在名义工况所规定的冷冻水回水温度12 ℃、供水温度7 ℃、温差5 ℃的条件下运行的。对于同一台冷水机组来说，如果其运行条件不变，则在外界负荷一定的情况下，冷水机组的制冷量是一定的。此时，由 $Q = W \times \Delta t$ 可知：通过蒸发器的冷冻水流量与供、回水温度差成反比，即冷冻水流量越大，温差越小；反之，流量越小，温差越大。所以，冷水机组名义工况规定冷冻水供、回水温差为5 ℃，这实际上就限定了冷水机组的冷冻水流量，该流量可以通过控制冷冻水经过蒸发器的压力降来实现。一般情况下这个压力降为0.05 MPa，其控制方法是调节冷冻水泵出口阀门的开度及蒸发器供、回水阀门的开度。

阀门开度调节的原则：蒸发器出水有足够的压力来克服冷冻水闭路循环管路中的阻力；冷水机组在负担设计负荷的情况下运行，蒸发器进、出水温差为5 ℃。按照上述要求，阀门一经调定，冷冻水系统各阀门开度的大小就应相对稳定不变，即使在非调定工况下运行，各阀门也应相对稳定不变。

应当注意，全开阀门加大冷冻水流量，减少进、出水温差的做法是不可取的，这样做虽然会使蒸发器的蒸发温度提高，冷水机组的输出冷量有所增加，但水泵功耗也因此而提高，两相比较得不偿失。所以蒸发器冷冻水侧进、出水压降应控制在0.05 MPa为宜。

为了冷水机组的运行安全，蒸发器出水温度一般都不低于3 ℃。此外，冷冻水系统虽然是封闭的，蒸发器水管内的结垢和腐蚀不会像冷凝器那样严重，但从设备检查维修的要求出发，也应每三年对蒸发器的管道和冷冻水系统的其他管道清洗一次。

4）冷却水的压力与温度

冷水机组在名义工况下运行，其冷凝器进水温度为32 ℃，出水温度为37 ℃，温差为5 ℃。对于一台已经在运行的冷水机组，当环境条件、负荷和制冷量都为定值时，冷凝热负荷无疑也为定值，冷却水流量必然也为一定值，而且该流量与进出水温差成反比。这个流量通常用进出冷凝器冷却水的压力降来控制。在名义工况下，冷凝器进出水压力降一般为0.07 MPa左右。

压力降调定方法同样是采取调节冷却水泵出口阀门开度和冷凝器进、出水管阀门开度的方法，所遵循的原则也是两个：一是冷凝器的出水应有足够的压力来克服冷却水管路中的阻力；二是冷水机组在设计负荷下运行时，进、出冷凝器的冷却水温差为5℃。同样应该注意的是，随意过量开大冷却水阀门，增大冷却水量借以降低冷凝压力，试图降低能耗的做法，只能事与愿违，适得其反。

为了降低冷水机组的功率消耗，应当尽可能降低其冷凝温度，可采取的措施有两个：一是降低冷凝器的进水温度上是加大冷却水量，但是，冷凝器的进水温度取决于大气温度和相对湿度，受自然条件变化的影响和限制；二是加大冷却水流量，其方法虽然简单易行，但流量不是可以无限制加大的，要受到冷却水泵容量的限制。此外，过分加大冷却水流量往往会引起冷却水泵功率消耗急剧上升，也得不到理想的结果。所以冷水机组冷却水量的选择，以

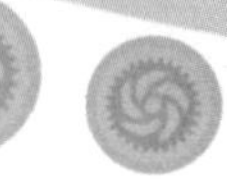

名义工况下冷却水进、出冷凝器压降为0.07 MPa为宜。

5）压缩机的吸气温度

对活塞式压缩机来说，吸气温度是指压缩机吸气腔中制冷剂气体的温度，吸气温度的高低不仅会影响排气温度的高低，而且对压缩机的容积制冷量有重要影响。压缩机吸气温度高时，排气温度也高，制冷剂被吸入时的比容大，此时压缩机的单位容积制冷量小；相反，压缩机吸气温度低时，其单位容积制冷量则大。但是，压缩机吸气温度过低可能造成制冷剂液体被压缩机吸入，使活塞式压缩机发生“液击”。

为了保证压缩机的正常运行，其吸气温度需要比蒸发温度高一些，亦即应具有一定的过热度。对于活塞式冷水机组，其吸气过热度一般为5～10 ℃，如果采用干式蒸发器，则通过调节热力膨胀阀的调节螺杆就可以调节过热度的大小。此外，要注意压缩机吸气管道的长短和包扎的保温材料性能的好坏对过热度也会有一定的影响。

6）压缩机的排气温度

压缩机的排气温度是制冷剂经过压缩后的高压过热蒸气到达压缩机排气腔时的温度。由于压缩机所排出的制冷剂为过热蒸气，故其压力和温度之间不存在对应关系，通常是靠设置在压缩机排气腔的温度计来测量的。排气温度要比冷凝温度高得多。排气温度的直接影响因素是压缩机的吸气温度，两者正比关系。此外，排气温度还与制冷剂的种类和压缩比的高低有关，在空调工况下，由于压缩比不大，所以排气温度并不很高。当活塞式压缩机吸、排气阀片不严密或破碎引起泄漏（内泄漏）时，排气温度会明显上升。

7）油压差、油温与油位高度

润滑油系统是冷水机组正常运行不可缺少的部分，它为机组的运动部件提供润滑和冷却条件，离心式、螺杆式和部分活塞式冷水机组还需要利用润滑油来控制能量调节装置或抽气回收装置。从各种冷水机组润滑系统的组成特点来看，除活塞式机组将润滑油储存在压缩机曲轴箱内依附于制冷系统外，离心式和螺杆式机组都有独立的润滑油系统，有自己的油储存器，还有专门用于降低油温的油冷却器。

8）主电动机运行电流与电压

主电动机在运行中，通常依靠输入一定的电流和规定的电压来保证压缩机运行所需要的功率。一般主电动机要求的额定供电电压为400 V、三相、50 Hz，供电的平均相电压不稳定率小于2%。

在实际运行中，主电动机的运行电流在冷水机组冷冻水和冷却水进、出水温度不变的情况下，随能量调节中制冷量的大小而增加或减少。活塞式冷水机组投入运行的压缩机台数或气缸数多少都会影响到运行电流的大小。但当冷冻水或冷却水进、出水温度变化时，就很难做出正确判断。不过，通过安装在机组开关柜上的电流表读数可以反映出上述两种工况下的差别：凡运行电流值大的，主电动机负荷就重，反之负荷就轻。通过对冷水机组运行电流和电压参数的记录，可以得出主电动机在各种情况下消耗的功率大小。

电流值是一个随电动机负荷变化而变化的重要参数。冷水机组运行时应注意经常与总配电室的电流表做比较，同时应注意指针的摆动（因平常难免有些小的摆动）。正常情况下因三相电源的相不平衡或电压变化，故会使电流表指针做周期性或不规则的大幅摆动。

在压缩机负荷变化时也会引起这种现象发生，运行中必须注意加强监视，保持电流、电压值的正常状态。

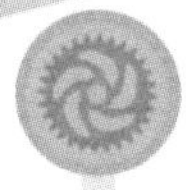

6. 冷水机组的关闭

舒适性用途的中央空调系统由于受使用时间和气候的影响，其运行是间歇性的。当不需要继续使用或要定期保养维修或冷冻水供水温度低于设定值而停止冷水机组制冷运行时为正常停机，因冷水机组某部分出现故障而引起保护装置动作的停机为故障停机。对于到停用时间（如写字楼下班、商场关门等）需要停机或要进行定期保养维修需要停机或其他非故障性的人为主动停机，通常都是采用手动操作；冷冻水供水温度低于设定值和因故障或其他原因使某些参数超过保护性安全极限而引起的保护停机，则由冷水机组自动操作完成。

一般来说，空调用水冷冷水机组及其水系统的停机操作顺序是其启动操作顺序的逆过程，即冷水机组→冷冻水泵→冷却水泵及冷却塔→空气处理装置。需要引起注意的是，冷水机组压缩机与冷却水泵的停机间隔时间应能保证进入冷凝器内的高温高压气体制冷剂全部冷凝为液体，且最好全部进入储液器；而冷水机组压缩机与冷冻水泵的停机间隔时间应能保证蒸发器内的液态制冷剂全部气化变成过热气体，以防冻管事故发生。

子任务二　螺杆式冷水机组首次调试

一、工作情境描述

螺杆式冷水机组体积小，制冷量大；压缩比高，EER 值高；结构紧凑，圆周运动平稳，噪声低，振动小；调节方便，可在 10%～100% 内无限调节，节能性能好，在部分负荷时有较高的效率；运动部件少，易损件不到活塞式的 10%，故障率低，使用寿命长。但整机的制造、加工工艺和装配精度要求严格；润滑系统较复杂，耗油量比活塞式大；单机容量比离心式小，转速比离心式低；大容量机组噪声比离心式高；初投资费用比活塞式高。目前螺杆式冷水机组因其明显的优势，在市场上的占有率逐年提升。某地铁五号线采用的是螺杆式冷水机组，你作为售后服务人员，需要进行调试，确保站台空调系统的正常运行。

二、相关知识

1. 场地调试

场地调试工作，至少要包含以下内容：

（1）系统中可能会设置有吸、排气截止阀及压缩机溢油角阀、引射角阀、油平衡回油角阀、液体喷射角阀、安全阀截止阀、油平衡和与排气管之间的压力平衡管路截止阀、蒸发器的出油角阀。机组在出厂前这些阀门都是要关闭的（除了油平衡和与排气管之间的压力平衡管路截止阀），机组开启前务必检查并确认各个阀的开启状态是否符合要求。

注意：拧下阀帽后，务必注意阀帽里面的密封垫（O 形圈），不要弄丢，否则即使阀帽拧紧也起不到密封作用。

（2）由于安装方会在电控箱内进行相关的电气接线，故电控箱中的电器元件上可能会有灰尘、电线丝、铁屑等杂物附着，开机前没有及时清除将会影响电器元件的动作或使用寿

命，甚至会产生严重的事故；机组大多放置于地下室中，一般湿度会比较大，也会影响到机组运行的安全和人身安全。因此，开机前对电器元件的检查必须详细，必要时要对用户指出并要求改正。

2. 马达球阀盘根（如果有的话）泄漏

检查项目：球阀盘根；马达连杆。

处理方式：机组调试或维修时详细检查球阀盘根和马达连杆，告知用户此处属于活动部件，需要定期检查和维护，并告知详细的维护方法。

服务要点：调试或服务完成后，明确告知用户此处需要按使用说明书进行定期维护和检查。

3. 截止阀阀冒松动泄漏

检查项目：阀帽；阀帽密封圈。

处理方式：首次开机调试时发生，属于质量问题；机组调试完成后再发生，属于用户维护不当。

服务要点：服务结束后，需全面检查机组的各种阀帽是否齐全，阀帽内是否带有 O 形圈，阀帽是否拧紧且无泄漏，并将检查结果填写至调试报告或服务报告中，排除服务时没有拧紧造成的泄漏。

注意：对于截止阀操作，规定如下，每次开启阀杆时不需要松开填料螺丝，但每次关闭阀杆时需要检查填料螺丝是否松动并紧固；每六个月对填料定期检查维护一次。

4. 针阀帽缺失导致泄漏

检查项目：阀帽；阀帽密封圈。

处理方式：首次开机调试时发现的缺失，属于用户管理不善造成；机组调试完成后再发生，属于用户维护不当。

服务要点：服务结束后，全面检查机组的各种阀帽是否齐全，阀帽内是否带有 O 形圈，并将检查结果填写至调试报告或服务报告中。

5. 容器铜管冻裂

检查项目：

（1）用户的操作是否正确；

（2）水过滤器是否堵塞；

（3）水流开关是否正常；

（4）PLC 保护设置点是否正确；

（5）PLC 的报警信息及运行日志；

（6）铜管失效外观（抽管）。

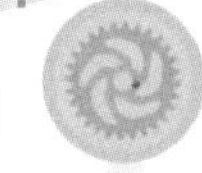

处理方式：若（1）、（2）、（3）有问题，则为用户问题；若（4）保护参数被用户修改，则属于用户问题；通过（5）可以进一步判断是否为用户问题，如，频繁的发生报警，没有彻底消除，仅是复位报警接着开机，等等。

服务要点：调试或服务时，务必检查如水流开关是否安装、水的质量是否符合要求，等等，若不符合要求，则一定要在调试报告或服务报告上体现并提醒用户尽快更改。

6. 机组长时间放置没有调试出现的泄漏、部件丢失、失效

检查项目：

（1）氟漏光的，先联系查看是否在工厂告知有问题的范围内；

（2）机组的安放是否符合要求。

处理方式：

（1）机组若有明显的质量缺陷，则属于工厂质量原因；

（2）若因部件损坏、丢失导致漏氟，则属于用户管理不善，用户问题；

（3）因机组放置在有腐蚀、潮湿等环境中导致的部件失效，属于放置不符合要求导致。

7. 进线端子烧坏

检查项目：

（1）端子外观是否受损；

（2）用户侧电源线线径选择是否合适；

（3）接线是否松动。

处理方式：若以上项目发生问题，则属于用户责任和维护不当造成。

服务要点：现场人员对机组进行调试前或服务中，都要检查电线的紧固情况，并告知用户要定期检查紧固。

8. 电缆线发热烧毁

检查项目：

（1）螺栓是否松动；

（2）电控箱内是否受潮或进水；

（3）电缆是否受损。

处理方式：若以上项目发生问题，则用户维护不当和管理不当造成。

服务要点：机组调试或服务时，应检查电控箱内的元器件是否受潮、变色、霉变、有水，元器件上是否灰尘过多，是否有电线丝等。

9. 水流开关失效

检查项目：

（1）是否安装在水平管路上；

（2）安装方向及靶片安装是否正确；

（3）是否被碰撞；

（4）是否被腐蚀；

（5）接线盒处电缆线是否符合要求，是否锁紧。

处理方式：若以上项目发生问题，则为用户安装、使用原因造成。

服务要点：水流开关要安装在水平管路上，且前后直管段至少在 50 cm 以上，注意箭头方向和靶片的安装。

10. 机组部件非质量原因导致的失效

检查项目：

（1）电控箱内接线是否由规定的进线口接入电缆；

（2）是否在电控柜的其他位置自行钻孔或开口进线；

（3）是否私自进行部件的维修、更换或线路更改；

（4）对安全控制的设定值是否私自更改；

（5）电控箱内是否被水淋，等等。

处理方式：明显是外力等因素造成的非质量原因损坏的备件，理应由用户承担。

服务要点：当对机组进行服务时，首先应检查机组的外观和零部件的状态是否发生改变。

11. 管路断裂泄漏

检查项目：

（1）机组运行此处的振动是否过大；

（2）管路是否被碰。

处理方式：

（1）若是机组本身振动过大造成的，属于质量问题；

（2）若是被碰或人为原因造成的，则属于用户责任。

服务要点：调试完毕或服务完毕后，需要仔细查看各处的管路振动情况，若有问题应及时反馈。

12. PLC 通信口烧毁

检查项目：

（1）用户侧是否接远程监控或 BA 系统；

（2）是否有接地保护。

处理方式：用户责任。

13. 压缩机失效

检查项目：

（1）压缩机是否频繁启动，运行时间是否合理；

（2）用户电源质量是否合格；

（3）用户操作方法是否得当；

（4）PLC 报警是否处理。

处理方式：

（1）压缩机启停频繁、电源质量不合格、操作不当都属于用户责任；

（2）若存在机组报警，用户没有彻底解决报警仅反复复位操作，则属于用户责任。

14. 机组低油位的可能原因及调整方法

检查项目：

（1）压缩机油位开关状态；

（2）压缩机油位开关相关线路；

（3）机组运行回油状态；

（4）水流量是否足够、是否恒定；

（5）用户负荷是否变化太大；

（6）机组液位控制是否合适；

（7）检查控制自动油平衡是否起作用。

处理方式：检查项目（1）、（2）的问题详见售后服务技术简报 DBS1208084 螺杆压缩机油位传感器 055782A2 结构及低油位判断方法；IOM 中明确规定，用户冷冻水回水温度的变化速度不超过1.1 ℃/min。

15. 新液位传感器控制方法

详见售后技术信息 DBS1207082 满液式冷水机组新液位传感器故障的判断方法。

16. 电子膨胀阀相关信息

详见售后技术信息 DBS1205079 冷水机组电子膨胀阀故障的判断方法。

17. 随机发运的附件丢失

检查项目：随机附件，运输单。

处理方式：用户管理不善造成。

服务要点：可以核对用户接收清单，清单中若有，则表示已发货，丢失则属用户责任。

18. 离心机组低油位

检查项目：离心机在冬季停机期间是否断电。

处理方式：用户操作不当造成。

服务要点：离心机组即使冬天不用，控制电源也需要保持通电，需要及时告知用户注意。

子任务三　离心冷水机组首次调试

一、工作情境描述

某大型商场采购了四台离心机组作为空调冷源，已经安装到位，你作为离心机厂家代表需要到现场对离心机组进行首次开机调试，调试合格后商场才会付机组余款。

二、相关知识

1. 启动前检查工作

(1) 检查冷冻水和冷却水的补水系统是否正常

操作：观察冷冻水、冷却水泵进出水管网压力表上是否有压力，最好大于0.4 MPa，阀门必须打开。

(2) 检查冷却塔的水位是否正常。

操作：爬上冷却塔观察水位（目测）

(3) 检查冷冻水泵、冷却水泵、冷却塔冷却风机、冷水机组的启动柜或配电柜的电压表，确认供电电源在正常范围内（9 000 V～10 kV）。

操作：去“冷冻机房控制室”查看。

(4) 检查电动机启动柜（机头）。

检查冷冻泵、冷却泵、冷却塔动力柜、控制柜有无异常。

(5) 检查冷水机组润滑油油位、油温是否正常。

操作：手摸油泵温度，有温度（微热烫手）为正常，若无温度，则观察液位是否正常。

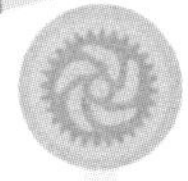

注：主机停止运作（超过 1 h）后要关闭油泵的两个阀门，来电后要重新开启阀门，长期不用也要开启。

（6）检查主机有无泄漏或其他异常现象。

操作：目测观察。

（7）确认需要开机的冷水机组号，并检查需要开机的冷水机组冷却水和冷冻水进、出口阀门是否完全打开及其他不需要开启的冷水机组进出口阀门是否关闭。

操作：打开要开启的冷水机组冷冻水、冷却水进出口阀门，即在“open”（开启）状态，检查压力表数值是否有压力。

注：打开冷冻水阀门需要六角扳手。

2. 开机步骤

（1）前往“冷冻机房控制室”开启冷却水泵、冷冻水泵（一二级泵）、冷却塔组。

操作：开启冷却水泵、冷却塔、冷冻水一二级泵及冷却塔对应的离心机组。

注：四台机组与四台冷却塔编号需一致。

（2）前往“空调补水房”开启冷却塔补水。

操作：开启冷却塔补水。

（3）检查“操作面板”冷却水循环和冷冻水循环。

操作：等水循环操作完成约 10 min 后，单击“输入/输出”按钮，观察操作面板“冷冻水循环”“冷却水循环”是否变为绿色，必须确认灯变绿后方可进行下一步操作。

（4）检查“操作面板”上“油槽温度”是否达到允许范围。

操作：操作面板上的“油槽温度”为 42 ℃为宜，上下浮动 5 ℃（即 37～47 ℃）。

（5）开启控制机组总开关及压缩机开关。

操作：先开“系统开关”（活动臂旁，箱子外侧按钮），然后打开箱内的“机组开关”。如只开一个压缩机，则只开一个“压缩机开关”（1#或2#）；如要机组两个机头全部开启，则要将箱内三个开关全开。

注：操作面板如死机，拔掉插槽排线、电脑电源线重启即可。

（6）在控制面板上单击“自动”按钮开启主机。

操作：等以上操作均正常了，单击“自动”按钮开启主机。

3. 运行中记录（每2 h查看）

（1）观察油泵：液位、是否有杂质。

操作：目测。

（2）记录运行数据（三大项）：冷凝器、蒸发器、供油系统。

操作：①在控制面板上单击“冷凝器”，记录右侧罗列数据。

②单击“蒸发器”，记录右侧罗列数据。

③在主界面记录“供油系统”数据，包含吸气压力、排气压力。主机在运行中净油压力为500～800 kPa，供油温度为（38±5）℃。

4. 关机步骤

操作：单击控制面板上“停止”按钮，等待20 min后关闭冷却水泵、冷冻水泵、冷却塔，完成关机。

5. 其他设置

出水温度：不低于 7 ℃，市场上一般设置 8 ~ 10 ℃。

注：出水温度不能直降超过 1.7 ℃；出水温度在“设定”里设置。

例如，出水温度从 12 ℃降到 8 ℃，错误做法为 12 ℃→8 ℃，正确做法为 12 ℃→11 ℃→10 ℃→9 ℃→8 ℃。

三、任务实施

以小组为单位，了解离心式冷水机组首次调试的流程。

四、考核评价

考核内容：基本知识水平、基本技能、任务构思能力、任务完成情况、任务检测能力、工作态度、纪律、出勤、团队合作能力。

评价方式：教师考核、小组成员相互考核。

五、任务小结

通过“讲授法”，使学生了解离心式冷水机组首次调试的流程。通过实施任务驱动法，提高学生对所授知识的理解和方法的掌握，让学生参与到制冷设备维修常用仪器仪表认识的全过程，带动理论的学习和职业技能的训练，大大提高了学生学习的效率和兴趣。一个“任务”完成了，学生就会获得满足感、成就感，从而激发他们的求知欲望，逐步形成一个感知心智活动的良性循环。

通过教师考核与小组成员互相考核，了解到学生基本掌握了所授的知识。

六、作业布置

简述离心冷水机组首次调试的流程。

子任务四　风冷机组首次调试

一、工作情境描述

风冷不需要占用专门的机房，并且无须安装冷却塔及泵房，运行方便，无须专业人员维护；风冷机组无冷却水系统，节约城市用水；与冷水机组相比维护费用低，在市场应用中有一定份额，熟知风冷机组的调试方法是对每个售后和运营人员的基本要求。

二、相关知识

1. 电控箱门铰链、门限位器断裂失效

（1）检查项目：铰链、门限位器。

（2）处理方式：属于用户管理不当造成。

（3）服务要点。

①调试或维修时，需要查看电控门的限位器紧固螺栓是否锁紧，如有松动，需要调整并锁紧。

②在服务过程中需要及时关闭并锁紧电控门，防止因刮风等因素造成铰链、限位失效，并告知用户使用时注意。

2. 压缩机失效

（1）检查项目。

①用户操作是否正确；

②用户电源质量是否正常；

③查看启动次数，是否频繁启动；

④查看保护设定值是否被更改；

⑤查看运行记录是否长期在高排压下运行；

⑥查看报警记录都有哪些报警；

⑦查看机组安装位置是否符合要求；

⑧查看压缩机油是否变色；

⑨查看压缩机油加热带是否能够正常工作。

（2）处理方式：检查项目①~⑤，若是用户的问题，则属于用户责任；报警记录中若频繁报警但没有彻底解决，仅是复位，属于用户操作不当；报警记录中涉及用户的水流量低、电源电压高或低、排气压力高、吸排气压差低等，属于用户责任造成。

（3）服务要点：服务中需要告知用户，机组质保期内若出现问题，不要多次简单地复位开机，需及时联系售后服务进行解决，否则出现问题用户也是有责任的。

3. 备件受腐蚀失效

（1）检查项目：检查失效部件是否生锈。

（2）处理方式：机组部件若因现场受腐蚀、受潮等原因失效，则属于用户责任。

（3）服务要点：如发现地下室机房结露或元件受潮严重，应在通电前对启动柜进行适当烘烤除潮，并找出腐蚀源告知用户解决。

4. 其他原因

风冷机组安装是否靠墙太近，多台机组时机组之间的距离是否足够，风冷机组上面是否有遮挡物，若布置不合理，则会影响机组的排风和散热，从而影响机组的正常运行。

三、任务反思

通过对风冷机组的调试，对风冷机组的相关知识又深化了不少，试着对风冷机组调试要点进行总结。

子任务五　单元模块机组首次调试

一、工作情境描述

模块式冷水机组是一种新型的制冷装置，它是由多台模块化机组单元并联组合而成。由于机组可以分离为多个体积小、重量轻的单元进行搬运，所以无须特别的吊装工具，利用手推车和电梯就可以把机组运到机房就位，节约的吊装费用是相当可观的。同时，模块的构成简单，安装与维修的技术难度不会比常见的立柜空调机大。如果某个模块出现故障，则可从机组中分离出来进行维修，这比起常规机组来方便得多。最近几年，由于单元模块机组的独特优势，故其在市场上的应用越来越广泛。售后与运营人员必须熟悉其维护流程。

二、相关知识

1. 板换漏，系统进水

（1）检查项目。

①水过滤器是否安装；

②水过滤器是否堵塞；

③冬季不开机是否放水并吹干净；

④水流量是否足够；

⑤水流开关是否良好；

⑥各种保护是否齐全；

⑦用户水管路的水中是否有颗粒、杂质；

⑧查看报警记录信息；

⑨用户水质（需要专业检测）是否问题；

⑩用户水泵是否和我们的机组实现连锁控制；

⑪检查蒸发温度过低保护是否正常。

（2）处理方式：

①检查项目中除⑧外，所有问题都是用户责任，对于⑧需要详细分析判断；

②在现场判断问题时，首先应将所有疑点拍照记录，并将所有报警信息拍照取证。

注意：低压开关和防冻开关是串联在一起的，任何一个动作都会导致低压报警出现。

2. 压缩机失效

（1）检查项目。

①用户操作是否正确；

②用户电源质量是否正常；

③查看启动次数，是否频繁启动；

④保护设定值是否被更改；

⑤查看运行记录是否长期在高排压下运行；

⑥查看报警记录都有哪些报警；

⑦机组安装位置是否符合要求；

⑧查看压缩机油是否变色；

⑨查看压缩机油加热带是否能够正常工作。

（2）处理方式：上述项目①、②、③、④、⑤若有问题，则属于用户问题；报警记录中若频繁报警但没有彻底解决，仅是复位，属于用户操作不当；报警记录中涉及用户的水流量低、电源电压高或低、排气压力高、吸排气压差低等，属于用户责任造成。

3. 氟泄漏

（1）检查项目。

①针阀帽是否缺失；

②管路是否断裂。

（2）处理方式：机组调试后因针阀帽缺失或管路振动大而断裂的，属于用户责任。

（3）服务要点：机组调试后需要全面检查机组的状态，必要的话需要在报告中注明。

4. 热力膨胀阀失效

（1）检查项目。

①膨胀阀感温包处断裂；

②外平衡管断裂；

③毛细管磨破。

（2）处理方式：具体问题具体分析，若为设计问题，则属于工厂原因；若是人为等外部原因引起的，则属于用户维护不当造成。

（3）服务要点：机组调试后或服务完毕后，需要彻底检查机组的状态，如各个部件附件是否齐全、管路振动是否过大，尤其是膨胀阀毛细管是否会与其他管路互相摩擦，等等。

5. 风冷模块及使用板式换热机组的报警及防冻信息

针对使用模块机组用户的板式换热器冻裂的事故发生的情况，我们在针对这方面的用户进行机组调试或服务时，务必跟用户强调机组防冻方面的信息：

（1）机组虽有诸多的保护措施，但不能一味地依赖这些保护，更不能频繁地复位报警，否则可能导致机组彻底损坏。

（2）如果水流量不足或水中有杂质或水质存在问题，均会导致板式换热器出现故障，需要定期检查水系统的水过滤器、水流开关是否被堵住或失效。

（3）任何情况都不要短接水流开关。

（4）冬季的防冻保护措施须让用户清楚并熟练掌握。

（5）机组与现场的水泵需实现连锁控制。

（6）调试或维修机组时务必检查板式换热器进、出水口不能接反。

6. 工厂方面针对机组报警及保护的措施

（1）电气方面，技术部在程序中增加报警后警示功能，强调机组报警后需修复故障，排除影响机组正常运行的因素后才能复位重新开机。

（2）水流开关在厂内装配时需根据流量大小剪裁靶片，以准确控制水流量，现场更换新的水流开关时需要根据原来的靶片进行裁剪。

（3）只允许回水温度控制，不允许出水温度控制，此项已实施。

三、任务反思

你对这个模块机组项目调试完毕后，发现了模块机组灵活机动的优点，又跟师傅请教了一下以前在哪些项目做过模块机组项目，通过自己的观察和请教，你总结出了模块机组的适用领域，如果将来自己做销售的话，可以更好地根据项目类型确定机组类型。

子任务六　末端机组首次调试

一、工作情境

狭义的末端设备仅指中央空调系统中把冷、热送入房间最后的环节。中央空调系统一般由冷热源、输配系统、空气处理设备和末端设备所组成，冷热源用于提供冷却或加热所需的能量，即常说的主机；输配系统即把冷热源产生的冷热水/风输送到所需的地方，即常说的风管系统/水管系统；空气处理设备用于产生所需要的空气，如空调箱、新风机组、空气处理机组等设备；末端设备是把冷热送入房间最后的环节，包括暖气片、各类送风口，风机盘管、地板辐射采暖/供冷等。广义上把空气处理设备和末端装置统称为末端设备。南方某办事处承接了一项工程，采用的是模块式风冷冷水机组，你跟着师傅前去调试，确保工程进度。

二、相关知识

1. CR 电动机噪声大

1）外观检查

（1）检查项目：机组外观是否异常。

（2）处理方式：查看噪声来自何处。对风盘而言，噪声一般出自吊架减震装置（用户原因），进、出风口软连接（用户原因），机组本身的电动机、轴承、蜗壳等部位（工厂原因或用户安装中碰伤或用户风道太脏致风轮灰尘太多不平衡运转、轴承太脏）。

2）接线检查

（1）检查项目：查看电动机接线是否正确。

（2）处理方式：根据不同原因采取紧固减震吊架、软连接，以及更换电动机、风机等措施。

2. CR 电动机烧毁

（1）检查项目。

①检查机组外观是否异常；

②查看电动机接线是否正确；

③查看项目中是否一次性烧毁 3 台以上电动机。

（2）处理方式。

①、②项不正常及一次性烧毁多台电动机均为用户责任。

（3）服务要点。

工厂已采用统一接线方式，若现场发现接线不一致，则现场人为操作。

3. 需掌握的信息

1）电机烧毁的现象分类及原因分析

（1）电机副相绕组烧毁，主相绕组正常。

根据统计，此类烧毁现象占烧毁电机故障的 90% 以上。通过现场调查和试验证实，导致该故障的原因是：施工方接线错误，误将外界零线接入机组调速挡。

（2）所有绕组出现变色或烧毁，其主要由以下因素导致：

①电源异常，如电压过高、频率不对等；

②负载异常，如风管、回风箱尺寸不符合要求，风轮改变等；

③堵转，如轴承损坏咬死、转子扫膛等。

（3）出线处烧毁，同时定、转子伴有生锈腐蚀。

（4）匝间烧毁。

以上情况主要是由漆膜破损导致的漆包线与漆包线之间短路。通过试验证明，出现匝间短路时，电动机不会在短时间被烧毁，其故障暴露时间一般在一年以上。

2）机组噪声现象分类及原因分析

从目前机组噪声统计情况看，机组低频噪声占噪声故障的 60% 以上。

（1）风量过大导致的风啸声 ，主要表现是风的呼呼声或嘘嘘的啸叫声。

导致的原因如下：

①机组设计选型过大，设计不合理；

②风管尺寸过小；

③回风口过小。

（2）机组低频噪声，主要是机组共振引发的低频嗡嗡声。

导致的原因如下：

①机组钣金变更；

②机组吊装不平衡，使安装电动机的面板产生应力；

③回风箱过重或尺寸过小，压在蜗壳上。

经过大量的实际案例，吊装不平衡、回风箱过小导致低频噪声的占该故障的90%以上。

(3) 电动机轴承损伤，主要表现是沙沙声或咔咔声。

导致的原因如下：

①轴承在电动机装配、运输过程中受损；

②防护不够导致轴承进尘或水等。

(4) 盘管破裂漏水。

检查项目：铜管的破裂位置及是否有鼓胀现象。

处理方式：典型冻裂现象，属用户责任。

服务要点：工厂进行气体试压，出厂时盘管内不会有水。

(5) 皮带的失效

检查项目：皮带、带轮的状态。

处理方式：皮带、带轮属于易损件，出厂3个月的质保期后需要用户自己解决。

服务要点：切实掌握皮带安装调整的基本要领，这对判断皮带失效的原因极为重要。

皮带失效一般有以下几个原因：

①皮带是否使用时间过长。判断点：皮带表面是否有类似龟裂的块状裂纹等。

②装配不合适，尤其是皮带盘不在一个直线上。判断点：皮带的侧面是否有磨伤，地上是否有黑色粉末。

③皮带是否调得张紧度合适。判断点：皮带内壁是否磨得发亮、是否存在细丝状断裂。

④皮带设计不合理，负荷不够。判断点类似第三条，需要按照使用说明书中关于皮带的维护保养规定尽快检查确认皮带、带轮及电动机等的固定情况和磨损情况等，并定期检查机组状态。

(6) 接货时机组损坏。空气处理机随机文件中都有一张机组接货检查清单，如有运输损伤或丢失，应在该清单中标记。

(7) KFP、DMA机组漏水。

检查项目：

①铜管是否漏水；

②出风口是否漏水；

③水是否从面板内壁漏出。

处理方式：

①判断是否为冻漏或焊点漏；

②判断回水弯是否合理，详见使用说明书中回水弯的规定；

③排除盘管漏水及回水弯不合适导致的水盘排水不畅，其他大部分为机组超风速、盘管过水造成的，不是机组质量问题，可以通过改造解决。

判断点：周围面板或前方部件如风机蜗壳上是否有密布的水珠。超风速的原因一般是机组机外余压与现场风道不匹配，现场风道过短，导致风阻不够，机组能提供的压头过大，机组风量增大，盘管表面超风速。一般而言，如无挡水板，则 2.5 m/s 为盘管过水的临界风速；若有挡水板，则风速可到 3.75～4 m/s。

服务要点：

①增加风阻，如关小风阀、加多孔风阻板等；

②反馈现场风道情况，换皮带轮；

③提供充分的分析依据，如判断为过水漏水，应检测盘管迎面风速，以利于后续分析和解决方案的制定。

（8）KFP、DMA 机组噪声大。

检查项目：

①机械噪声；

②运行噪声。

处理方式：若是①，则按服务流程进行检查判断；若是②，则可能是超风速造成的。

（9）DMA 过滤网损坏。

检查项目：过滤网。

处理方式：过滤器太脏造成，用户责任。

（10）KFP/DMA 电动机烧毁，现场需检查是否是因用户风道过短或风口风阀开关位置不对造成，询问用户之前是否通电运转过。特别是 KFP 的电动机烧毁一定要排除风道过短、风阻过少、超额定电流的情况，否则新电机换上后还会继续烧毁。

（11）电极式加湿器电极片更换过快。原因：用户采用的水质不良，造成加湿器堵塞或电极片损坏。

（12）末端尤其是 FCU 很容易出现用户改线情况，例如将 FCU 接线改到水侧，我们要告诉用户这样会造成的风险以及担保取消。一般来说，水接头和接线盒应该不同侧，以实现水、电分离。

三、任务反思

末端设备一般很少出故障，但是因为是与客户直接接触的，一旦出现问题会影响企业品牌的形象，所以一定要认真调试，确保不会出现问题。

子任务七　溴化锂吸收式冷水机组首次调试

一、工作情境

某宾馆购买了两台蒸汽型溴化锂冷水机组和两台直燃型溴化锂吸收式冷水机组，并已安装好，你作为厂家代表，对溴化锂吸收式冷水机组进行调试。

二、相关知识

1. 机组外围设备的检查调试

（1）冷却水系统的检查调试。冷却水系统安装完毕，应进行系统内清洗和密封性试验。试验合格后向冷却水池注水，然后开启水泵和冷却水塔的风机，看其运转是否正常、冷却水塔布水是否均匀、泵与风机的电流声音等是否符合要求及管路阀门是否有漏水现象。

（2）冷媒水系统安装后进行清洗和密封性检查。注入蒸馏水，开泵试验运转性能，水泵的电流、声音、水压等能达到运转要求，水管系统和阀门等不漏为合格。

（3）蒸汽管道系统应用压缩空气进行试压检漏，并进行有关自动阀门的灵活性试验，合格后方可使用。

2. 机组的质量检查

（1）若机组出厂时已经进行气密性检查，并且已装好溴化锂溶液，调试前的检查就简单了，开启发生器泵，把吸收器槽里的部分溶液打到发生器槽内，当真空管露出液面时，开真空泵对机组抽空试验。当真空泵基本排不出空气时，记下 U 形水银玻璃管压力计两管的位差值，经 24 h 保压，真空度升高不大于 133 Pa 即可运行。若升高过多，则应同制造厂一起查明原因，检修排除。

（2）若是在现场组装的上下两桶的大型机组，则应做以下工作：

先对机组进行清洗，清洗后再进行机组的气密性试验工作。

机组的清洗可分两步进行。

第一步的具体做法是：拆下屏蔽泵，将泵的进、出水管道封闭，然后将机组各部位的上部加自来水，水量达到要求时分别以各部位下部的接水口把水放出，冲洗机组内的污物和杂质。重复数次，直至放出的水透明无混浊现象为止。

第二步是开泵循环清洗，其具体做法如下：首先将拆下的屏蔽泵和过滤器装好，然后将机组各部注入自来水，使其比正常液位稍高一些，启动发生器泵和吸收器泵，使注入的自来水在机内循环，一般可持续 4 h，将水放出。若放出的水混浊，则应再加水清洗。

启动冷却水泵，使冷却水在系统中循环；开启发生器泵，然后开启蒸汽阀门，使发生器槽中的水蒸发后的汽体冷凝成蒸馏水，流到蒸发水槽中，当水面达到视孔的 1/2 时启动蒸发器泵，使水在蒸发器内循环。随着冷凝水的增多，可将过多的水通过旁通阀排到吸收器，这样即可将机组内、设备管子上的油污冲洗干净。各泵运转一定时间（一般 4 h 左右）后，将水放出，若水比较干净，则清洗工作可视为结束；若不干净，则按以上方法再清洗，直至干净为止，并拆卸清洗各泵的过滤器。

（3）机组试压检漏。在机组出厂前已经对各部位进行了密封性试验，但由于经过运输起吊和安装等环节，为慎重起见，还应对机组进行压力检漏和真空试验。

压力检漏时向机组内充入 0.2 MPa 的氮气或干燥的压缩空气，用肥皂水或发泡剂刷在机组管板接头、焊接或胀接管、法兰或丝扣连接、桶体焊接等处，查看有无气泡点。若有，则应记上明显的记号，待放气后一起进行焊补和修理。经几次试压查漏后，确实找不到漏点，再进行保压试验，最好采用标准压力表。充上 0.2 MPa 的气体，经 24 h 保压，压力表指针降低不大于 0.005 MPa 为合格。否则还有漏点，继续找漏。

（4）机组真空检验。机组清洗后，其内部的水分是排除不干净的，在这种情况下机组内压力很难抽到要求的真空度 133 ~ 266 Pa。因为随真空泵抽真空，机组内的水分随之蒸发，

此时只要把机组内的压力抽至与室温相对应的水蒸气的饱和压力，经 24 h 保压，做好试验大气压和 U 形管水银柱高度差值，压力升高值不超过 27 Pa 时，机组真空度密封性是合格的。但以上差值是机组内绝对压力在考虑外界大气压和气温变化的因素修正后的值。其修正值的计算方法为

$$\Delta p = p_2 - p_1 \times (273 + t_1)/(273 - t_2)$$

式中：Δp——气温变化引起的压力变化值，Pa；

p_1，t_1——试验开始时机组内的绝对压力值（Pa）和气温（℃）；

P_2，t_2——经 24 h 试验终了时机组内的绝对压力值（Pa）和气温（℃）。

若机组真空试验不合格，则是外界大气向抽真空机组内漏气引起的，应重新用检漏法进行检漏，找到泄漏处并消除后，再进行真空试验，直至达到要求为止。

3. 溴化锂吸收式冷水机组充注溴化锂溶液

当冷水机组试压检漏，真空试验合格后，可给机组充注溴化锂溶液。机组出厂前已充注溴化锂溶液的除外。

1）溴化锂溶液的配制

目前，溴化锂都以溶液的状态供应，其质量分数一般为 50%。虽然 50% 的溶液浓度偏低些，但在机组调试时有一部分水分蒸发成冷剂水，使其溶液浓度达到正常运转的要求。生产厂家提供的溴化锂溶液是“混合液”，即把缓蚀剂（铬酸锂）、氢氧化锂或氢溴酸、辛醇等都已按比例加到溶液中，因此从生产厂家购置的溶液可直接加入机组内使用。

若无配制好的溴化锂溶液，则可按下面的方法进行配制。

（1）溴化锂溶液的配制。

自配溶液时，可先准备 1～2 m 的大缸或不锈钢箱，按质量（重量）百分比浓度为 50% 的比例称好固体溴化锂和蒸馏水，将蒸馏水倒入容器内，再按比例将粉碎的固体溴化锂逐步加入，并用木棒搅拌，此时溴化锂放出溶解热，要慢慢加入为宜。溴化锂全部加入并溶解于蒸馏水后，可用温度计与密度计测量溶液的温度和密度，再从溴化锂溶液性能图表上查出浓度。由于容器容积的限制，故不能将机组需要的溶液一次配齐，可分若干次配制。其相对密度曲线如图 2-2-2 所示。

（2）加入氢氧化锂（LiOH），调整 pH 值。

为了减少溴化锂溶液对机组金属件的腐蚀作用，需将溴化锂溶液调整到呈弱碱状态。通常采用的方法是在溴化锂溶液中加入适量的氢氧化锂，将 pH 值调整到 9～11。其加入量为溴化锂溶液质量的 0.015%～0.02%，逐步加入，搅拌后测 pH 值达到 10 左右为宜。若加入过量，则可用 1∶10 的氢溴酸（HBr）中和，直到 pH 值达到要求范围为止。注意氢溴酸调节 pH 值应在铬酸锂加入之前进行。

（3）加入铬酸锂（Li_2CrO_4）缓蚀剂。

铬酸锂的浓度可按 0.1%～0.3% 配制，初次可按稍高的浓度配制。因固体铬酸锂难以溶解在溴化锂溶液里，因此将其先溶解在少量蒸馏水里，然后再加到溴化锂溶液里。

（4）加入锌醇（能量增强剂）

溴化锂溶液里配制锌醇重量的百分比可控制在 0.1%～0.7%，初配时按 0.5% 左右为宜。因其与锌醇的沸点不同，故在真空泵抽真空时，因蒸发而抽出，使其浓度降低，在机组运行中应每隔 2 个月或 1 个季度补充适量锌醇。由于锌醇易于溶解在溴化锂溶液中，故配制

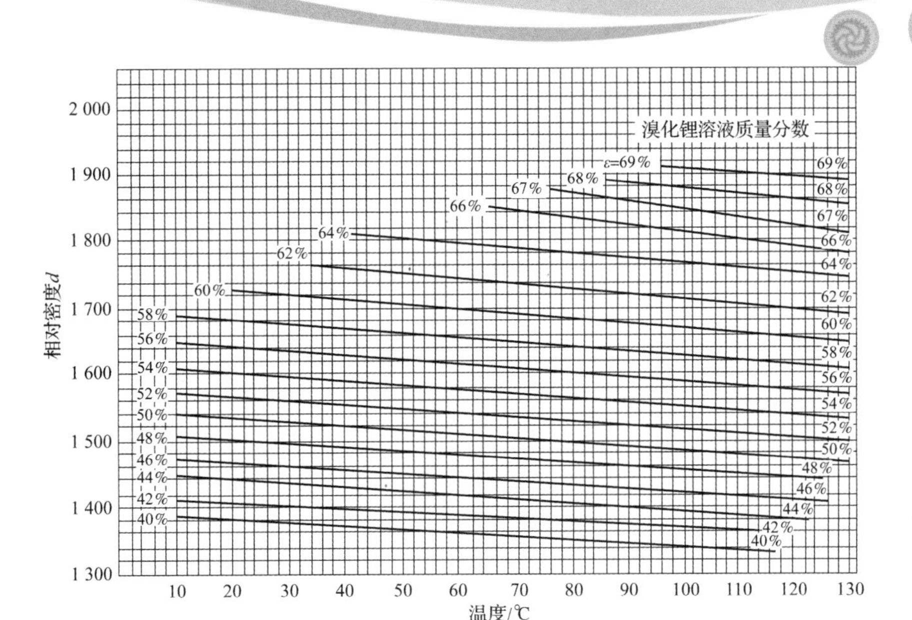

图 2-2-2　溴化锂溶液的相对密度曲线

时可以与溴化锂溶液混合后加入机组，也可溶解在蒸馏水里单独注入机组内。

2）机组充注溴化锂溶液

溴化锂溶液充注时，可把商店买或自配的溶液装到预先准备好的溶液桶内。这个桶应该是加溶液和检修机组时装溶液用的，桶上装有液位指示器。根据机组出厂说明书的要求，准备足够的溶液，用耐腐蚀橡胶管或者耐压透明塑料管连接加液桶的出液管和机组吸收器的抽样管。打开加液桶阀，使管内的空气倒回到加液桶而排出，然后打开机组的抽样阀，利用机组内的真空度与外边的大气压差使溶液自动流到机组吸收器的溶液槽内。当液面达到玻璃管液面指示器的 50% 以上时，开启发生器泵向高、低压发生器液槽内输送液体。当高、低压发生器和吸收器达到液面要求时，可停止加溴化锂溶液。

充注冷剂水，把准备好的蒸馏水或者纯净水（其加入量可按机组说明书要求的加入量准备）倒在大型玻璃缸内，用橡胶管装满水后一头按在冷剂水抽样阀的管上，另一头放在玻璃缸里，开冷剂水抽样阀，利用机组内、外的压差把蒸馏水送到蒸发器水槽里，当蒸发器水槽的水面能在玻璃液面镜看到时，可停止加冷剂水。因为机组正常循环时在溴化锂溶液中还要蒸发出 10% 左右的水分，所以冷剂水加得过多将影响机组循环。若机组循环时水面过低，则可再加冷剂水，直到满足要求为止。

4. 溴化锂吸收式冷水机组调试及制冷量的测定

1）机组手动调试

（1）开启冷媒水泵，看检查系统的密封情况，以及水压、流量、声音、电流等运转参数是否正常。

（2）开启冷却水泵，看其运转是否正常；开冷却塔风机，看其运转是否正常。

（3）开启发生泵，通过两个出口调节阀分别向高压发生器和低压发生器慢慢地输送液体，使高压发生器和低压发生器的液面稳定在要求的水平上（一般为 50% 左右）。

（4）启动吸收器泵。

（5）慢慢打开蒸汽调节阀，向高压发生器供汽。对装有蒸汽减压阀的机组还应调整减

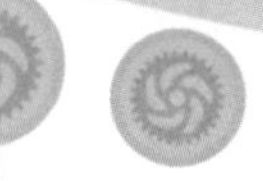

压阀，使出口压力低于规定值。

（6）随发生和冷凝过程的进行，冷剂水不断产生，通过U形节流管流入蒸发器下面的冷剂水槽。当蒸发器冷剂水槽的液位达到50%时，开启冷剂水泵，蒸发器上水的喷淋情况和水槽中的水位靠冷剂水泵的出口阀进行调节。

机组投入运转后，通过调整空调房间的供风量或者风机盘管的供水量，使制冷机组的运转参数达到要求。

为了确保机组的正常运转，要试验几次，主要检查冷却水泵、冷媒水泵、机组上的屏蔽泵及真空泵等的运转声音、转向、电流、电机的温升等是否符合运转要求，供液调节阀、屏蔽泵的出口调节阀等调节是否灵活准确。

以上调试中的关键环节能掌握较好，机组的各运转参数正常，即手动调节可结束。

2）机组自动调试

溴冷机的自动运行调试主要是自动调节控制（包括整个电盘的程序控制和各自控元件的调试）和安全保护元件的调试，通过调试，使制冷机组能按一定程序进行启动、运转和停车。当机组运转不正常时能报警，指示故障的部位或者能指令机组停机，以便于机组人员查找原因和排除故障。

溴冷机的控制箱在出厂前已做过系统的模拟调试与测定，但由于运输中与其他因素的影响，机组使用前还要进行认真细致的调试，以便发现可能出现的问题，妥善加以解决，以实现机组运转时安全、可靠、稳定的性能。

（1）机组手动调试前应检查的项目。

①主要检查电源线是否是按照机组说明书要求连接的。对机组控制箱进行干燥处理，在机组未抽空之前，对机组上的溶液泵、发生泵、冷剂泵及真空泵进行绝缘性能测试，检查是否符合运转要求。

②检查机组上各种仪表的安全保护装置设定值是否符合出厂说明书的要求。若不符合，可重新调定。对无说明书的双效溴化锂制冷机组的安全保护装置设定值可参照表2－2－2。

表2－2－2　双效溴化锂制冷机组的安全保护装置设定值

名称		设定值
溶液泵电动机过流继电器	600 kW 制冷量以下机组	10.8 A
	1 150 kW 制冷量以上机组	17.6 A
冷剂泵电动机过流继电器		10.8 A
发生泵电动机过流继电器	600 kW 制冷量以下机组	5 A
	1 150 kW 制冷量以上机组	17.6 A
	2 300 kW 制冷量以上机组	23 A
真空泵电动机过流继电器		4 A
高压发生器溶液温度控制器	蒸汽压力 0.25 MPa	140 ℃
	蒸汽压力 0.4 MPa	145 ℃
	蒸汽压力 0.6 MPa	155 ℃
	蒸汽压力 0.8 MPa	160 ℃

续表

名称	设定值
低压发生器溶液温度控制器	90 ℃
结晶温度控制器	60 ℃
冷媒水出水温度控制器	40 ℃
冷剂水低温控制器	10 ℃
吸收器低温控制器	35 ℃
冷媒水流量压差控制器	0.03 MPa
冷却水流量压力控制器	静压 +0.05 MPa
冷量调节温度控制仪	70 ℃或根据需要

③检查真空泵的电流和转向是否符合要求，若转向不对，则可通过调整电动机的接线相序解决，同时检查真空电磁阀是否与真空泵同步工作。若以上检查无问题，则可对机组进行抽空试验。

④在手动运行调试中检测溶液泵、发生泵、冷剂泵等运转电流、转向、声音、输液量等工况是否符合要求，是否可靠稳定，为机组自动运行调试打下良好的基础。

（2）冷水机组自动运行前的检查工作。

①对电控箱的程控盘进行模拟试验，其方法是将机组上泵的电动机线拆下，并把蒸汽调节执行机构的线也拆下，然后将电控箱上的按钮拨到“自动”位置，其动作程序是：启动溶液泵→延时一定时间后启动发生泵→溶液泵和发生泵电磁阀是否动作→蒸汽调节阀执行机构的电路是否动作→延时一定时间后冷剂水泵开启。模拟试验几次确认无误后，再把机组泵电动机线及电磁阀、蒸汽执行机构的线接好，进行实际调试。

②对蒸汽执行机构进行全开及全闭的调试，执行器的开启位置应与蒸汽阀开度相对应。如果执行器与蒸汽阀的动作相反，则应调整执行器的接线头，直至调整到符合运转要求为止。

③试验高压发生器溶液液位探棒。液位探棒的安装位置关系到制冷机组运行时能否把溶液液位控制在最佳位置。

在调整时，以高压发生器玻璃液面镜的1/2为基础，以2~3探棒的位置为调整点，一般是1、2探棒浸在溶液里，3、4探棒不浸在溶液里。试验时用发生泵出口阀和电磁阀配合进行。若供液过多，3探棒触头红灯亮报警，发生泵出口电磁阀关闭。若溶液面过低，2探棒触点不能浸在溶液里，发生泵出口电磁阀开启。若试验能达到电磁阀常开，则发生泵出口阀开度一定，工况稳定，高压发生器液面稳定在2~3探棒，其高度差为25 mm。

（3）冷水机组自动运行操作。

机组经过手动运行调试、自动元件和设备的试验后，可进行自动调试。其操作步骤为：开冷却水泵→压力稳定后，开冷媒水泵→开冷却塔风机。将电控板上的操作钮从“手动”拨到“自动”位置，按“运行”按钮，机组按电控程序自动开启溶液泵、发生泵、冷剂水泵、供蒸汽的执行机构和蒸汽调节阀实行自动供高压蒸汽，机组投入运转。若各泵之间开启时间过早或过晚，则通过调整时间继电器来解决。

机组在进行手动和自动运行调试后，还要对制冷机组的制冷量进行核算。一般要求在冷媒水出口管道上安装流量计，待制冷机组工况稳定后才能进行测量。制冷量是根据测量单位时间内冷媒水的流量读数和冷媒水的进、出水温差来计算的。其计算公式为

$$Q = G/T \cdot C \cdot \Delta t$$

式中：Q——机组的制冷量，kW；

G——测量时间内所流经的冷媒水质量，kg；

T——测量所用的时间，s；

C——水的比热，kJ/kg · ℃；

Δt——冷媒水进、出机组的温差，℃。

若通过检查算得的制冷量小于机组规定的制冷量，要分析原因，进行排除。若难以消除而达不到设计要求，则要与生产厂家协商解决。若调试合格，制冷量达到要求，则此项工程可交付单位使用。

三、任务反思

溴冷机的机体相对于电制冷机组要大很多，调试时需要认真观测，以防疏漏。另外直燃机虽然是负压运行，但是燃料储存和输送依然是有安全隐患的，需要严格遵照程序进行调试。

子任务八　冰蓄冷机组首次调试

一、工作情境描述

某体育馆采用冰蓄冷机组，并采用全负荷蓄冷设计，目前系统已经安装到位，公司派遣你前去对系统进行运行调试。

二、相关知识

1. 蓄能定义

蓄能是指从某些一次能源获得能量并加以储存的一般方法和专门技术。以这种形式储存的能源，常常可便于另一个地方在需特殊的能量时使用。常见的蓄能方式有潜热蓄能和显热蓄能。

潜热蓄能：将物质发生相变时所吸收或释放的热能储存起来，从而达到降低外界温度的效果。市场上常见的热蓄能形式主要是冰蓄冷，即利用潜热蓄能的原理将冷量以冰的形式储存起来。每 1 kg 冰变成水需要吸收 80 kcal 的热能。

显热蓄能：将物质发生温度变化时所吸收或释放的热能储存起来，如较高温度的水降低温度需要向外界释放热能，从而达到升高外界温度的结果。常见的水蓄冷/热，就是利用显热蓄能将冷/热量储存起来。每 1 kg 水发生 1 ℃的温度变化会向外界吸收/释放 1 kcal 的热能。

由于冰蓄冷的相变潜热远大于水蓄能的蓄热量，所以冰蓄冷在工程上应用非常广泛。常见的冰蓄冷形式分类见表 2－2－3。

表2-2-3 常见的冰蓄冷形式分类

<table>
<tr><th>种类</th><th colspan="3">说明</th></tr>
<tr><td rowspan="3">静态制冰法</td><td>管外制冰</td><td colspan="2">制冰方式：传热流体通过管簇，管簇内通冷媒
冷却方式：冷媒直接膨胀</td></tr>
<tr><td>管内制冰</td><td colspan="2">制冰方式：流体通过管外，管内结冰
冷却方式：冷媒直接膨胀或盐水循环冷却
容器形状：球形，圆柱形，平板形</td></tr>
<tr><td>密闭容器制冰</td><td colspan="2">制冰方式：流体通过管外，管内结冰
冷却方式：冷媒直接膨胀或盐水循环冷却
容器形状：球形，圆柱形，平板形</td></tr>
<tr><td rowspan="6">动态制冰法</td><td rowspan="3">间接换热法</td><td>收获制冰法</td><td>制冰法：水溶液从冷却表面（圆柱内表面或外表面）、竖板表面流下
除冰法：机械剥离法或热融解剥离法
冷却方式：冷媒直接膨胀或盐水循环冷却</td></tr>
<tr><td>液态水制冰</td><td>制冰法：水溶液从冷却面自然流下；冷媒蒸发器内水溶液的离心流动；水溶液的管内强制流动
冷却方式：冷媒直接膨胀或盐水循环</td></tr>
<tr><td>过冷却制冰</td><td>制冰法：流动水和水溶液通过换热器换热
冷却方式：冷媒直接膨胀或盐水循环冷却</td></tr>
<tr><td rowspan="3">直接换热法</td><td>冰晶制冰法</td><td>制冰法：由低沸点冷媒在水中蒸发产生冰晶或与水不相溶的低温高密度液体在水层边喷射而获得显热利用，从而制冰
冷却方式：冷媒直接膨胀或盐水循环冷却</td></tr>
<tr><td>其他制冰法</td><td>制冰法：由真空状态下的水蒸发，导致高分子物质（水溶液）发生相变
冷却方式：水的直接蒸发冷却</td></tr>
<tr><td>干燥冰晶制备法</td><td>制冰法：冷媒蒸汽和喷射水雾直接接触而产生冰晶或由空气的绝热膨胀而产生的低温空气和喷射水雾直接接触生成冰晶</td></tr>
</table>

2. 蓄能系统的类别

根据空调系统冷负荷的分布情况或者当地的电价结构情况将蓄能类别分成下列三种形式。

1）部分负荷蓄能

部分负荷蓄能就是全天所需要的冷量部分由蓄冷装置供给，如图2-2-3所示，夜间用电低谷期利用制冷机蓄存一定冷量，以补充电力高峰时间所需要的冷量。其冰槽供冷量等于夜间冰槽储存的冷量。

2）全负荷蓄能

全负荷蓄能就是将电力高峰期的冷负荷全部转移到电力低谷期，如图2-2-4所示，全天空调时段所需要的冷量均由电力低谷时段所蓄存的冷量供给。

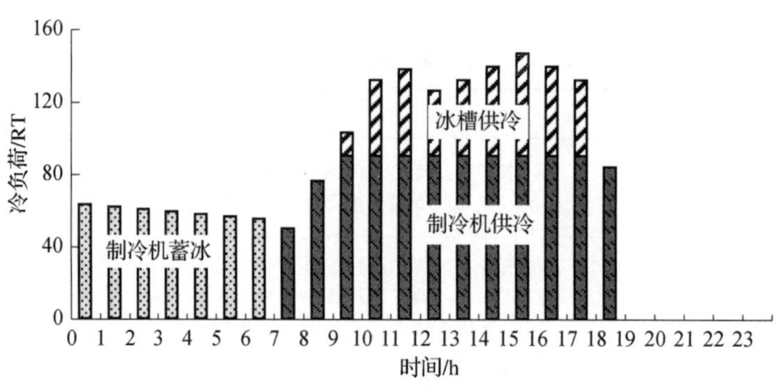

图 2-2-3 部分负荷蓄能负荷分布图

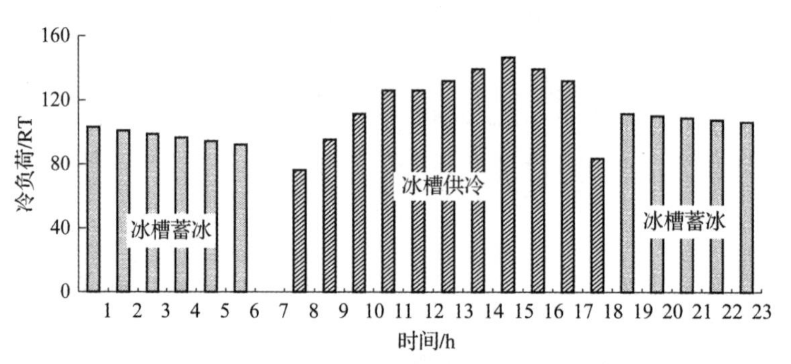

图 2-2-4 全负荷蓄能负荷分布图

3）部分时段蓄能

由于某些地区对高峰用电量有所限制，故电力高峰时段的冷量就需要由蓄能设备来提供，在这种情况下，制冷机夜间蓄存的冷量则全部用于限电时段供冷，如图 2-2-5 所示，即蓄能设备的设置主要用来解决限电时段内的空调需求。

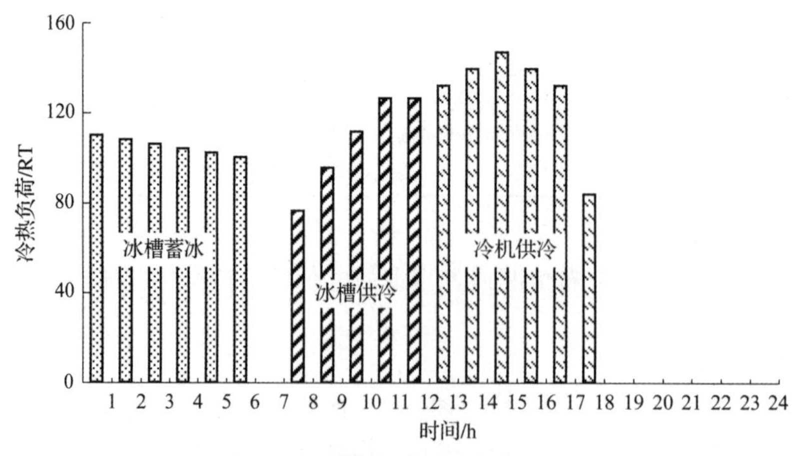

图 2-2-5 部分时段蓄能负荷分布图

3. 蓄冰装置

1）封装冰蓄冰装置

封装冰蓄冰是将封闭在一定形状的容器内的水制成固态冰的过程。按容器的形状分类有球形、板形和椭圆形等。容器浸沉在充满乙二醇溶液的贮槽内，容器内的水随着乙二醇温度

的变化进行结冰或融冰。以球形容器为例，其结构如图 2－2－6 所示。

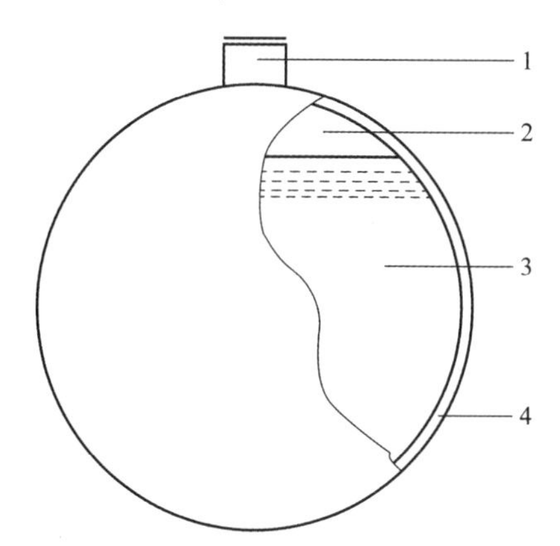

图 2－2－6　封装冰蓄冰装置结构

1—堵塞；2—空气；3—水及添加剂；4—外壳

由于许多冰球堆集在贮槽内，乙二醇溶液从球间隙流过，球体也可能在一定范围内移动，在充冷时，冰层首先从下部形成，然后逐渐向内向上，最后在上部封顶。而融冰过程中由于冰块受到已融化冰水的浮力作用而向上浮动，因此传热过程是很复杂的。其结构原理如图 2－2－7 所示。

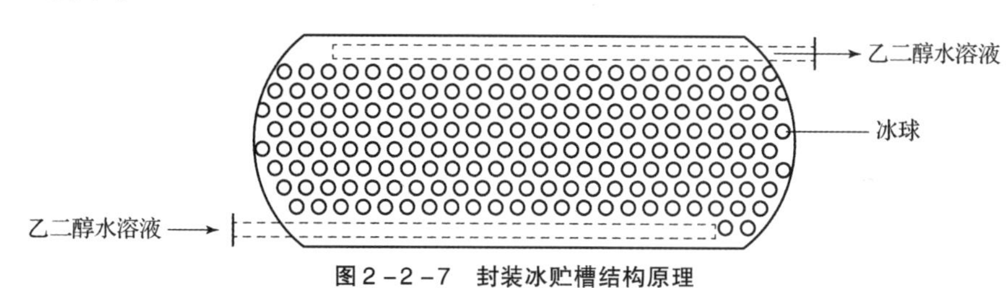

图 2－2－7　封装冰贮槽结构原理

2）冰盘管蓄冰装置

冰盘管蓄冰装置是由沉浸在水槽中的盘管构成换热表面的一种蓄冰装置。在蓄冷过程中，载冷剂（一般为重量百分比 25% 的乙烯乙二醇水溶液）和制冷剂在盘管内循环，吸收水槽内水的热量，在盘管外表面形成冰层，使冷量以冰的形式储存起来。其结构如图 2－2－8 所示。

图 2－2－8　冰盘管蓄冰装置结构

按照融冰方式不同，冰盘管蓄冰装置又可分为盘管外融冰和盘管内融冰。

（1）盘管内融冰。

在融冰供冷过程中，来自空调负荷的回水进入蓄冰盘管，由于回水温度较高，使得最接近盘管的冰层开始融化，随着融冰过程的进行，冰层由内向外逐步融化，所以这种融冰过程被称为内融冰。由于冰层自然浮力的作用，使得冰层在整个融化过程中与盘管表面的接触面积可以基本保持不变，因此保证了在整个取冷过程中取冷水温相对稳定。

（2）盘管外融冰。

温度较高的空调回水直接送入盘管表面结有冰层的蓄冰水槽，使盘管表面上的冰层自外向内逐渐融化，这种融冰过程称为外融冰。由于空调回水与冰直接接触，故换热效果好，取冷快，来自蓄冰槽的供水温度可低至1 ℃左右。为了使外融冰系统能够快速融冰放冷，蓄冰槽内水的空间应占一半，即蓄冰槽的蓄冰率（IPF）不大于50%，故蓄冰槽容积较大。

3）载冷剂

冰盘管式蓄冰设备常用的载冷剂为乙二醇水溶液。乙二醇（$C_2H(OH)_2$）是无色、无味的液体，其挥发性和腐蚀性低，易溶解于水及多种有机化合物。乙二醇水溶液的凝固点、潜热、密度、比热、导热系数、黏度随溶液浓度不同而变化。蓄冰系统乙二醇水溶液的凝固点应低于最低运行温度3～4 ℃。此外，乙二醇腐蚀性很低，但乙二醇的水溶液呈弱酸性，因此，使用时在乙二醇溶液中需加入添加剂。添加剂包括防腐剂和稳定剂。防腐剂可以在金属表面形成阻蚀层；稳定剂可以使乙二醇溶液维持弱碱性（pH＞7）。溶液中添加剂的添加量通常为800～1 200 ppm。

乙二醇水溶液的密度与黏度稍大于水，而比热稍小于水，所以在计算载冷剂流量和管道阻力时应予以注意。不同浓度的乙二醇水溶液凝固点见表2－2－4。

表2－2－4　不同浓度的乙二醇水溶液凝固点

质量/%	10	15	20	25	30	35	40	45	50
体积/%	8.9	13.6	18.1	22.9	27.7	32.6	37.5	42.5	47.6
凝固点/℃	－3.2	－5.4	－7.8	－10.7	－14.7	－17.9	－22.3	－27.5	－33.8

三、蓄冰设备的安装

1. 出厂检验

蓄冰设备出厂前已整体装配好并经过了全面检验，为确保质量并使现场安装要求减至最低，每台设备都被放置于木托架上运至现场，在卸货和签署提货单之前，需对其做彻底检查，对所发现的任何损坏，都要记录在提货单上并通知装运机构。

2. 现场准备

在蓄冰槽的附近最好能有排水坑，以便于需要时使用；补给水源必须容易取得；蓄冰设备最好保持1.5 m以上的净高，以供配管和其他所需。

3. 卸货和放置

当蓄冰设备运到现场后，首先检查是否有任何因运输所造成的损坏。依照卸货的指示，使用吊车将蓄冰设备从拖车上卸下。若无法一次将蓄冰设备安装定位，则必须将其置于平坦的平面上，以避免蓄冰设备损坏。

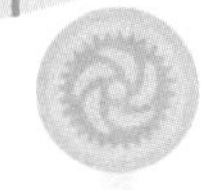

4. 蓄冰盘管的验收

蓄冰设备到场后，项目部有关人员将进行常规的检查，如核对型号、外观、技术文件、备品备件等，由安装人员、业主、监理及供货商四方共同参加。

设备验收合格后，需集中临时存放，在设备四周采用架子管及彩条布做防护栏，设备上盖塑料布防止灰尘污染及雨淋，如需存放在建筑物附近，还需做好防砸措施。项目部设专人对材料进行保管以及发放，定期对设备进行保养及维护。

5. 吊装

进场、垂直吊装：采用汽车起重机于室外自运输设备下放蓄冰盘管，冰蓄冷盘管的吊装现场如图 2－2－9 所示。

图 2－2－9　冰蓄冷盘管的吊装现场

水平运输：采用 15 t 慢速卷扬机牵引蓄冰设备自坡道沿运输通道至蓄冰槽下落点。

技术措施：为防止设备扭曲变形，在现场制作多个吊装钢架，如图 2－2－10 所示。

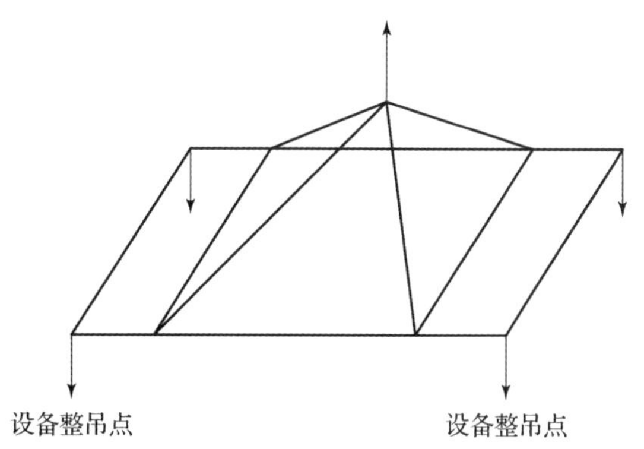

图 2－2－10　吊装钢架示意图

吊架用16号槽钢制作，尺寸待核实设备后确定。为保证蓄冰槽在水平移动时安全、可靠，通常制作两台水平运输架（见图2－2－11），运输架采用16号槽钢制作，并设置数根DN40滚杠。

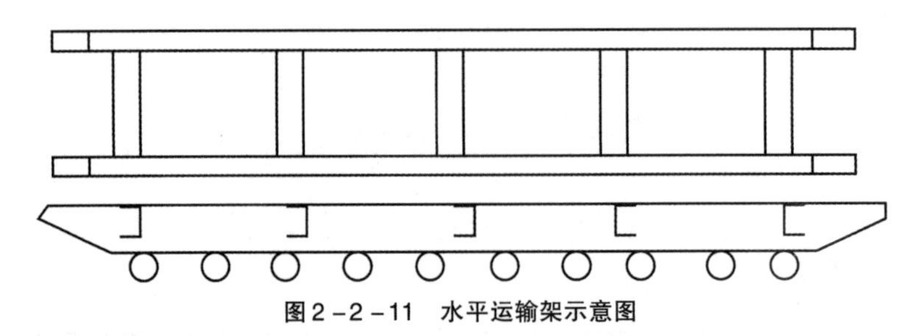

图2－2－11　水平运输架示意图

6. 蓄冰设备安装

设备及管道施工时，注意轻拿轻放，移动设备时切勿碰撞拖行，以免损毁设备或防水层。

由于蓄冰系统洁净度要求高，所以管路的完全清理是非常重要的，在管道施工过程中注意不要将残渣、污物等滞留在管道内，以防止造成设备阻塞而影响系统运行。

蓄冰槽中的水质也需重视。虽然在冰点附近，水的结垢和腐蚀作用均很小，一般不需要进行水处理，但是要注意控制藻类的生长和铁细菌的扩展。

四、蓄冰设备的调试

1. 调试前准备

调试前，调试人员首先要熟悉整个冰蓄冷系统的全部设计资料，包括图纸设计说明书、全部深化设计图纸、设计变更指令、工程备忘录等，充分了解设计意图、各项设计参数、系统全貌及空调设备的性能和使用方法，特别要注意调节装置和检测仪表所在的位置及自控原理。同时，做好人、财、物的准备工作。

系统检查，对照设计图纸，对冰蓄冷系统水管、设备、动力电源、控制系统进行检查，对管线、设备进行标识，重要部位如总阀门、设备等安装位置应在图纸上标识清楚。对管道试压过程中的临时固定物，如隔离设备的管道盲板、软接头和伸缩节，应马上研究解决。

2. 调试流程

在调试过程中，要遵循调试前准备、分段调试和系统调试的顺序进行，调试流程如图2－2－12所示。

3. 开车前的检查

开车前要求所有的设备根据设计图纸进行挂牌，标明设备的标号、用途等。系统管道流向要求作箭头标志，明示管道系统的流向。对有油漆脱落或有局部破损的地方应进行修补。

开车前的检查、调整：

（1）检查主机上所有阀门位置、制冷压缩机油位及制冷剂充灌量是否正常。

（2）检查各控制及安全保护设定是否正常，检查控制箱指示灯是否正常。

（3）检查系统管路上所有阀门位置是否正常，是否有漏水现象。

（4）检查水泵、冷却塔、制冷主机等设备的电源电压是否正常，检查水泵、冷却塔、板式换热器、制冷主机等设备的进、出水口压差是否正常。

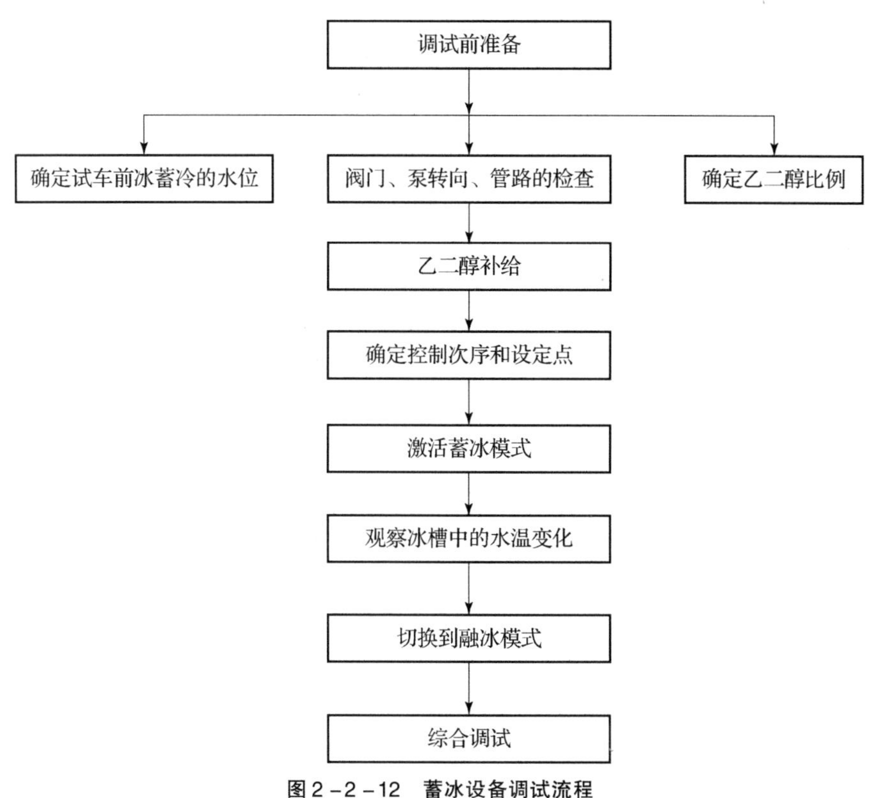

图 2-2-12　蓄冰设备调试流程

上述各位置发现有不正常必须立即修正，之后方可正常投入运行。

4. 调试步骤

（1）蓄冰时，确认水是否均进入蓄冰槽的蓄冰盘管，并确认乙二醇的补给是否到位。

（2）确定控制的次序和设定点，并确认传感器的正确位置。确定蓄冰结束后，主机停机。

（3）开启水泵，检视系统与蓄冰槽的连接处及系统本身是否有漏水。

（4）确定有足够的负荷使用已蓄好的冰。

（5）激活蓄冰模式，观察蓄冰槽进、出水的温度。开始时，进行 4～5 次蓄冰，只蓄 50% 的冰，以调整系统。在蓄冰或融冰时，应尽可能蓄满或用完。开动整个系统使之完全运转，观察水温变化及主机停机的情形。

（6）系统切换至蓄冰模式，开动双工况主机，观察压力是否正常，以及冷冻机的冷冻进、出口压力及温度是否达到厂家要求，检查每个蓄冰槽的蓄冰速度是否一致。

（7）蓄冰槽蓄冰达 100% 后，系统切换至融冰模式，开动融冰泵与融冰负载泵，观察融冰板的温度指示，检查各蓄冰槽的融冰速度。

（8）结合自控系统，综合调试系统，达到设计要求。

5. 乙二醇溶液的填充

在添加乙二醇溶液之前，所有的管路必须确保试压合格，完全清洗干净，不可有任何杂质。在添加乙二醇溶液之前需将蓄冰盘管与系统隔离。

乙二醇溶液的成分及比例必须严格符合设计要求，否则将会影响系统的使用效果，并导

致管路设备损坏。当乙二醇溶液添加完毕后，在开始蓄冰模式运转前至少将系统运转 6 h 以上，使系统内的空气能够完全排出，故在系统所有高的地方需安装排气阀，以便使系统排气顺利。在试运转过程中，可再次取乙二醇溶液，确定其为正确的浓度。

乙二醇系统：乙烯乙二醇管路为防止腐蚀，需加腐蚀抑止剂使钢管内形成保护膜。腐蚀抑制剂需符合环保要求，其品种及剂量应符合设计要求。

最后检查：安装完成后，检查所有的封盖是否均已盖好。在安装过程中，若发现任何支架镀锌处有损坏，则需要将其重补以避免锈蚀。

6. 蓄冰系统调试开车

在试车之前，下列各项必须先检查并确定无误后才可进行试车：

（1）确定所有蓄冰槽的水位均在正确的水位，管路中乙二醇溶液的比例正确。

（2）确定系统已做好平衡，图面与现场的配管吻合。

（3）注意检查以下各项：泵转向（确定为正确转向）；乙二醇补给充足；阀的动作正常，蓄冰时水均进入蓄冰槽的蓄冰盘管；过滤器安装及位置正确；确定过滤器完全干净，无任何杂质。以上各项均有可能导致系统出现问题，并有可能造成系统其他部分的损坏。

（4）确定控制的次序和设定点及传感器的位置是否正确，确定蓄冰结束后主机停机。

（5）开启水泵，检视系统与蓄冰槽的连接处及系统本身应不漏水；确定有足够的负荷来使用已蓄好的冰；激活蓄冰模式，观察蓄冰槽进出水的温度；于起初的 4～5 次蓄冰，只蓄 50% 的冰，以调整系统；在蓄冰或融冰时，应尽可能蓄满或用完；整个系统完全运转，观察水温变化及主机停机的情形；系统切换至蓄冰模式，开动双工况主机，压力应正常，冷冻机的冷冻进、出口压力及温度应达到要求，每个蓄冰槽蓄冰的速度应一致。压力盘管进、出口压力表盘如图 2－2－13 所示。

图 2－2－13　压力盘管进出口压力表盘

（6）蓄冰槽蓄冰达 100% 后，系统切换至融冰模式，开动融冰泵与融冰负载泵，观察融冰板的温度指示，检查各蓄冰槽的融冰速度。结合自控系统，综合调试全系统，达到设计要求。

五、冰蓄冷系统调试过程中注意事项

（1）各滤网应常清洗；蓄冰槽内乙二醇的浓度应常检测；冷却塔必要时需进行清洗，并检查冷却塔的补水及散热风机是否正常。

（2）经常观察油压差及油面镜（在油分器上）。

（3）制冰时，注意主机本身设置是否在制冰工况。

六、项目反思

经过该项目的调试，反思冰蓄冷都可以应用于哪些场合，试着归纳总结一下，并在小组内进行分享交流。本书作者主持了烟台市科技项目“电动冷链运输用高效多温区宽温限冰蓄冷装备关键技术研究”（2021XDHZ061），就是将冰蓄冷与电动冷链车进行了应用结合，可以很好地缓解电动冷链车制冷能耗，同时利用蓄冷技术移峰填谷，利用低谷电价蓄冷，降低了运行费用。

任务三　制冷设备维护管理

一、工作情境描述

某大型商场空调系统采用的制冷设备，常年需要维护管理，作为运营方，需要对商场的制冷设备负责，确保商场正常的空调需求。

子任务一　活塞式冷水机组维护管理

一、工作情境描述

某商场空调系统采用活塞式冷水机组作为系统的冷源，作为设备厂家的售后人员，或者是商场设备的运营方需要对设备进行维护管理，以维持机组的正常运行，延长机组的使用寿命。

二、相关知识

1. 冷水机组运行前的检查与准备

（1）认真检查机组运行记录，了解与分析机组技术状况和故障停机原因，对于存在的故障应及时予以排除。若为长期停机后的首次开机，则应先进行调试。

（2）检查油箱中的油位是否符合要求。

（3）启动前，应接通压缩机曲轴箱油加热器对润滑油进行加热，在启动时保证油温为50～60 ℃。为了保证机组使用期间油箱中油温恒定，且不受主机开、停的影响，油箱中油加热器和油温控制器的电源必须从本机组以外的总开关箱专门接入一路。

（4）检查所有手动复位保护装置，如高压控制器、油压差控制器、冷冻水防冻结保护器、过载保护器等是否处于正常位置，并将冷冻水温度控制器调整到需要的工作条件（即

设计的回水温度)。

(5) 检查冷却水泵、冷冻水泵是否转动自如，旋转方向是否正确，有无不正常的振动，轴封是否漏水。同时，还需检查冷却水、冷冻水管道系统是否存在泄漏，水量是否充足，水质是否清洁干净。

(6) 检查制冷系统和水系统中所有阀门是否灵活，应无泄漏或卡死现象，各阀门的开、关位置应符合系统使用的要求。

(7) 打开机组上制冷压缩机的吸、排气阀。

完成上述检查与准备工作后，可按冷冻水泵、冷却水泵、冷却塔风机、制冷压缩机组的顺序逐个启动，使机组投入运行。

2. 冷水机组运行的操作规程

(1) 确认需投入运行的冷水机组已处于完好的准备状态，合上相应的电源开关。

(2) 启动空气处理设备（如新风机、组合式空调机组等）的风机，然后启动冷冻水泵，并调节水泵出口阀开启度和蒸发器供、回水阀的开启度（在名义工况下运行，冷冻水供、回水温差以 5 ℃为合适)。

(3) 待冷冻水泵启动后，使冷冻水循环建立，启动冷却水泵，并调节冷却水泵出口阀开启度和冷凝器进、出水阀的开启度。

(4) 冷却水泵启动后再启动冷却塔风机。一般情况下，冷却塔均安装在屋顶，通常可在机房通过电流表读数来判断其运行情况，但每一工作班至少应到冷却塔现场巡视一次，检查冷却塔喷水是否均匀、风机运行是否正常、浮球阀工作是否灵活等。

(5) 启动制冷压缩机，使其投入运行。

(6) 制冷压缩机启动时，应使油压差保持在 0.15～0.25 MPa。油压差是通过设在机体后轴承盖上的油压调节阀来调节的。调节时，应打开该调节阀盖，用旋具沿顺时针方向转动阀杆，使油压差上升；逆时针方向转动阀杆，使油压差下降。

(7) 当冷水机组运行基本稳定后，应检查制冷压缩机的吸气过热是否合适、冷冻水出口温度是否达到设定值。

制冷压缩机吸气过热度的大小是由热力膨胀阀来调节的，一般顺时针转动其调节阀杆，可使开启过热度上升；逆时针转动其调节阀杆，可使开启过热度下降。冷水机组在稳定工作情况下，开启过热度应为 5～7 ℃。

注意：机组上热力膨胀阀的整定值在出厂时就应随同机组一起调整好。在不需要改变制冷系统运行工况的情况下，不要随便调节热力膨胀阀的开启度。

3. 冷水机组的停机操作

冷水机组使用时的季节性和时间性均很强，表现为间歇式工作特点。因季节关系或定期维修而停止其制冷运行，属于长期停机，一般用手动操作；因机组发生故障，导致机组停止运行，属于故障停机。正常停机可由机组控制系统自动执行。

(1) 长期停机的手动操作如下：

①将制冷剂收入冷凝器或储液器中。

②停止压缩机的运转。对有卸载装置的制冷压缩机，应卸载后再停机。

③关闭压缩机的吸气阀和排气阀，然后拧紧阀上的密封盖。

④打开蒸发器壳体底部的排水阀。此外，在冬季还要将冷凝器管道内的水全部放出，以

防止冻裂传热管道。

（2）故障停机后的操作如下：

①若冷水机组出现不正常现象而发生故障，则会使自动保护装置动作，将电源切断而停机，此时伴有警报信号及相应的指示灯亮，应立即查明原因排除故障，重新启动运行。

②对于一时不易排除的故障，要求短时间停机实行紧急处理时应将“通—断”开关放在“断”挡上，使液体管道上的电磁阀闭合，以阻止制冷剂液体流入蒸发器中。

三、评价方法

将学生分成小组，一名同学扮演用户，一名同学扮演运营或者厂家的售后人员，从见面开始，模拟工作流程。再由两名同学进行情景表演，其他同学指出存在的问题及改正办法。最后由同学互评和老师评价，对学生的掌握情况进行打分。

综合评价				
主项目	序号	子项目	权重	评价分值（总分 100）
素质要求	1	纪律、出勤	0.1	
	2	工作态度、团队精神	0.1	
基本知识技能水平	3	基本知识	0.1	
	4	基本技能	0.1	
项目能力	5	设备维修能力	0.2	
	6	系统运行管理能力	0.2	
	7	项目报告质量	0.2	
教师评语	成绩：________　教师：________　日期：________			

子任务二　螺杆式冷水机组维护管理

一、工作情境描述

某商场空调系统采用螺杆式冷水机组作为系统的冷源，作为设备厂家的售后人员，或者是商场设备的运营方需要对设备进行维护管理，以维持机组的正常运行，延长机组的使用寿命。

二、相关知识

1. 开机前水泵开启检查

（1）检查机组面板显示的水温，冷冻水进水温度和冷冻水出水温度之差不超过 1 ℃。

（2）检查机组面板显示的水温，冷却水进水温度和冷却水出水温度之差不超过 1 ℃。

（3）检查机组面板显示的压力，蒸发压力、排气压力和油压三者之间两两之差的最大值不超过 20 kPa。

（4）检查机组面板显示的压力，蒸发压力超量程时不计。

（5）排气温度的测量方法：用红外测温仪测量排气管的温度。

（6）液相温度的测量方法：用红外测温仪测量液相管的温度。

2. 调试机组

1）机组开机运行的工况

冷冻水出水温度控制在 5～10 ℃，冷却水进水温度控制在 21～35 ℃，当机组运行在这个工况内且运行相对稳定时，开始测量机组。

核对电流测量的准确性，用钳形电流表测量机组的电流，当机组显示电流值和实测电流值之差大于 1.5 A 时，可以利用电流补偿参数对电流值进行校正，即用当前显示的电流值乘以要调整的补偿系数，最后机组显示的电流值要与实测电流值相等或接近。

例如：机组面板显示“压机电流”为 215.1 A，而用钳形电流表所测的机组实际电流值为 219 A，其差值为 3.9 A，大于规定的 1.5 A，则调整“系统 1 电流补偿”为 102%，此时面板显示“压机电流”为 219.4 A，满足要求。

2）100% 负荷的调节

当机组基本稳定在所要求的工况内时，测量蒸发压力、冷凝压力、排气温度和液相温度，计算机组的过冷度和排气过热度，判定机组的过冷度、排气过热度、蒸发压力、蒸发器小温差、排气温度，以及油位、蒸发器液位和水温差是否符合要求。机组冷媒充注量需严格控制在不超过标准充注量的 20%。

（1）过冷度的调节。

当过冷度偏小时，需检查并确保液路旁通电磁阀动作正确。在充注冷媒的同时需要判断机组的蒸发压力和排气过热度，当排气过热度低于 8 ℃时，不能继续充注冷媒。在调整过程中，蒸发压力和排气过热度的调节应相互结合进行。

当过冷度偏大时，首先判定蒸发压力有无达到机组正常值，以及液相角阀是否开到最大位置，如果角阀未全开，则应将液相角阀全开。

（2）蒸发器小温差的调节。

当蒸发器小温差偏大（大于 3 ℃）时，需检查并确保液路旁通电磁阀动作正确，并观察蒸发器液位是否满足要求，若液路旁通电磁阀开启时蒸发器液位还达不到要求，则需充注冷媒。

当蒸发器液位符合要求时，观察视镜内液体是否清晰，如气泡太多或者液体显乳白色，则表示蒸发器含油太多，需进行回油。

3）排气过热度的调节

排气过热度应控制在 6～10 ℃，当冷冻水和冷却水温差越大时，排气过热度越大，温差越小，排气过热度越小。排气过热度应在调节过冷度和蒸发压力的过程中调节，过冷度偏大，可能导致排气压力高，过热度较小；蒸发压力过低，则可能导致排气过热度较低。

4）油位的调整

（1）100% 负荷运行，当机组的油位低于压缩机油分上视镜的 1/3 时，需要补充油位至上视镜的 1/3～1/2，运行 30 min 观察油位不应有明显下降。

（2）若机组为首次开机，则需确认机组油加热器是否正常工作及其加热时间是否足够（增加时间一个时间范围），判断方法如下：用手触摸压缩机油槽视镜处，感知该处温度是否已经很热，或者观察压缩机油槽视镜内是否还有气泡产生，若有气泡产生，则需继续加热，若无则表示已足够。

（3）当 30 min 内出现油位下降以致机组“油位开关故障”停机时，需确认油位开关动作是否正常，即油位开关质量是否满足要求，方法如下：

当机组停机时，压缩机油槽视镜油位稳定在某一恒定位置，此时拆除油位开关短接线，观察油位开关是否故障报警，并比较该油位与油位开关报警设定油位，以确定该油位开关动作是否正常。

注：油位开关起跳点位于压缩机下视镜 1/2～3/4 处，如油位下视镜不满，则需尽快做回油处理，或补加新油（如油位低，则是漏油引起）。

（4）若油位开关合格，则需确认回油管路是否有堵塞，判断方法如下：

①用手感知从冷凝器筒体到压缩机回油口整个管路的温度是否均匀，若均匀则回油管没有堵塞；

②若在管路的干燥过滤器、三通、角阀等易沉积处有明显的较大温差，则为该处堵塞。

（5）若回油管路无堵塞，则需确认机组冷媒充注量是否过多，可以检查机组出厂记录，确认是否为配置表所对应的冷媒充注量。

（6）若冷媒量正常，则需确认液路旁通电磁阀动作是否正常，判断方法如下：

①在控制面板上手动控制液路旁通电磁阀开关，倾听电磁阀有无动作声音。

②在机组运行状态时，可以触摸电磁阀前后管路以感知其温度，当温度基本相同时为开启状态，当温度相差较大时则为关闭状态。

当判断以上各可能因素均不存在，而机组在自动运行下仍无法正常回油运转时，可通过手动控制液相角阀开度和机组负荷的方法来回油，具体操作步骤如下：

①开机前，保证机组油加热器预热 1 h 左右。

②保证压缩机油槽视镜达到 1/2 以上的油位，若低于 1/2，则需向压缩机油槽加油使得达到该值。

③短接油位开关。

④设置压缩机卸载电流比为 40% 左右，以保证机组不会加载到很高负荷。

⑤手动关闭液路旁通电磁阀。

⑥在保证机组蒸发压力不低于其报警值的情况下，尽量关闭液相角阀，以保证排气过热度达到 8 ℃以上。

⑦在保证排气过热度达到 8 ℃以上后，应尽量开大液相角阀，以提高蒸发压力。

⑧蒸发压力提高后，适当调高压缩机卸载电流比，增大负荷至面板显示电流比达到 70%~80%，以利于回油。

⑨在调节过程中，需通过综合考虑、密切观察排气过热度、蒸发压力来调整机组负荷，以保证机组不会出现任何故障报警停机。

⑩在该负荷下运行 1~2 h 后，观察压缩机油分视镜油位是否达到 1/3~2/3，若高于该值，则需从压缩机油槽角阀处放出一些油，以保证合适的油位。

⑪当机组运行时间大于 2 h 后，观察压缩机油分视镜油位稳定维持在 1/3~2/3 后，蒸发器视镜较清晰，则把负荷升至满载负荷，液相角阀开至最大，液路旁通电磁阀改为“自动控制”，使机组自动运行。

5）进、出水温差控制

当冷冻水的进出水温差小于 5 ℃时，需要减小水流量，并控制水温差在 5 ℃ ±0.5 ℃。

6）油引射器正常工作判定

机组达到满载运行后，用手触摸感知引射器的三根管子，以确定引射器是否正常工作。正常工作状态时：

（1）从冷凝器到引射器的管子温度会比较烫。

（2）从蒸发器到引射器的管子温度会比较冷，若无保温，则表面会有较多的冷凝水。

（3）从引射器到压缩机的管子温度会比较冷，有时会是温的，但温度比较偏向蒸发器引射管的温度。

7）上下载调节系统正常工作判定

（1）机组首次开机后，观察面板上加/卸载电磁阀的状态，用手握住加/卸载电磁阀线圈以感应其动作，其动作应与面板上的状态一一对应。

（2）在保证冷媒充注量为标准充注量并且机组各阀门开度正常时，机组首次开机后观察蒸发压力变化情况，蒸发压力不应迅速降低，甚至导致机组“蒸发压力过低”故障停机情况。

（3）机组运行到满载工况后，手动关机然后重新启动，观察机组蒸发压力不应迅速降低，甚至导致机组“蒸发压力过低”故障停机情况。

（4）观察机组面板压缩机状态，当压缩机出现“保持”状态时，观察压缩机电流应该保持稳定或者有较缓慢的变化趋势。

3. 过热度的计算

以 R134a 机组为例，测量排气温度为 46 ℃，排气压力为 840 kPa，查表 2－3－1 可知，此排气压力对应的排气饱和温度为 37.09 ℃，故有

$$排气过热度 = 46\ ℃ - 37.09\ ℃ = 8.91\ ℃ > 8\ ℃$$

符合表 2－3－2 的要求。

表 2－3－1　R134a 饱和压力（表压）和饱和温度关系对应表

表压力 p/kPa	饱和温度 t/℃	表压力 p/kPa	饱和温度 t/℃	表压力 p/kPa	饱和温度 t/℃	表压力 p/kPa	饱和温度 t/℃
50	－17.01	125	－6.961	200	0.743 3	275	7.083
55	－16.23	130	－6.39	205	1.202	280	7.47
60	－15.47	135	－5.828	210	1.654	285	7.853
65	－14.73	140	－5.276	215	2.101	290	8.232
80	－14	145	－4.733	220	2.543	295	8.607
75	－13.29	150	－4.198	225	2.979	300	8.979
80	－12.6	155	－3.671	230	3.41	305	9.348
85	－11.92	160	－3.152	235	3.837	310	9.713
90	－11.26	165	－2.641	240	4.258	315	10.07
95	－10.61	170	－2.137	245	4.675	320	10.43
100	－9.973	175	－1.641	250	5.087	325	10.79
105	－9.348	180	－1.151	255	5.495	330	11.14
110	－8.735	185	－0.667 9	260	5.898	335	11.49
115	－8.133	190	－0.191 3	265	6.297	340	11.83
120	－7.542	195	0.2791	270	6.692	345	12.18

续表

表压力 p/kPa	饱和温度 t/℃	表压力 p/kPa	饱和温度 t/℃	表压力 p/kPa	饱和温度 t/℃	表压力 p/kPa	饱和温度 t/℃
350	12.52	645	28.86	940	40.87	1 235	50.54
355	12.85	650	29.09	945	41.05	1 240	50.69
360	13.19	655	29.32	950	41.23	1 245	50.84
365	13.52	660	29.55	955	41.4	1 250	50.99
370	13.85	665	29.78	960	41.58	1 255	51.14
375	14.17	670	30.01	965	41.76	1 260	51.28
380	14.5	675	30.23	970	41.94	1 265	51.43
385	14.82	680	30.45	975	42.11	1 270	51.58
390	15.14	685	30.68	980	42.29	1 275	51.72
395	15.45	690	30.9	985	42.46	1 280	51.87
400	15.77	695	31.12	990	42.64	1 285	52.02
405	16.08	700	31.34	995	42.81	1 290	52.16
410	16.39	705	31.56	1 000	42.99	1 295	52.31
415	16.69	710	31.78	1 005	43.16	1 300	52.45
420	17	715	31.99	1 010	43.33	1 305	52.6
425	17.3	720	32.21	1 015	43.5	1 310	52.74
430	17.6	725	32.43	1 020	43.67	1 315	52.88
435	17.9	730	32.64	1 025	43.84	1 320	53.03
440	18.2	735	32.85	1 030	44.01	1 325	53.17
445	18.49	740	33.06	1 035	44.18	1 330	53.31
450	18.78	745	33.28	1 040	44.35	1 335	53.45
455	19.07	750	33.49	1 045	44.52	1 340	53.6
460	19.36	755	33.7	1 050	44.69	1 345	53.74
465	19.64	760	33.9	1 055	44.85	1 350	53.88
470	19.93	765	34.11	1 060	45.02	1 355	54.02
475	20.21	770	34.32	1 065	45.19	1 360	54.16
480	20.49	775	34.52	1 070	45.35	1 365	54.3
485	20.77	780	34.73	1 075	45.52	1 370	54.44
490	21.05	785	34.93	1 080	45.68	1 375	54.58
495	21.32	790	35.14	1 085	45.85	1 380	54.72
500	21.59	795	35.34	1 090	46.01	1 385	54.85
505	21.87	800	35.54	1 095	46.17	1 390	54.99
510	22.14	805	35.74	1 100	46.33	1 395	55.13
515	22.4	810	35.94	1 105	46.5	1 400	55.27
520	22.67	815	36.14	1 110	46.66	1 405	55.4
525	22.94	820	36.34	1 115	46.82	1 410	55.54
530	23.2	825	36.53	1 120	46.98	1 415	55.68
535	23.46	830	36.73	1 125	47.14	1 420	55.81
540	23.72	835	36.93	1 130	47.3	1 425	55.95
545	23.98	840	37.12	1 135	47.46	1 430	56.08
550	24.24	845	37.31	1 140	47.62	1 435	56.22
555	24.49	850	37.51	1 145	47.77	1 440	56.35
560	24.75	855	37.7	1 150	47.93	1 445	56.49
565	25	860	37.89	1 155	48.09	1 450	56.62
570	25.25	865	38.08	1 160	48.25	1 455	56.76
575	25.5	870	38.27	1 165	48.4	1 460	56.89
580	25.75	875	38.46	1 170	48.56	1 465	57.02
585	26	880	38.65	1 175	48.71	1 470	57.16
590	26.24	885	38.84	1 180	48.87	1 475	57.29
595	26.49	890	39.03	1 185	49.02	1 480	57.42
600	26.73	895	39.22	1 190	49.18	1 485	57.55
605	26.97	900	39.4	1 195	49.33	1 490	57.68
610	27.21	905	39.59	1 200	49.48	1 495	57.81
615	27.45	910	39.77	1 205	49.63	1 500	57.95
620	27.69	915	39.96	1 210	49.79	1 505	58.08
625	27.93	920	40.14	1 215	49.94	1 510	58.21
630	28.16	925	40.32	1 220	50.09	1 515	58.34
635	28.4	930	40.5	1 225	50.24	1 520	58.47
640	28.63	935	40.69	1 230	50.39	1 525	58.6

4. 过冷度的计算

以 R134a 的机组为例，运行 100% 工况时测量液相温度等于 33 ℃，冷凝压力等于 830 kPa（冷凝压力可按排气压力 –20 kPa 估算，必要时接机械式压力表读取），查表 2–3–1 可知，此冷凝压力对应的冷凝饱和温度为 36.73 ℃，则

$$过冷度 = 36.73 - 33 = 3.73\ ℃$$

符合表 2–3–2 的要求。

表 2–3–2　客户现场机组调试合格判定

负荷/%	冷冻水出水温度/℃	冷却水进水温度/℃	蒸发压力/kPa	蒸发器小温度/℃	冷冻水温差/℃	排气过热度/℃	过冷度/℃	压缩机油分视镜油位
100	7±2	30±2	240~260	<3	5±1	8~12	>2	>1/3
50			245~265	<2	2.5±1	9~15	>3	>1/4

5. 机组调试完毕

（1）紧固所有的阀帽。

（2）对机组再次进行检漏。

（3）对设置的参数再次进行确认，保证正确无误。

（4）退出控制中心的操作界面至主界面。

（5）对用户等相关人员进行现场操作培训。

（6）填写表 2–3–3 中所有的参数并且反馈给工厂相关人员。

表 2–3–3　客户现场机组调试记录表

日期			
项目名称			
机组型号			
机组系列号			
压缩机序列号			
记录人及联系电话			
机组运行参数			
机组状态	100% 负荷		实际测量值
	冷媒充注量	kg	
吸气状态	蒸发压力	kPa	
	蒸发饱和温度	℃	
	蒸发器小温差	℃	
排气状态	排气压力	kPa	
	排气温度	℃	
	排气饱和温度	℃	
	排气过热度	℃	

续表

机组运行参数			
冷凝器	冷凝压力	kPa	
	冷凝器出口液体温度	℃	
	过冷度	℃	
蒸发器	蒸发器液位	/	○
润滑油	压缩机油分油位	/	○
	压缩机油槽油位	/	○
压缩机	三相电压	V	
	三相电流	A	
	电机绝缘（相－相及相－地）	MΩ	
冷冻水	蒸发器进、出口压降	kPa	
	冷冻水进水温度	℃	
	冷冻水出水温度	℃	
冷却水	冷凝器进、出口压降	kPa	
	冷却水进水温度	℃	
	冷却水出水温度	℃	
记录时间			

子任务三　离心式冷水机组维护管理

一、工作情境描述

某商场空调系统采用离心式冷水机组作为系统的冷源，作为设备厂家的售后人员，或者是商场设备的运营方需要对设备进行维护管理，以维持机组的正常运行，延长机组的使用寿命。

二、相关知识

离心式冷水机组的运行管理是指离心式冷水机组的运行操作、维护修理、更新改造及报废处理全过程的管理。

1. 离心式冷水机组运行管理的内容和要求

1）离心式冷水机组管理的内容

（1）机组的选型、购置。

（2）机组的使用、维护和保养。

（3）机组的检修计划。

（4）机组的事故处理预案。

（5）机组的技术改造、更新和报废处理。

（6）机组技术资料的管理。

2）离心式冷水机组管理的要求

（1）编制各类计划和规划，主要包括制冷机组大、中、小检修计划，备品、备件及材料的外购计划，机组的改造或更新计划，员工制冷知识和操作技能培训计划及实施方法。

（2）制定科学、系统的管理制度，如操作规程、定期检查维护保养制度、交接班制度等。

（3）建立机组卡片和技术档案。

（4）制定合理的水、电等消耗定额。

2. 离心式压缩机启动前的准备工作

离心式制冷压缩机启动前的准备工作主要有以下几项：

（1）查看上一班组的运行记录，故障排除、检修情况，以及留言注意事项。

（2）检查机组电源电压，确认电压符合主机铭牌上的规定值。

（3）检查制冷压缩机的蒸发压力、冷凝压力及压缩机的油面。

（4）检查压缩机油槽内的油温，应保持在 55～65 ℃，如油温过低，则应检查油加热系统，首次送电应保持油加热 24 h。

（5）检查冷冻水、冷却水的压力及冷冻水泵和冷却水泵。

（6）启动冷冻水泵、冷却水泵，调整其压力和流量。

（7）检查电脑中央处理器中显示的各项参数是否正确。

3. 离心式压缩机开机与停机的操作

1）离心式压缩机开机操作

离心式压缩机开机时，其主要程序如下：

（1）检查启动前准备工作无误。

（2）按下启动按钮，观察油泵运转情况及油面、油压。

（3）启动后注意电流表指针的摆动，监听机器有无异常响声，检查运转后的油面、油压是否正常。

（4）当电流稳定后，检查导叶开启动作情况及负荷变化。

（5）调节冷却水流量，保持冷凝压力、冷却水温度在规定范围内。

（6）启动完毕，机组进入正常运行状态。

（7）运行人员须记录开机时的运行参数并进行定期巡视，做好运行记录。

其巡视的内容主要是：制冷压缩机运行中的油压、油温、轴承温度、油面高度；冷凝器进、出水温度和冷冻水进、出水温度；压缩机、冷却水泵、冷冻水泵运行时电动机的运行电流；冷却水、冷冻水的流量；压缩机吸、排气压力值；整个制冷机组运行时的声响、振动等情况。

开机操作程序如下（开机至运行）：

开启冷却水泵$\xrightarrow{\text{确认}}$开启冷却水塔$\xrightarrow{\text{确认}}$开启冷冻水泵$\xrightarrow{\text{确认}}$开启冷冻机组。

注：程序中开启冷却水塔是指开启水路阀门和冷却塔风扇。

2）离心式压缩机停机操作

离心式压缩机停机操作分为正常停机和事故停机两种情况。

(1) 正常停机。

①正常停机的方式。

机组在正常运行过程中，因为定期运行或其他非故障的主动方式停机，称为机组正常停机。正常停机一般采用手动方式，机组的正常停机基本上是正常启动的逆过程。

②正常停机的程序（关机至运行停止）。

按下操作盘上的停止按钮，关闭冷冻机组$\xrightarrow{\text{确认}}$冷冻水泵运行 15 min 后关闭冷冻水泵$\xrightarrow{\text{确认}}$关闭冷却水塔风扇$\xrightarrow{\text{确认}}$关闭冷却水泵，完成关机程序。

③机组正常停机过程中应注意的问题。

a. 停机后油槽油温应继续保持在 50～60 ℃，以防止制冷剂大量溶入冷冻润滑油中。

b. 压缩机停止运转后，冷冻水泵应继续运行一段时间（15 min），保持蒸发器中制冷剂的温度在 2 ℃以上，防止冷冻水产生冻结。

c. 在停机过程中要注意压缩机有无反转现象，以免造成事故。因此，压缩机停机前在保证安全的前提下，应尽可能使导叶角度关小，以降低压缩机出口压力。

d. 停机后，仍保持主机供油、回油的管路畅通，油路系统中的阀门不得关闭。

e. 停机后，除油加热电源和控制电源外，机组主电源应切断，以保证停机安全。

f. 检查蒸发压力和冷凝压力。

g. 确认导叶处于完全关闭状态。

(2) 事故停机。

事故停机分为故障停机和紧急停机两种情况。遇到因制冷系统发生故障而采取的停机称为故障停机；遇到系统中突然发生冷却水中断或冷冻水中断、突然停电及发生火警采取的停机称为紧急停机。在操作运行规程中，应明确规定发生故障停机、紧急停机的程序及停机后的善后工作程序，尽快查明原因，分析故障，总结维修方案，实施维修。

4. 离心式压缩机运行的正常操作参数

离心式压缩机运行的正常操作参数及其冷水机组运行记录分别见表 2－3－4 和表 2－3－5。

表 2－3－4　离心式压缩机运行的正常操作参数

操作参数	正常值	操作参数	正常值
油槽油位	油槽视镜水平中线	冷凝压力（表压）	因机组所用制冷剂不同而异
油槽油温	55～65 ℃	冷冻水出水温度	(7 ±0.3)℃
轴承供油温度	35～50 ℃	冷却水进水温度	(32 ±0.3)℃
轴承温度	小于等于 70 ℃	冷凝器与回收冷凝器压差	0.013 7～0.02 7 MPa
机壳顶部轴承部位振动	小于等于 0.03 mm	主电动机电流	因机组的不同容量而异
轴承供油压力	0.1～0.2 MPa	压缩机进口导叶开度	100%
主电动机轴承部位振动	小于等于 0.03 mm	蒸发器中制冷剂液位	视镜水平中线

表2-3-5　离心式冷水机组运行记录表

年　　月　　日

项目	标准	时间												备注
		7：30	8：30	9：30	10：30	11：30	12：30	13：30	14：30	15：30	16：30	17：30	18：30	
冷冻出水温度/℃	7													
冷却回水温度/℃	12													
冷却出水温度/℃	37													
冷冻回水温度/℃	32													
蒸发器压力/MPa	250													
冷凝器压力/MPa	1 200													
蒸发饱和温度/℃	6													
冷凝饱和温度/℃	13													
排气温度/℃	80													
电压/V	380×（1±10%）													
电流/A	700													
油温/℃	55													
油压/MPa	210													
电流百分比/%	%													
运转时间	小时													
轴承间隙/μm	-17±4													
冷冻水泵		启动泵号				启泵时间				停泵时间				
回水压力/MPa	0.8													
供水压力/MPa	0.9													
电压/V	380×（1±10%）													
电流/A	130													
冷却水泵		启动泵号				启泵时间				停泵时间				
回水压力/MPa	0.75													
供水压力/MPa	0.9													
电压/V	380×（1±10%）													
电流/A	140													
冷塔风扇运行数量														
备注：本运行记录应清晰、完整，无乱涂乱划现象，运行值班人员应认真、准确记录设备的运行参数，发现异常情况应及时向上级主管汇报并做好交接记录。														

白班值班员：　　　　　　　　　　夜班值班员：　　　　　　　　　　专业主管：

5. 离心式压缩机正常运行标志

离心式压缩机正常运行标志如下：

（1）压缩机吸气温度应比蒸发温度高1~2 ℃或2~3 ℃。蒸发温度通常为0~10 ℃，一般机组多控制在0~5 ℃。

（2）压缩机排气温度一般不超过60~70 ℃。

（3）油温应控制在43 ℃以上，油压差为0.15~0.2 MPa。

（4）冷却水通过冷凝器时的压力降低0.06~0.07 MPa，冷冻水通过蒸发器时的压力降低0.05~0.06 MPa。

（5）冷凝器下部液体制冷剂的温度应比冷凝压力对应的饱和温度低2 ℃左右。

（6）从电动机制冷剂冷却管道上的含水量指示器上，应能看到制冷剂液体的流动及干燥情况在合格范围内。

（7）机组的冷凝温度比冷却水出水温度高2~4 ℃，冷凝温度一般控制在40 ℃左右，冷凝器进水温度要求在32 ℃以下。

（8）机组的蒸发温度比冷冻水出水温度低2~4 ℃，冷冻水出水温度一般为5~7 ℃。

（9）控制柜上电流表的读数小于或等于规定的额定电流值。

（10）机组运行声音均匀、平稳，听不到喘振现象或其他异常声响。

6. 离心式冷水机组的维护保养

作为空调系统运行管理中的一个重要环节，就是要重视与强化机组的维护和保养，以保证机组的正常运行，提高使用寿命，并使机组各部分工作协调一致。

要保证冷水机组维护保养的质量，应做好以下几方面的工作。

1）停机前的检查、维护和保养

停机是指冬季长时间停止运行，此前应检查当年机组运行中所出现的问题，为下一年开机前的检修提供依据和物质、技术准备，维护好机组，使其在停机期间不受损坏，并解决有关问题。

（1）根据运行情况填写机组当年运行状况汇总表（见表2-3-6），以机组维修人员为主，运行人员配合如实填写该表，并对照以往情况提出综合处理意见，该表是当年和来年修理的主要依据。

表2-3-6　机组当年运行状况汇总表

机号　　　年　　　　　　　　　　　　　　　　　　　运行第　　年

项目	状况	备注	综合处理意见
设备名称			
当年运行时间			
累计运行时间			
当年启动次数			
当年加油量			
机组振动情况			

续表

项目	状况	备注	综合处理意见
机组异响情况			
机组泄漏情况			
导叶机构动作情况			
浮球动作情况			
制冷效果（进出水温差）			
电动机冷却情况（表面温度）			
设备主管：	运行人员：	检查人：	年 月 日

（2）停机后的维护保养工作按表2－3－7所列程序进行。

表2－3－7 停机后的维护保养程序

序号	项目	注意事项	标准
1	放水		
2	回收制冷剂		
3	放油		
4	拆机检查		
5	确定当年维护保养项目		
6	维修		
7	清洗油路系统		
8	清洗制冷剂冷却系统		
9	清洗水路系统		
10	机组做气密性试验		
11	氮气正压、保压		
12	机组抽真空、加制冷剂		

2）开机前的准备

开机前是指机组在较长时间停机（主要指冬季）并按要求做了停机保养工作后又重新开机之前。开机要注意以下几点：

（1）上一年的维修保养项目是否完成。

（2）检查本年度的维修项目是否完成。

（3）耐压试验、低压失电保护装置试验是否完成。

7. 离心式冷水机组辅助设备的运行管理

1）风机的运行管理

风机是中央空调送风系统中最为关键的流体输送机械，风机运行平稳与否直接影响中央

空调的整体性能。

(1）运行检查与维护。

运行检查内容主要有包括电动机温升情况、轴承温升情况（不能超过 60 ℃)、轴承润滑情况、噪声情况、振动情况、转速情况及软接头完好情况。

(2）风机停机检查。

风机停机可分为正常停机和季节性停机，维护保养应做好以下几个方面的工作。

①传动带松紧度检查（一个月检查一次)。

②各连接螺栓、螺母紧固情况检查。

③减震装置受力情况检查。

④轴承润滑情况检查。

(3）风机的检修。

①风机传动带磨损过快的检修。

②轴承磨损过快的检修。

③键槽的修复。

④轴流风机叶片碰壳的检修。

⑤做好风机检修保养记录。

2）水泵的运行管理

(1）水泵的启动。

①水泵轴承的润滑油要充足，润滑情况良好。

②检查水泵及电动机的地脚螺栓是否完好。

③将水泵注满水，从手动放气阀放出空气。

④检查各部件是否正常。

⑤检查电压是否正常。

⑥启动水泵，检查旋转方向是否正确、转动是否灵活。

(2）水泵运行检查。

①不能有过高的温升，无异味产生。

②轴承温度不得超过周围环境温度 35~40 ℃，轴承的极限温度不得超过 70 ℃。

③轴封处、管接头处不能有漏水现象。

④无异常噪声和振动。

⑤地脚螺栓和其他连接螺栓无松动。

⑥减震装置受力应均匀。

⑦电流在正常范围内。

⑧压力表指示正常且稳定，无剧烈抖动。

⑨做好水泵运行记录。

(3）水泵维护保养。

①水泵填料漏水维修。

②水泵磨损维修。

③叶轮与密封环的检修。

④轴承的检修。

⑤做好水泵维护保养记录。

3）冷却塔的运行管理

（1）冷却塔使用前的检查工作。

①检查所有连接螺栓的螺母是否有松动，特别是风机系统。

②开启水泵排水阀门，清扫下塔体积水盘内的泥尘、污物等杂物。

③检查布水器是否正常。

④检查风机叶片是否转动灵活。

⑤开启手动补水阀和自动补水阀，给冷却塔注水。

⑥检查集水盘是否漏水。

⑦启动时，应点动风机，检查风机旋转方向。

⑧检查电动机是否正常。

（2）冷却塔的运行。

①检查水泵阀门是否开启。

②间歇开动水泵，使循环管道内空气完全排出，然后启动风机。

③操作时，应先启动风机再开水泵；停机时，必须先停水泵再停风机。

④风机正常运转后，电流应在正常范围内。

⑤调校水流量至水塔运行的水量。

⑥做好冷却塔运行记录。

（3）维护和保养。

①冷却塔喷淋头（喷嘴）的检修和保养。

②冷却塔风机叶轮、叶片的检修和保养。

③冷却塔填料的清洗和保养。

④做好冷却塔维修和保养记录。

8. 离心式冷水机组故障处理的基本程序

中央空调制冷机组在中央空调系统运行时担负着提供冷量的重任，作为运行管理人员，除了要正确操作、认真维护和保养外，应能及时发现与排除常见的一些问题和故障，并对保证中央空调系统不中断正常运行、减小因故障造成的损失负有重要责任。

离心式冷水机组故障处理的基本程序如图 2－3－1 所示。

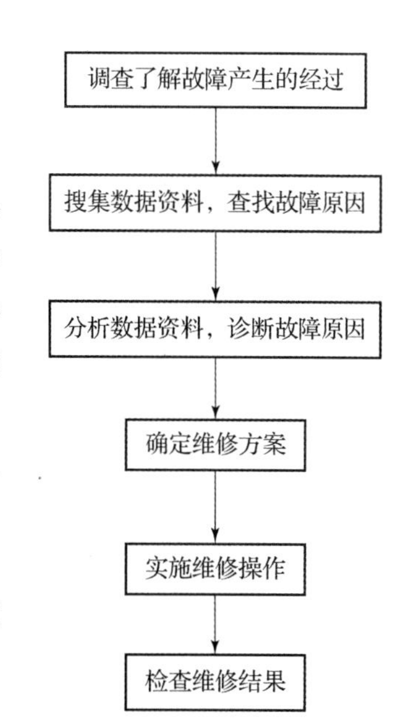

图 2－3－1 离心式冷水机组故障处理的基本程序

对冷水机组故障的处理必须严格遵循科学的程序办事，切忌在情况不清、故障不明、心中无数时就盲目行动、随意拆卸，否则往往会使已有的故障扩大化，或引起新的故障，甚至对冷水机组造成严重损害。

1）调查了解故障产生的经过

（1）认真进行现场考察，了解故障发生时冷水机组各

部位的工作情况、发生故障的部位、危害的严重程度。

（2）认真听取现场操作人员介绍故障发生的经过及所采取的紧急措施，必要时应对虽有故障，但还可以在短时间内运转不会使故障进一步恶化的冷水机组或辅助装置亲自启动操作，为正确分析故障原因提供准确的感性认识依据。

（3）检查冷水机组运行记录表，特别要重视记录表中不同常态的运行数据和发生过的问题，以及更换和修理过的零件的运转时间和可靠性；了解因任何原因引起的安全保护停机等情况，与发生直接有关的情况尤其不能忽视。

（4）向有关人员提出询问，寻求其对故障的认识和看法，演示自己的操作方法。

2）搜集数据资料，查找故障原因

（1）详细阅读冷水机组《使用操作手册》是了解冷水机组各种数据的一个重要来源。

（2）对机组进行故障检查应按照电系统（包括动力和控制系统）、水系统（包括冷却水和冷冻水系统）、油系统、制冷系统（包括压缩机、冷凝器、节流阀、蒸发器及管道）依次进行，要注意查找引起故障的复合因素，保证稳、准、快地排除故障。

3）分析数据资料，诊断故障原因

（1）结合制冷循环基本理论，对所收集的数据和资料进行分析，把制冷循环正常状况的各种数据作为对所采集的数据进行比较分析的重要依据。

（2）运用实际工作经验进行数据和资料的分析。

（3）根据冷水机组技术故障的逻辑关系进行数据和资料分析。

4）确定维修方案

（1）从可行性角度考虑维修方案。

（2）从可靠性角度考虑维修方案。

（3）选用对周围环境干扰和影响最小的研究方案。

（4）在认真分析各方面的条件后，找出符合现场实际情况的维修方案。

5）实施维修操作

6）检查维修结果

9. 离心式冷水机组的运行记录和交接班制度

离心式冷水机组运行记录记载着每个班组操作管理的基本情况，它是对机组进行经济考核和技术分析的主要依据。因此，要求运行人员记录填写要及时、准确、清楚，并按月汇总装订，作为技术档案妥善保管。

运行记录的主要内容包括：开机时间、停机时间及工作参数，每班组的水、电、气和制冷剂的消耗情况，各班组对运行情况的说明和建议以及交接班记录。

操作人员应严格遵守交接班管理制度，交接班工作的主要内容如下：

（1）清楚当班工作任务、机组运行情况和客户部门的要求。

（2）检查运行操作记录是否完整、清楚。

（3）检查有关工具、用品是否齐全。

（4）检查工作环境和机组是否清洁，周围有无杂物。

交接班中间发现的问题应在当班处理，交班人员在接班人员协同下处理完毕后再离开。

子任务四　风冷冷水机组维护管理

一、工作情境

某商场空调系统为全空气系统，采用组合式空调机组对空气进行集中处理，向各个区域送风，空气处理机组同其他任何机械设备一样，需要定期维护和保养，你作为设备厂家的售后人员，或者是商场设备的运营方需要对设备进行维护管理，以维持机组的正常运行，延长机组的使用寿命。

警告：维护前必须切断机组电源，停止部件的运转，否则会因触电或接触到运转部件发生人身伤害或死亡。

二、相关知识

1. 机组的启动

机组的初次启动，必须经授权且具有调试该类型机组资格证的制冷技师完成。调试时，应将所涉及的温度、压力、电气参数及控制设置值记录在调试报告中，并将该报告的复印件传真到设备厂家，以便担保生效。在保修期内，假如机组需要维修的话，需提前复制一份记录给设备厂家。

机组启动时，应按照以下步骤进行准备和开启。

1）水路检查

检查水系统，确保管道中不会有沙砾、石子、生锈的铁屑及焊渣等杂物，确保流经换热器的水管路循环已经安装、检测完毕，并确认水过滤器中有过滤网，保证≥0.5 mm 直径的杂物不能进入换热器。

2）检查接线

在开启压缩机之前，检查所有供电的三相电源和电动机的接线连接是否正确，电压要在规定范围之内。

3）水流开关

电气线路已经接好，并且已安装水流开关等保护装置，同时检测水流开关是否正常。

4）水泵检测

打开冷冻水泵，检查水泵电动机的转向，并校正通过蒸发器的水流量，使之达到指定的流速并排出水系统内的空气。

5）水路清洗

关闭机组进、出水管上的截止阀，打开旁通阀，注水冲洗水系统管道，此时要确保旁通机组。

6）系统检漏

机组经过了检漏测试并且合格，氟利昂充注合格。

7）润滑油预加热

压缩机油槽加热器已经通电足够时间，并将油温提到规定的数值。

8）风机检测

手动启动风扇电动机，检查风扇电动机的转向。风扇的转动应使空气水平流经冷凝器盘管之后向上垂直排出。

9）开启压缩机

以上所有步骤检测一切正常时，可以开启压缩机。

10）压力检测

压缩机开启之后，观察压力表的值是否在所规定的范围内。

11）系统调试

开启压缩机运行 1 h 之后，检查热力膨胀阀过热度的设置。在满负荷运行下，过热度应该是 4 ~ 8 ℃。在某些情况下，为了确保正确的调节配置，可以减少过热度。顺时针旋转调节螺钉可以提高过热度，逆时针旋转调节螺钉可以减少过热度。每一次调整之后，需为系统再次达到平衡留有足够的时间。

注：出厂时，膨胀阀开度已调整好，不建议用户调整。

12）参数设定检查

检查电控部分的设置。如果需要，可以依据线路图所示改变设置。安全控制已由厂方设置完成，用户不得更改。

13）水温检测

监测循环水进、出水的温度，确保机组在所设定的温度下正常运行。

2. 停机（夜间或者周末）

无论压缩机是否正在运行，当关闭机组时需要先关闭每个压缩机，然后才可以关闭水泵。

机组关机后，不要断开机组和水系统各设备的电源，如果环境温度过低，机组将自动启动防冻保护，以防止水系统发生冻结，保护机组的安全。同时不断开设备电源还可以保证压缩机油加热器处于通电状态，以减小下次机组启动时需要的预热时间。

3. 季节性停机步骤

（1）先关闭每个压缩机，然后关闭水泵。机组关机后，保持机组和水系统各设备的电源，以防止水系统发生冻结，保护机组的安全，同时还可以保证压缩机油加热器处于通电状态，以减小下次机组启动时需要的预热时间。

（2）在关机期间，如果环境温度不会达到 0 ℃以下，则冷冻水可以留在水系统之中。机组关机后不要断开机组和水系统各设备的电源，因为水温过低时机组将自动启动防冻保护，以防止水系统发生冻结，保护机组的安全。如果环境温度可能会低于 0 ℃，则需将水系统中所有的水排放干净，以免水系统的管路和换热器被冻裂，必要时用高压空气将水吹干净，否则担保将被取消。

注意：如不把蒸发器的水排干净，当外界环境温度降低到 0 ℃以下时蒸发器就会被冻结涨破。

（3）如果水系统采用乙二醇溶液或盐溶液作为载冷剂，在环境温度不是太低的情况下，可以避免冬季环境时水系统发生冻结。但若冬季环境温度过低，且低于载冷剂温度的凝固点，则同样有发生冻结的可能，此时需要将载冷剂排出并收集起来。不同的载冷剂浓度对应

不同的凝固点温度，如有问题可咨询设备厂家技术人员。

（4）建议对每台压缩机和附件都要取油样做实验室分析。在每次季节性关机之后要对润滑油进行一次油分析，而对全年运行的机组来讲，每六个月也要对润滑油进行一次油分析。

4. 季节性开机步骤

（1）检查风扇驱动装置，看是否有磨损、生锈现象，是否需要清洗扇叶等。检查是否有需要维修或校正的地方。通常用高级 EP 滚珠轴承油来润滑轴承。

（2）检查及清洗冷凝器翅片。要用温肥皂水清洗，并修复弯倒的翅片。

（3）检查线路的连接情况，查看各个接点是否连接牢固。

（4）在启动前至少让压缩机加热器通电 24 h，以便压缩机能够正常启动。

（5）检查水系统是否正常，并打开水泵校正到制定的流量。若用户水系统采用乙二醇溶液，则要调整其浓度达到预期值。

（6）开机。

三、任务反思

风冷机组项目“出警率”最高的时刻，一般是冬季低温时刻，此时是用户用热最多的时刻，也是机组最容易出现故障的时刻，思考一下这是为什么？另外一个比较频繁的时刻正好与之相对，就是最热时刻，用户用冷最急切时，其压力也是比较大的，这又是为什么呢？

子任务五　组合式空气处理机组维护管理

一、工作情境

某商场空调系统为全空气系统，采用组合式空调机组对空气进行集中处理，向各个区域送风，空气处理机组同其他任何机械设备一样，需要定期进行维护和保养，你作为设备厂家的售后人员，或者是商场设备的运营方需要对设备进行维护管理，以维持机组的正常运行，延长机组的使用寿命。

警告：维护前必须切断机组电源，停止部件的运转，否则会因触电或接触到运转部件发生人身伤害或死亡。

二、相关知识

1. 风机传动系统

风机运行时，要经常注意风机传动系统运行状况是否良好，定期检查皮带、带轮及轴承状况。

1）皮带

皮带为易损件，质保期为 3 个月。

建议定期检查皮带磨损情况，必要时需及时进行更换。

2）皮带轮校正

风机带轮和电机带轮应置于同一平面上，否则将引起过多的能量损耗并缩短皮带的使用

寿命。每次调整皮带之后都应检查两带轮的位置是否正确。

如图 2-3-2 所示，用一直边放在两带轮的外垂直面上，校正时必须使两带轮的外侧面与直边从 A 到 D 点完全接触。若不完全接触，可旋松带轮的固定螺钉，沿其轴向滑动进行调整，然后用合适的力拧紧带轮固定螺钉。

3）皮带初张紧力调整

皮带的张紧程度对其传递动力、减小皮带磨损、降低噪声和延长部件寿命都极为重要，为了使皮带的张紧适度，应有一定的初张紧力。皮带初张紧力是在皮带与带轮的两切点中心加一垂直载荷 W_d，使其每 100 mm 带长产生 1.6 mm 的挠度，如图 2-3-3 所示。

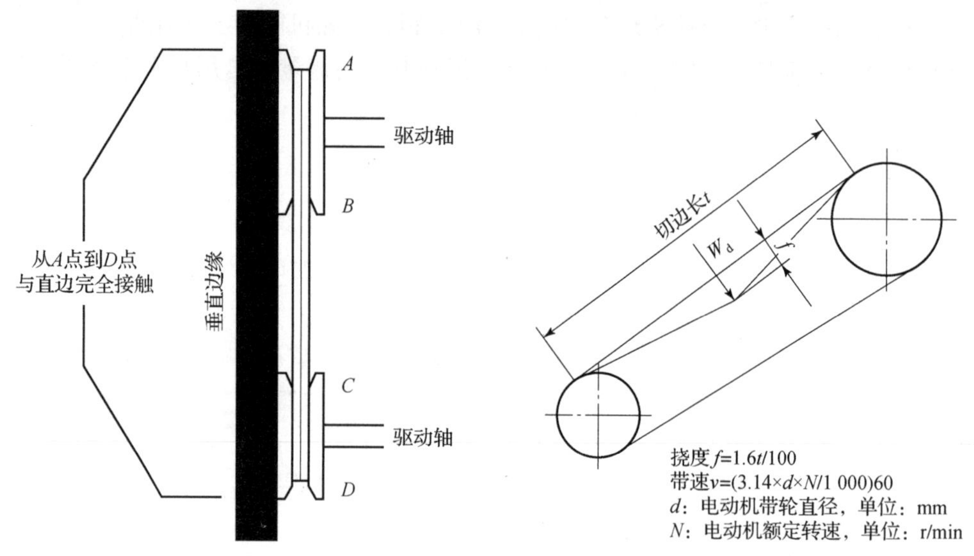

图 2-3-2　皮带轮校正示意图　　　图 2-3-3　皮带张紧示意图

用户应至少每 3 个月检查一次皮带的张紧程度并视情况按以下步骤做必要的调整：

（1）旋松电动机的 4 个固定螺栓，拧紧/旋松调节螺栓来移动电机。

（2）将皮带张力测量仪的标尺顶部压在皮带的切边中心且垂直于切边方向，施加一合适的力量使皮带产生的挠度等于标准挠度，观察测量仪的数值是否达到标准载荷（可查皮带张紧力载荷 W_d 对照表，见表 2-3-8）。如果没有达到，则重新调整皮带张紧，重复以上步骤，直到达到要求为止。

表 2-3-8　皮带张紧力载荷 W_d 对照表

带型	电动机带轮直径 d/mm	带速 v/(m·s⁻¹)		
		0~10	10~20	20~30
SPZ	67~95	9.5~14	8~13	6.5~11
	>95	14~21	13~19	11~18
SPA	100~140	18~26	15~21	12~18
	>140	26~38	21~32	18~27
SPB	160~265	30~45	26~40	22~34
	>265	38~45	40~52	34~47

续表

带型	电动机带轮直径 d/mm	带速 v/(m·s^{-1})		
		0～10	10～20	20～30
SPC	224～355	85～115	85～115	85～115
	>355	115～150	115～150	115～150

（3）用合适的力量重新拧紧电机固定螺栓。

注意：

①皮带和带轮调整后应同时满足直线性要求和张紧度要求。

②新皮带首次安全运行累计达到 24 h 后，必须检查皮带的张紧情况并做适当调整。如不调整或调整不当，将大大缩短皮带的使用寿命，严重者会造成皮带断裂。

③皮带更换时应关闭机组，切断机组电源。

更换时注意：使用正确的皮带型号，新、旧皮带不要混用，不同织物的皮带不要混用，更换时不要用撬、挤压等方法来安装皮带。

④皮带应存储在凉爽、干燥的地方，避免日晒。

4）轴承润滑

机组在运行一段时间后，应至少每 3～6 个月检查风机及电机轴承是否有足够的润滑油。

注油：机组处在一般干净和干燥的环境中，风机、电机应根据厂方要求或大约每年注油一次；若机组运行在恶劣工况下，每年可注油 2～3 次。尤其要注意，在准备长期存放或停止运行要清洁轴承前一定要注油，以防止水气进入轴承。

注油应在空气处理机不运转时进行，要用加油手枪使油进入轴承，直到密封面处出现油滴为止。油脂必须是锂碱基憎水型物质。

5）传动系统紧固件

机组在运行一段时间后，建议至少 6 个月检查包括风机、电机带轮紧固螺钉和风机固定螺栓，电机、电机底座固定螺栓，减震器固定螺栓是否松动，若松动则应重新固定。

2. 空气过滤器的清洗/更换

机组运行一段时间后，空气过滤器会变得脏堵，阻力增大，这将导致空气处理能力下降，此时需要清洗或更换过滤器。

（1）在下列情况下，应清洗或更换过滤器。

①机组运行达 3 个月后（周期取决于空气质量）。

②过滤段安装有阻力监测装置，当过滤器的阻力达到建议终阻力时。

过滤器效率规格的建议终阻力如下：

G3（初效）：100～200 Pa；

G4（初效）：150～250 Pa；

F5，F6（中效）：250～300 Pa；

F7，F8（高中效）：300～400 Pa；

F9～H11（亚高效）：400～450 Pa。

（2）过滤器的清洗。将过滤器浸在适度的肥皂溶液或清洗溶液中，轻轻揉搓，然后再用清水洗净晾干，清洗后如有破损，需修补或更换。

注意：

①初效的无纺布过滤器可清洗1～2次，金属孔网过滤器可反复清洗。

②中效及以上过滤器不建议清洗，当阻力达到设计所不允许的程度时，需要更换过滤单元。

③为避免维护过滤器而使机组运行受影响，建议另外采购一套过滤器做替换使用。

3. 表冷器、加热器的清洗更换

表冷器、加热器应定期清洗或吹扫翅片，如果积灰特别严重，说明应更频繁地清洗或更换过滤器。

4. 表冷器、加热器的保养

表冷器、加热器工作2～3年后应全面保养，若水侧结垢严重，以致影响换热效果，建议进行化学清洗。

5. 机组停电处理

如遇机组突然停电，则应立即关闭冷、热媒管路，以免箱体里温度异常使机组零部件受到损伤。

6. 冬季机组停机处理

冬季机组停止运行后，应及时排空盘管内冷冻水，以免盘管冻裂。

7. 冷凝水盘及排水管检查

定期检查冷凝水盘及排水管，除去淤泥和异物，保证冷凝水能被有效排出。

8. 电控柜配线检查

定期检查电控柜配线，确保接头及绝缘完好，若有开裂、漏电等情况，需及时更换。

9. 防腐及保温措施检查

建议应至少每年检查一次防腐、保温措施是否完好，如果发现损坏，应及时进行修补。

10. 机组其他紧固件检查

机组其他紧固件也应至少每年检查一次是否松动。

子任务六　溴化锂吸收式冷水机组运行管理

一、工作情境描述

某宾馆购买了两台蒸汽型溴化锂冷水机组和两台直燃型溴化锂吸收式冷水机组，作为运营方，对溴化锂吸收式冷水机组进行管理。

二、相关知识

1. 机组运行前检查与准备工作

机组每年首次运行前检查，应与机组的维护和检修配合起来进行。主要检查工作如下：

（1）检查提供的电源是否有问题，包括磁力开关触头、时间继电器、过电流继电保护及压力、温度保护装置等是否完好，自动运行机组的程序控制是否畅通等。

（2）检查锅炉供应的蒸汽源是否满足机组的要求。

（3）检查并试验冷却水系统和冷媒水系统水泵的运转声音、电流、压力等运转参数是

否正常，冷却水塔的布水是否均匀，风机运转是否正常。

（4）检查冷凝器、吸收器传热管结垢情况，必要时提前清除，并把水泵、蒸发器、吸收器等过滤器清洗干净，不允许有污物阻塞。

（5）检查冷水机组溴化锂溶液的浓度是否处于正常范围，pH 值是否为 9～10.5，铬酸锂含量是否为 0.1%～0.3%。若不符合要求则应重新配制，以达到运转要求为宜。

（6）检查冷水机组密封性能。用真空泵抽到极限位置，经 24 h 保压，真空度上升不大于 66.5 Pa（0.5 mmHg）为合格，若升高数值过大，则应进行查漏和维修，直至合格为止。

（7）真空泵抽气性能测试，检查真空泵的油位、油质是否正常，它的极限抽空性能应不低于 5 Pa。若达不到以上要求，应查找原因，检修排除，使之达到要求。

（8）检查安全保护设备动作是否正常。如冷却水泵和冷媒水泵的进出口冷凝器和蒸发器的压差值调整的是否恰当，当实际压力值小于实际限定值时，是否能报警和起保护作用；机组上的其他仪表指示的是否正确，各阀门开关状态是否符合开机要求；发生泵向高、低压发生器供液出口阀的开度及蒸汽管末端凝水阀等应是开启的，并应一一检查。

对于每天正常启动，在启动前按上述（1）、（2）、（3）、（8）项为主进行检查即可，其他项目不一定天天开机前进行检查。

2. 机组的运行与管理

1）机组启动时操作程序

（1）启动冷却水泵，慢慢开启出水阀，使其压力正常，流量达到设计要求的 5% 范围内，检查冷却水塔布水是否均匀，当机组进水温度达到 22 ℃以上时开启冷却塔风机，低于此值时不开风机。

（2）开启冷媒水泵并慢慢开启出水阀，看其压力是否稳定，若不稳定，则系统内有空气，应把空气放出，并调整向各楼层供水阀的开度，以实现向各空调房间供水均匀的目的。

（3）把机组电源开关合上。

（4）启动发生器泵，通过调节泵的出口蝶阀，向高、低压发生器供液。高压发生器的液面稳定在顶排传热管处或玻璃视孔的 1/2 处左右，低压发生器的液面稳定在玻璃视孔的 40%～50%。

（5）启动吸收器泵，查看吸收器淋水是否均匀，液面控制在玻璃视孔的 1/2 左右即可。

（6）当吸收器液位达到可抽真空位置时，可启动真空泵，将机组内的压力抽到运行时的真空要求。

（7）打开冷凝水回热器前的排水阀，把冷凝水放净。

（8）慢慢打开蒸汽阀门，向高压发生器输送蒸汽，此时蒸汽压力表的压力应控制在 0.02 MPa，使机组预热，经 20～30 min 慢慢将蒸汽压力手动或自动调至正常运转时的调定值，使溶液温度逐渐升高。同时，调整发生泵出口蝶阀，使高压发生器液面稳定在顶排铜管处。对装有减压阀的机组，应调整减压阀，使出口的蒸汽压力达到正常运转的规定值。

随着发生过程的进行，冷剂水会不断流入蒸发器内的水槽。

(9) 当蒸发器水槽中的水位达到玻璃视孔的1/2时，启动蒸发器泵，并调整蒸发器泵的出口蝶阀，既要保证冷剂水喷淋均匀，又要保证冷剂水的水位稳定在视孔的1/2左右，使机组逐渐投入正常运转。

2) 机组的运行管理

机组的运行管理是围绕着安全运转和制冷率两个方面进行的，其具体目标就是冷媒水的出口温度和空调房间是否达到设计要求。

(1) 冷媒水的出口温度一般为7~9 ℃，其出口压力应根据供水的高度而定，一般在0.2~0.6 MPa 。冷媒水的流量可根据冷媒水的进、出口温度为4~5 ℃来调定。

(2) 机组冷却水的进口温度一般要在25 ℃以上，出口温度一般不应高于38 ℃。其出口压力与机组和冷却塔之间位置的高度差有关，一般为0.2~0.4 MPa。冷却水的流量是冷媒水流量的1.6~1.8倍。

(3) 溴化锂溶液的浓度，高压发生器为62%左右，低压发生器为62.5%左右，稀溶液为58%左右。

(4) 溶液的循环量，高、低压发生器以溶液淹没传热管为宜，吸收器的液面以视孔的50%左右为宜，蒸发器的冷剂水以视孔的50%为宜。

3) 机组运行中的检查与调整

(1) 溶液循环量的检查与调整。

冷水机组启动正常后，溶液调整是运转中的重要环节，尤其是对高、低压发生器溶液量的调整更为重要，以取得较好的运转效率。

若溶液循环量过小，则会影响溶液的蒸发量，进而影响机组的制冷量，而且会引起发生器放气范围（又称浓度差，它是溴冷机的运转经济性能指标，对制冷量控制及耗能有重要意义，单效机一般控制在3.5%~6%，高、低发生器的放气范围一般为3.5%~5.5%）过大，浓溶液的浓度过大，产生结晶而影响机组的正常运转。

反之，若循环量过大，也会使机组的制冷量降低，严重时还可能出现因发生器液位过高而溢出液槽，引起冷剂水污染，影响制冷机组的正常运行。溶液的蒸发量与补充量应相平衡，因此应及时调整发生泵的出口蝶阀开度，使溶液的液面达到规定的要求。时刻注意液面的变化，及时进行调整，使机组处于正常运转状态，获得较好的制冷效果，是操作者的主要责任。

(2) 屏蔽泵的运转检查。

屏蔽泵是溴冷机的主要动力源，常通过看、听、摸来检查各泵的工作情况。

①看电流是否过高或过低，若过高或过低，则应找出原因加以消除。

②听运转时是否有不输液空转的声音，若过滤网中的污物过多，则应拆卸清洗。

③摸电动机外壳的温度是否烫手，超过75 ℃应停泵检查原因，以防屏蔽泵的电动机被烧坏。

(3) 应及时抽除机组内不凝性气体。由于溴冷机处于真空状态下运行，蒸发器和吸收器中的绝对压力只有几毫米汞柱，故外界空气很容易渗入，从而导致冷剂水蒸发温度升高，机组的制冷量降低。机组中一般装有一套自动抽气装置，当有不凝性气体时可及时自动排出。若没有自动抽气装置，则应经常开动真空泵将不凝性气体抽出机体外。

(4) 防止溶液出现结晶。由溴化锂溶液的性质可知，当溶液的浓度过大或者温度过低

时，溶液就会结晶，致使管道阻塞，导致机组不能正常运行。在操作中应经常检查高、低压发生器的液面，不能过低；同时还要检查防晶管的供热情况，判断机组运转性能的下降是否是由结晶引起的。

（5）真空泵的检查。

①当真空泵油进入水分而产生乳化时，应及时将旧油放出，用汽油清洗晾干后换上新油，以保持真空泵良好的抽空性能。

②真空泵运转时，注意查看油温应不超过 70 ℃。

③开真空泵时，要检查放气真空电磁阀动作的准确性和密封性。

④对机组抽空时，先开真空泵运转 1 min 后再开抽气阀，抽气结束时关闭抽气阀，接着停止真空泵运转，然后让阻油器通大气，以免再次启动时将油吸入真空泵内。

⑤开真空泵时，吸收器内液位不能太高，一般应在启动发生泵将溶液输往高、低压发生器，使两发生器液位正常且吸收器内液位达到视孔的 1/2 时，再开真空泵，否则液体容易被抽进真空泵。

⑥机组正常运转时，各个液位正常，随时可以开启真空泵抽空。

（6）测冷剂水的密度。冷剂水的密度正常与否是制冷机是否正常运转的重要标志之一，它可用于判断冷剂水是否受到污染。当冷媒水出口温度过高时，应抽取冷剂水，及时测量其密度。

在抽取冷剂水时，由于冷剂水泵的扬程低，即使关闭泵的出口阀，泵的吐出压力也低于大气压。因此，应用真空泵抽空取样器，将冷剂水放到取样器内取出，冷剂水取出后倒在量杯里，用密度计直接测量。机组在正常运转时，要求冷剂水的密度小于 1.02 kg/m^3。若取出的冷剂水大于 1.02 kg/m^3，则说明冷剂水已受污染，应进行冷剂水再生处理，并找出污染的原因，进行防止和消除。

冷剂水再生处理时，应关闭冷剂水泵出口阀，打开冷剂水旁通阀，开启冷剂水泵将蒸发器水槽里的冷剂水全部排入吸收器，然后停止冷剂水泵，关闭旁通阀。当冷剂水重新在蒸发器水槽里聚集至视孔的 1/2 时，再重新启动冷剂泵。如果一次冷剂水再生处理不理想（通过抽样密度计测试），则可重复 2～3 次，直至冷剂水取样密度合格为止。若蒸发器内冷剂水量过少，则补充蒸馏水即可。

（7）溶液浓度的测试和调配。

溶液浓度的测试一般是在溴冷机效率降低，通过以上几项检查没有找到原因的情况下方可进行。机组运转正常，且降温达到要求的可不测试。

溶液浓度的测试主要是测试吸收器稀溶液和高、低压发生器浓溶液的浓度情况。测定稀溶液时，打开发生器泵出口处的取样阀，用量筒直接取样即可。测定高、低压发生器浓溶液时，由于取样位置处于真空状态，不能直接取出溶液，故必须采用图 2－3－4 所示的取样器。在取样时，先用橡胶管将取样管和真空泵与取样器连接好，开启真空泵将抽样器抽至真空，然后将真空泵与取样器之间的阀门关闭，再慢慢打开机组上的取样阀，使溶液进入取样器。把取样器的溶液倒入量杯中，通过测量溶液的密度和温度便可从溴化锂溶液表中查出相应的浓度。溶液测量器示意图如图 2－3－5 所示。

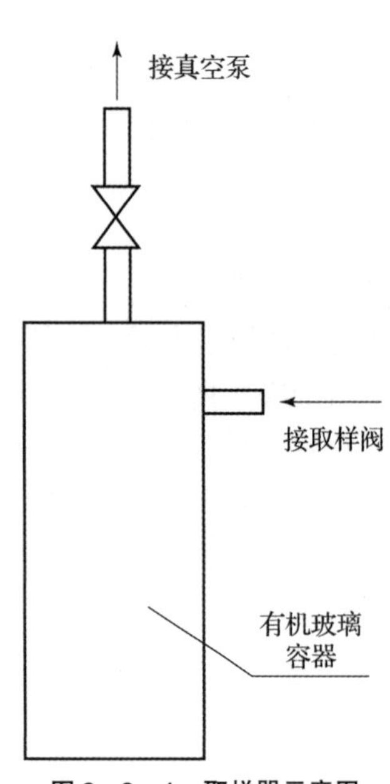

图2-3-4 取样器示意图

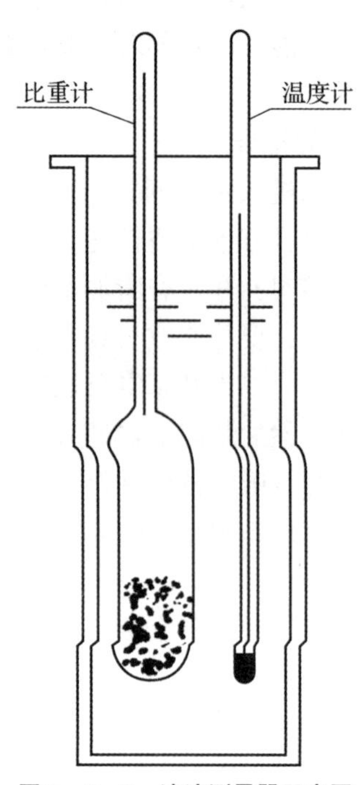

图2-3-5 溶液测量器示意图

一般高、低发生器的放汽范围为3.5%~5.5%。放汽范围小时，溶液蒸发量少，稀溶液补充量少，发生泵出口蝶阀关小一点；反之，稀溶液循环大，发生泵出口蝶阀开大一些。根据这一原理可对高、低压发生器溶液量进行调整，此外也可依高、低压发生器液面指示器指示的液面进行调整。实际运转中，高压发生器的溶液浓度为60%~62%，低压发生器的溶液浓度为60.5%~62.5%，稀溶液的浓度为56%~58%。热负荷大时，各溶液的浓度高些，反之浓度就低些。

（8）离心水泵的操作管理。

溴冷机的冷却水泵和冷媒水泵多数是离心式水泵，启动前进水阀应开启，联轴器转动应灵活，启动后慢慢打开出水阀，压力、电流、声音正常时可投入运转。运转中主要检查电流、水的压差、运转声音、电动机温度等几项内容，同时还要检查轴承盒的油位；若轴封处漏水较多，则应紧压盖螺母，若还是漏水较多，则应换新密封填料。

（9）做运转记录。

运转记录是制冷机组运转中各个参数变化的实际记录，是机组运转经济性和安全性及出现故障时分析排除的依据，值班人员应认真填写。运转记录一般1 h或2 h记录一次。运行记录参数见表2-3-9。

3. 溴化锂吸收式冷水机组停机操作

（1）溴化锂吸收式冷水机组短时（1天左右）停机的操作程序如下：

①关闭蒸汽阀，停止向高压发生器供蒸汽，通知锅炉房停止送气。

②若冷媒水泵的冷剂水不足，可先停冷剂水泵，而溶液泵、发生泵、冷却水泵、冷媒水泵继续运转15~20 min，使溶液充分稀释后再按以上先后次序停止各泵的运转。

表2-3-9　双效溴化锂吸收式制冷机组运行记录

班别	时间	温度/℃																	
		蒸汽			冷剂蒸汽	冷媒水		冷却水			蒸发温度	低温热交换器				高温热交换器			
		进机组	冷凝水换热器	疏水		进机组	出机组	吸收器进口	吸收器出口	冷凝器出口		浓溶液进口	浓溶液出口	稀溶液进口	稀溶液出口	浓溶液进口	浓溶液出口	稀溶液进口	稀溶液出口
早班	6																		
	8																		
	10																		
	12																		
中班	14																		
	16																		
	18																		
	20																		
夜班	22																		
	24																		
	2																		
	4																		

早班：　　　　　　　　　　中班：

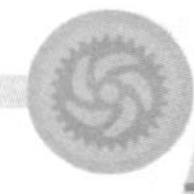

续表

压力/MPa										流量/($m^3 \cdot h^{-1}$)			电流/A			电压/V	制冷量/($kJ \cdot h^{-1}$)	真空度/Pa				真空泵运行情况
蒸汽			冷媒水		冷却水		屏蔽泵															
总管	进机组	疏水	进机组	出机组	进机组	出机组	冷剂水泵	发生泵	溶液泵	蒸汽	冷媒水	冷却水	冷剂水泵	发生泵	溶液泵			大气压力	发生器	冷凝器	蒸发器	

夜班：

③若室温较低，而测定的溶液浓度较高，如室温低于 15 ℃以下，则应将冷剂水旁通入吸收器，经过充分的混合、稀释后，判定溶液不会出现结晶时方可停止各泵的运转。

④停泵后，切断控制箱和冷却水泵、冷媒水泵及冷却水塔风机的电源。

⑤检查制冷机组各阀门的密封情况，以防停车时空气渗入机组内。

⑥记录发生器、吸收器的液面高度，并记录停车时间。

（2）溴化锂吸收式冷水机组的自动停机操作。

①通知锅炉房停止供蒸汽。

②机组按停止按钮，自动切断供气调节阀，机器自动转入溶液稀释运行。

③溶液稀释运行 15 min 后，低温自动停止温度继电器动作，冷剂水泵、溶液泵、发生泵相继自动停止运转。

④切断电控箱电源，并切断冷却水泵、冷媒水泵、冷却塔风机的电源，记录发生器、吸收器、蒸发器的液面高度及停机时间。注意不能停止真空泵自动开停的电源。

⑤若需长期停机，则在按“停止”按钮前应先打开冷剂水泵上的旁通阀，把冷剂水全部排入吸收器，使溶液充分稀释，再按“停止”按钮使冷剂水泵、发生泵、溶液泵依次自动停机。在冬天，应把机组内的水放净，以防冻坏机组。

4. 溴化锂吸收式冷水机组维护与保养

1）机组保养

（1）停机时的保养。

①短期（不超过 10 天）的停机保养。

停机时要先把冷剂水放入吸收器，使机组溶液充分稀释，在环境温度下不致结晶。另外对机组内真空度要保持，把机组上面外界的阀门关严。若机组渗入空气，则应启动真空泵将空气抽出。若吸收器液面过高，则可把冷凝器和蒸发器的抽气阀打开抽空气，以防真空泵抽进溶液而损坏。

若屏蔽泵和外界接触的阀门等需要检修，则应抓紧时间进行，尽量不要使机组暴露在大气中。修理结束后及时开真空泵将机内抽至要求的真空度，以免机内产生锈蚀。

②长期停机保养。

重点：一是防止溶液结晶；二是防止机内锈蚀。

方法是把冷剂水旁通排入吸收器，使溶液充分稀释后排入专门储存溶液的桶里，将机组抽空后充上 0.03 MPa 左右的氮气保存。若无专用桶，则溶液也可存在机组内，用真空泵将机组内的真空度抽至 26.7 Pa，再向机组充 0.03 MPa 左右的氮气，防止空气进入机组内，减少氧化腐蚀。

冬季供暖时，机房内的温度最好保持在 15 ℃以上，以防机组内的溶液结晶。吸收器、发生器、蒸发器内的冷却水和冷媒水在室温 5 ℃以上时可以不放出，以免管内生锈；若低于 0 ℃，则必须放出，以免冻坏设备。

（2）冷水机组定期检查和保养。

①定期检查。定期检查项目见表 2-3-10。

②定期检修。

定期检修应主要是与故障抢修结合进行，小修的时间一般为 2~4 周。故障抢修应随时出现随时抢修，尽量不影响机组的正常运行。

表2-3-10 定期检查项目

项目	检查内容	检查周期				备注
		每日	每周	每月	每年	
溴化锂溶液	1. 溶液的浓度		√		√	
	2. 溶液的 pH 值			√		9~11
	3. 溶液的铬酸锂含量			√		0.2%~0.3%
	4. 溶液的清洁程度（决定是否需要再生）				√	
冷剂水	测定冷剂水比重，观察是否污染、是否需要再生		√			
屏蔽泵（溶液泵、冷剂泵）	1. 转动声音是否正常	√				
	2. 电动机电流是否超过正常值	√				
	3. 电动机的绝缘性能				√	
	4. 泵体温度是否正常	√				≤70 ℃
	5. 叶轮拆检和过滤网的情况				√	
	6. 石墨轴承的磨损程度				√	
真空泵	1. 润滑油是否在油面线中心	√				油面窗中心线
	2. 运行中是否有异声	√				
	3. 运转时电动机的电流	√				
	4. 运转时泵体的温度	√				≤70 ℃
	5. 润滑油的污染和乳化	√				
	6. 传动皮带是否松动		√			
	7. 带放气电磁阀动作是否可靠		√			
	8. 电动机的绝缘性能				√	
	9. 真空管路是否泄漏				√	无泄漏，24 h 回升不超过 26.7 Pa
	10. 真空泵的抽气性能			√	√	
隔膜式真空阀	1. 密封性				√	
	2. 橡皮隔膜的老化程度				√	
传热管	1. 管内壁的腐蚀情况				√	
	2. 管内壁的结垢情况				√	
机组的密封性	1. 运行中的不凝性气体	√				
	2. 真空度的回升值	√				
带放气真空电磁阀	1. 密封面的清洁度			√		
	2. 电磁阀的动作可靠性		√			

续表

项目	检查内容	检查周期				备注
		每日	每周	每月	每年	
冷媒水、冷却水、蒸汽管路	1. 各阀门、法兰是否有漏水、漏气现象		√			
	2. 管道保温情况是否完好				√	
电控设备、计量设备	1. 电器的绝缘性能				√	
	2. 电器形状的动作可靠性				√	
	3. 仪器仪表调定点的准确度				√	
	4. 计量仪表指示值的准确度校验				√	
报警装置	机组开车前一定要调整各控制器指示的可靠性				√	
水泵	1. 泵体、电机温度是否正常	√				≤70 ℃
	2. 运转声音是否正常	√				
	3. 电机电流是否超过正常值	√				
	4. 电机绝缘性能				√	
	5. 叶轮拆检、套筒磨损程度的检查				√	
	6. 轴承磨损程度的检查				√	
	7. 水泵的漏水情况		√			
	8. 地脚螺栓及联轴器情况是否完好			√		
冷却塔	1. 喷淋头的检查			√		
	2. 点波片的检查				√	
	3. 点波框、挡水板的清洁				√	
	4. 冷却水水质的测量			√		

小修的内容：主要检查机组的真空度；机组内溶液的浓度；铬酸锂的含量及清洁度等。检查冷却水泵、冷媒水泵联轴器橡胶接触器的磨损情况，当严重磨损时，联轴器换橡胶接触器，同时应找两轴的同心度并检查水泵轴封处的漏水情况。检查各水路和气路系统的法兰、阀门等是否有泄漏现象，若有泄漏应及时修理。检查电器设备应处于正常状态。

大修保养 1 年 1 次。大修保养的内容有：清洗机组传热管的污物和水垢；测定溴化锂溶液的浓度、铬酸锂的含量，检查溶液的 pH 值和混浊度等。检查屏蔽泵的叶轮、石墨轴承、屏蔽套等的磨损情况。检查离心水泵叶轮、滚珠轴承、轴封等的磨损。检查泵的出口蝶阀、真空泵的隔膜阀等内部密封面的磨损和严密情况，以及离心水泵进、出口止回阀等的密封情况。

以上项目检修后，再检查清洗各部位的视孔，使其完好清晰。1～2 年对机组外表面进行油漆。机组各设备检修装配后，检查机组的真空度，为下一年度的运转打下良好的基础。

③冷水机组设备与外围设备大修时的要点和主要技术要求。

检修屏蔽泵的要点是石墨轴承，若其间隙大于 0.2 mm 或者有裂纹和其他损伤，应换新

件。屏蔽套的磨损应不大于0.5 mm。

对离心水泵的检修主要是轴承、轴封填料、泵轴磨损的检修或更换阻水环，联轴器零件的磨损，校正电动机和水泵两轴的同心度，紧固地脚螺栓等。

离心水泵大修后轴承盒与泵体内运转时应无杂声；电动机的运转电流应在额定电流以内；电动机温升应不高于75 ℃；阻水环与水轮之间的间隙应不大于0.2 mm；水泵联轴器处的同心度应不大于0.1 mm，水泵运转平稳，输水效率要高。

真空泵的大修内容：主要检查真空泵各运动件的磨损、阻油器及润滑油的情况，清洗过滤网，检查并更换密封件，必要时可更换新皮带，并对放气电磁阀等进行拆卸检修。

对真空泵检修后，对机件进行检查修理或换新件、新油、新密封件、新皮带等，试验时应运转正常且稳定，抽空能力达到5 Pa。

对冷却塔的大修：主要检查布水器是否均匀；点波器是否水垢太多，若点波器水垢过多，则应取出点波器除垢；风机传送皮带若磨损应换新皮带；检测电动机绝缘性能。

对冷却水和冷媒系统的管路、阀门等的法兰和阀门的盘根处应无漏水现象，阀门的启闭应灵活，若阀门的阀芯脱落或关闭不严应检修或者换新阀门。

对机组的真空系统大修后，应进行抽空试验，达到26.5 Pa，24 h保压基本不动为合格。

对电器、仪表的检查修理：检查各类电动机的绝缘情况，检查各泵电气磁力开关的触头是否烧毛或损坏，用修理或换新件的方法修复。检查自动元件如压差继电器、时间继电器、热继电器等是否完好。对控制箱电线接头处应用工具紧固一遍，并把控制箱内清除干净。对于指示不准的仪表应换新。

总之，检修后的电器和仪表等应符合运转要求，动作应准确、灵敏，可靠性能良好。

2）溴化锂溶液的再生处理

溴化锂溶液是一种无机盐，对普通金属材料有较强的腐蚀性。虽然机组内在真空条件下运行并加了缓蚀剂，腐蚀得到缓解，但腐蚀还是存在的，而且腐蚀性物质会使溶液变得混浊。

混浊的物质可能引起吸收器喷嘴阻塞，严重时会造成屏蔽泵润滑管路阻塞，另外还要抽取溶液化验，若溶液的pH值、氯化物、溴酸盐、硫酸盐等严重超标，则应对溶液进行再生处理。当使用单位从化验到溶液的再生处理的设备及技术等问题难以解决时，应请溶液生产厂解决。使用单位可根据溶液的混浊情况进行过滤，以防止喷嘴和管路出现阻塞。下面介绍几种常见的过滤方法。

（1）沉淀过滤法。

将溶液从机组内排到专用的储液桶里，沉淀2~3天，用孔为3 μm的丙烯过滤器从专用储液桶内自然流经过滤器，将过滤后的溶液放到专用的密封塑料桶内，待溴化锂机组运转前再加到机组内。

该法较简单，但需停机的时间长，宜在长期停机时使用此方法。

（2）循环过滤法。

采用一台不锈钢的管式溶液过滤机与制冷机组相连，在制冷机组运转的同时，一部分溴化锂溶液在溶液泵的作用下流经此过滤器，进行真空过滤，滤清后的溶液又流回到机组内进行循环。

采用过滤机处理溴化锂溶液，具有不停机即能使机组内的溶液达到过滤的要求，以及不

用增加沉淀过滤法所用的器具，并使溶液在真空状态下过滤，以免与空气接触产生碳酸锂沉淀物等优点，为延长溴化锂吸收式制冷机的寿命提供了有利的保证。

3）对冷却水方面出现问题的处理

溴冷机组多采用冷却塔方式的循环用水，机组冷凝负荷大，冷却水量比其他型式的制冷机组要大。其工作期主要在高温季节，水分蒸发量大，钙盐、镁盐等水中的杂质多，容易结较多的水垢。

为了保证制冷机组的传热效率，每年应对冷凝器和吸收器内传热管结的水垢及其他污染进行检查和清除，除垢的方法可参照冷凝器的方法进行；也可在水泵上安装电子防垢除垢器解决；此外，还可通过将冷却水池的水进行软化处理来解决。

子任务七　冰蓄冷机组运行管理

一、工作情境描述

某剧场采用冰蓄冷机组，采用冰蓄冷设计，系统已经投入使用，用户在使用过程中想了解采用冰蓄冷系统后的经济效益，作为运营方，需要对系统进行监测，尽快给出系统经济性对比方案。

二、相关知识

前面我们已经学习过空调冰蓄冷技术由于可以对电网的电力起到移峰填谷的作用，故有利于整个社会的优化资源配置。同时，由于峰谷电价的差额，使用户的运行电费大幅下降，我国从 20 世纪 90 年代开始逐渐引入，并在近几年迅速发展。因为其自身的特点，推广使用冰蓄冷中央空调是一项利国利民的双赢举措。

空调蓄冷系统设备的维护与保养内容包括日常保养和定期检修两部分，这是保证蓄冷系统长期正常运行、延长使用寿命、节省能耗、降低运行成本的有效措施。通常对大、中型蓄冷系统不但要有每班的操作运行记录，而且要为每台设备建立系统的维修技术档案，完整的资料有助于及时发现故障、隐患，以便采取措施防止故障的发生。蓄冷系统设备主要包括制冷机组、蓄冷装置、其他辅助设备和相应的管道系统。空调蓄冷系统的维护管理流程如图 2－3－6 所示。

空调蓄冷系统的设备品种较多，仅将主要的、有代表性的设备维修和保养要求进行介绍。

1. 制冷机组的维修和保养

空调蓄冷系统常用制冷机组主要为前面所述往复式、螺杆式和离心式制冷机组；溴化锂制冷机组仅适用于水蓄冷系统，对它们的操作维护要求与非蓄冷系统使用的制冷机组基本相同。除应遵守设备制造厂提出的操作维修要求外，通常应根据平时运行记录以及运行总时间决定维修与保养的等级和期限，以确定大、中、小修的周期和内容。详细的要求可参见其他有关资料和手册，本项目仅简略介绍如下：

1）对制冷机组的连续监控

冰蓄冷系统使用的制冷机组需要周期性地在常规空调工况及充冷制冰工况下运行，要求对制冷系统各测点压力、温度、流量等参数逐日、逐时进行记录（或将测点信号输入计算

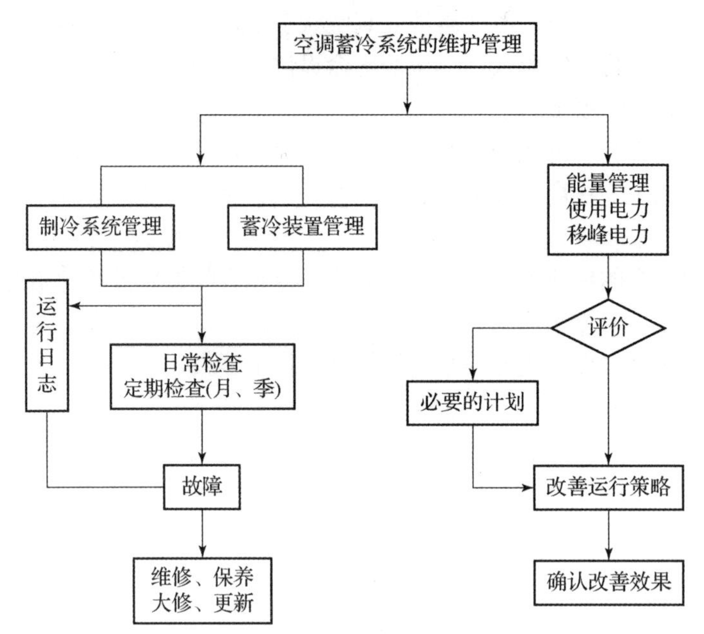

图2-3-6　空调蓄冷系统维护管理流程

机，以备随时检验)，如发现异常应及时查出原因，排除故障。

2）对制冷机组的定期检查维修

（1）主要检查项目。

①泄漏量检查：包括制冷剂、润滑油及循环水路系统。

②制冷剂系统干燥度检查。

③润滑油油位高度检查。

④制冷剂数量或液位检查。

⑤各系统压力和温度检查。

⑥冷冻水、冷却水流量检查。

⑦循环水系统清洁度检查。

⑧膨胀阀、安全阀、调节阀动作检查。

（2）主要维修内容。

①冷凝器和油冷却器的清洗。

②温度计、压力表和流量控制器的校准。

③启动器触点和动作检验。

④拧紧全部线路和电源接头。

⑤所有电动机的绝缘检验。

⑥更换过滤器和干燥器。

⑦分析润滑油和制冷剂的成分。

⑧清洗全部管道系统。

⑨部分或全部阀门、轴承检验。

⑩系统密封性检验。

3）螺杆式制冷机组的定期维修要求

（1）在空调蓄冷系统中，螺杆式制冷机组使用较多，其定期维修比其他类型机组更为重要，尤其是润滑油系统更为关键，需着重说明。由于油冷却器运行温度比冷凝器温度高，且流量少，更易结垢，所以对其使用的冷却水质要求实行更严格的监控和定期检查，以防止油冷却器结垢。同时应仔细监测油过滤器的压降，如果超过规定值需更换元件，尤其是在机组启用后第一个月左右的时间更为重要，这是因为油和制冷剂系统在压缩机处汇合，系统中许多游离的污垢和细小的污染杂质最终都集聚到集油器中，在此经油过滤器清除，油过滤器易脏堵。同时应监测过滤器芯的含水量。

（2）应定期检查油的酸度，如发现油被水、酸或金属颗粒污染需及时更换。应每年抽样分析一次制冷剂的成分。

应定期进行系统泄漏试验，用于夏季空调制冷的机组应每年进行一次。常年使用的机组应每 4~6 个月进行一次。对常年运行的工艺用冷的风冷式制冷机，应 1~3 个月检查一次。

（3）螺杆式压缩机结构简单、坚固耐用，但仍需定期检验和更换磨损部件，对螺杆式压缩机通常更换周期如按每年工作 6 000 h 考虑，则合理的检验和更换时间如下：

①转子封端：1.5~4 年更换。

②液压缸封端：1.5~4 年更换。

③止推轴承：4~6 年更换（每 6 个月检查一次）。

④转子轴承：7~10 年探伤检查。

2. 蓄冷装置的维修和保养

蓄冷装置的维修工作量及维修费用相对较小，这是由于大多数蓄冷装置均是静态运行，比相应的制冷机设备和配套的冷却塔、水处理等的维修工作要少，但是由于蓄冷装置通常在高腐蚀性及潮湿的环境下工作，故同样应定期对储槽、盘管、容器、载冷剂、管道及附件和电气控制元件进行检查维修。除应遵守各蓄冷装置制造厂提出的操作维修要求外，一般应注意以下几方面。

1）内融冰蓄冷装置的检查项目和维修要求

（1）维修检查项目，以塑料盘管、钢板贮槽的蓄冷装置为例，参见表 2-3-11。

表 2-3-11　内融冰蓄冷装置的检查项目及异常处理

检查项目	检测内容	异常处理
外观	1. 外观完整； 2. 绝缘接缝密实	破损时与制造商洽商
基础	1. 核对尺寸； 2. 表面平整	按要求施工
接管	1. PVC 管胶合牢固； 2. PVC 管与钢法兰接合密实； 3. 吊杆松紧合适	按要求施工
控制阀 平衡阀	1. 按设计要求的型号选用、运行，动作灵活； 2. 核对阀体承受压力	按要求施工
管路试压	1. 管道系统应与槽体分开测试； 2. 槽体试压至规定压力时，可带压检测	发现泄漏，通知制造商处理

续表

检查项目	检测内容	异常处理
贮槽注水	注水至水位计最低层满水线，检测是否有泄漏	发现泄漏，通知制造商处理
管道清洗 灌注载冷剂	1. 管道应彻底清洗，防止杂物进入盘管； 2. 确认乙二醇溶液浓度； 3. 管道确实排气，载冷剂满管	按要求施工
试车运行、校绘，参数、性能	1. 各种模式进行测试； 2. 蓄冷时的出水温度、结冰速率； 3. 融冰时的进出水温度、融冰速率； 4. 空调运行时主机的进、出水温度； 5. 混合使用时系统的进、出水温度	与有关制造商配合处理
按各运行方式运行	按试车调整结果及现场情况，准确记录各项数据	与有关制造商配合处理
乙二醇浓度	经常测试载冷剂中乙二醇溶液的浓度，以免影响蓄冰效果和损坏主机	浓度不够，应予补充
贮檀液位	1. 未贮冰时，应于最低满水线； 2. 贮冰结束时，应于最高满水线； 3. 贮槽溢水时，应检测贮槽的存水： （1）存水为纯水时，则为贮冰过量，注意控制检验，并于融冰后加水至最低满水线； （2）存水有溶液成分，则可能为系统或盘管接头泄漏	系统或盘管接头泄漏，应关断该贮槽进出阀门，尽快通知厂商处理

（2）维修要求。

定期维修通常为每季度一次。

①对金属贮槽的外壁和顶盖，如发现外表损伤或锈蚀，应用金属刷清理外表，并喷刷防腐涂料。

②对槽体构把及盘管支撑架，如发现擦伤或锈蚀点，则用金属刷将铁锈刷净，并喷刷防腐涂料。

③对于贮槽内外的紧固件，如发现松动，应予紧固。如在定期检修中移动顶盖，必须重新拧紧螺栓，如检修工作人员在顶盖上部结束工作，应检查顶部垫圈的密封性，如有必要，则重新拧紧螺栓。

④贮槽液位检查主要靠液位计的视镜观察，为使充水精确，可在贮槽内水温为释冷状态（约1.7 ℃）时再观察视液镜水位是否在0%刻度。若水不够，则再加水至0%刻度。如果充水过量，则经溢流管自动排出。水位过低将导致蓄冷量减少，过量的水可能在最初几次蓄冷循环时溢出。通常需要4~5次充冷和释冷循环后才能达到正常水位。

2）对其他蓄冷装置的维修要求

其他冰蓄冷装置的维修要求与内融冰蓄冷装置相似。

（1）对封装冰蓄冷装置，当使用开式贮槽时，贮槽的液位控制检查应更为严格，避免将乙二醇溶液经溢流管排放，造成对环境的污染。液位过低将使蓄冷能力明显下降，对设置的高低液位报警信号元件应定期检查、校验。如采用密闭式压力贮槽时，对压力式膨胀箱应检查氮气压力，并做必要的调节，使其与系统最低压力一致。当调节氮气压力时，必须确认水侧无水。

必须使载冷剂混合均匀（在开始蓄冷前，使循环泵运行 24 h）。关闭制冷机，检查流体通过贮槽的状况，尤其是检查有无断路现象发生。

每年应检查一次封装冰容器有无磨损迹象。

（2）对外融冰蓄冷装置的贮槽水位检测，应定期对水位信号传感器进行维修校准。由于水位受到搅拌空气鼓泡的影响，故水位校准应在充冷和释冷工况下，在压缩空气搅拌的同时分别进行。

3. 蓄冷系统管道维修和保养的要求

1）蓄冷系统管道检漏和清洗步骤

（1）系统充灌载冷剂前必须正确清洗管道，尤其是管道出现锈斑、杂质时。在任何情况下，不准使用载冷剂检漏（若发现载冷剂泄漏，应将其全部抽出）。管道清洗和检漏可同时进行。

（2）清除全部贮槽、过滤器及管道等表面松散的杂物和污垢，避免将其转移到系统中难以伸手触及的部位。

（3）供水管路单独冲洗排放。如维修中更换新水管，则应保证其铁锈及杂物不得进入蓄冷系统。

（4）将软化水或清洁淡水注入系统，打开全部阀门使循环水高速重复冲洗。

（5）在循环水中加入指定处方的化学清洗剂，一般为碱性洗涤剂和扩散剂的混合物，并确认清洗剂没有在系统的任何部位沉淀积聚。

（6）通常为 8～94 h 的循环清洗周期，在此期间应检查各过滤器滤网的堵塞情况。

（7）当水在系统内高速重复循环的后期，应打开系统最低点的排放阀，使清洗液迅速排放，并防止有固体沉淀在系统较远的部位。

（8）打开及检查系统清洗是否彻底，否则应重新注水并开始重复清洗循环，直至合格。

（9）当清洗已完成，系统内重新注入新鲜水做重复循环漂洗时，排放漂洗水，添加新鲜水，直到清洗化学制品的全部迹象已除净。

（10）系统处于清法无保护状态，然后注入补给水并按钝化步骤进行，使所有金属管道表面形成保护膜。

2）乙二醇溶液的充灌和检验

（1）通常把预先按浓度要求配制的乙二醇水溶液用泵吸入系统内，在充灌期间应持续有效地使贮槽内盘管和系统内管道排空（在蓄冷装置顶部及管道最高处应设放气阀）。

（2）应在系统中不同的管段检查乙二醇的浓度，确保系统中的浓度均匀。

（3）在初次蓄冷循环期间，必须添加载冷剂，以维持最低液位或系统压力。这是因为在初次蓄冷 3～4 h 内，载冷剂温度逐渐降低至最低点，体积也变为最小。

（4）对管道的保温绝缘状况检查其严密性。管道支架绝缘性能良好，不得发生外壳结露和冷桥现象。

4. 其他设备的维护和保养

空调蓄冷系统中其他设备包括各种循环泵，各种调节阀均按设备制造厂的要求进行检查和定期维修。

有关电气控制设备和线路的维修要求，按有关规范和制造厂的规定进行。

5. 二次载冷剂、冷冻水及冷却水质的检验与控制

蓄冷系统中二次载冷剂的质量及冷冻水和冷却水质量，均将直接影响到系统运行的经济性和可靠性。在运行中二次载冷剂、冷冻水及冷却水质量控制不严，达不到规定的要求时，将带来运行的不正常及故障。首先在冷水机组、蓄冷装置、换热器等换热面受到水垢的污染，使制冷效果、蓄冷能效、换热效率大幅下降，冷水机组和溶液泵能耗增加，经济效益受到损失。其次，运行的管道及设备会造成堵塞，产生故障。此外设备及管道的腐蚀和磨损将破坏系统、损坏设备。因此，二次载冷剂和水的质量必须遵照规定，严格控制和管理。一般导致问题发生的因素如下：

（1）二次载冷剂及水的腐蚀问题：酸根腐蚀、大气氧腐蚀、电化学腐蚀。

（2）二次载冷剂（含70%左右的水）、冷冻水及冷却水均存在碳酸盐、硫酸根、氯化物等，不纯物的成分会形成结垢，产生危害。

（3）冷冻水、冷却水中的生物生长，特别是冷却水和开式循环系统部分暴露于大气中，生物将随大气和气候的变化繁殖于管道或设备内壁，污染传热面积，堵塞管路。

（4）二次载冷剂及水在运行系统中得不到应有的澄清过滤处理，水质含悬浮固体物质增多，对系统产生阻碍传热或局部腐蚀、磨损等危害。

上述现象将影响蓄冷系统的正常运行，二次载冷剂和水的质量与运行关系密切，必须重视（有关冷冻水、冷却水的质量控制要求与非蓄冷系统基本相同）。

1）二次载冷剂的质量控制

目前常用于空调蓄冷系统的二次载冷剂，均采用25%或30%浓度的乙二醇水溶液。乙二醇水溶液有较强的腐蚀性，因此必须添加抗蚀剂，如亚硝酸钠、磷酸钾、钼系列缓蚀剂及适合有色金属用的有机抗蚀剂。一般常规采用缓冲性长的乙二醇，用于空调蓄冰制冷系统。生产厂方供应的商品乙二醇，已添加各种抗蚀剂及除泡沫剂，使用额定调配浓度时，要求采用软化水，调配后乙二醇水溶液呈碱性，即 pH > 7 为宜。采用调配好浓度的商品乙二醇，则更加方便、可靠。对膨胀箱补充溶液也应采用调配好的乙二醇。

生物生长在二次载冷剂中的情况一般不会出现，且悬浮物在商品中也能得到控制，只要运行前将管道彻底清洗干净，便不会有悬浮物的沉淀问题。

因此在运行中一般只要定期检测，便可以按第一年进行四次，以后每年进行一次检测其添加剂浓度，以控制二次载冷剂的质量。

2）冷冻水水质控制

（1）冷冻水水质特点。

空调制冷系统冷冻水的补水量为系统水容积的0.5%~1.0%。

对闭式系统在运行中除补充水外，基本上不会进入其他杂质；而开式系统亦主要是空气中氧的溶入，及少量悬浮物质的进入。补充水一般可将悬浮物控制在≤20 mg/L，总硬度控制在6 mmol/L，碱度控制在pH≥7。冷冻水水质取决于补充水的水质，对易形成水垢的原水应进行软化处理。

（2）冷冻水水质控制措施。

冷冻水在运行中的质量控制，主要是控制腐蚀性及生物生长。对腐蚀性的控制，常采用添加抗蚀剂与pH值控制相结合。以前常采用的有效的抗蚀剂铬酸盐，由于会产生污染而逐渐被淘汰。当前在闭式系统中常采用亚硝酸钠，效果同铬酸盐，需保持浓度≥500 mg/L及

pH≥7，以免分解，并需定期监视亚硝酸盐、硝酸盐及氨的浓度，因为亚硝酸盐易被不同的细菌转化为氮气、氨气或硝酸盐。当亚硝酸盐浓度降低时，其抗蚀作用减弱。对铜金属的保护，还应添加亚硝酸盐基抗蚀剂，包括用硼砂作为 pH 值的缓冲剂和甲基苯三唑钠作抗蚀剂。

对开式系统，通常以磷酸盐（有机磷酸盐）、钼酸盐、锌、硅及各种聚合物阻止水垢的形成。若需对铜材料进行保护，则还应加入甲基苯三唑或苯三唑。

对沉淀物的控制，可采用合适的过滤器，设于循环总回流管上或溶液泵入口处。

此外，值得重视的问题是运行前系统应进行彻底清洗，但此项往往被忽视。

对生物生长的控制，经预先彻底清洗的系统，往往只需维持低浓度的杀菌化学物，甚至不用药剂。有关管道清洗的要求参见前面论述。

3）循环冷却水水质控制

（1）循环冷却水的水质并不决定于补充水的水质，而主要决定于以下几方面：

①系统中溶解固形物质随着水的蒸发、泄漏等损失，其浓度不断增加，引起在管道及换热表面的结垢、沉淀及腐蚀。

②冷却水在冷却塔中冷却时，充分与空气及空气中悬浮的物质接触，各种有机的、无机的、固体的、气体的杂质进入水中，同时溶解氧大量增加。另外由于风沙等的影响，进入冷却水中的泥、砂等杂物也较多。

③藻类细菌黏滞物质、真菌及其他微生物在冷却塔运行的环境条件及温度下，在系统中生长迅速，因此腐蚀、结垢、生物生长、悬浮物质沉淀在循环冷却水系统中是很突出的。

④对于敞开式冷却水水质应符合现行国家标准《工业循环冷却水处理设计规范》（GB/T 50050—2017）的要求。

（2）冷却水水质控制措施。

①腐蚀的控制措施同冷冻水开式系统。

②结垢控制。

循环冷却水中其补充水量一般在 3% 左右，其中蒸发损失 1%～2%，飘逸损失约 0.2%。若控制循环冷却水溶解固形物质为补充的 2 倍，则排放量应在 1% 左右，即

$$\text{循环水中溶解固形物浓度倍数}=\frac{\text{蒸发水量}+\text{飘逸水量}+\text{排放水量}}{\text{飘逸水量}+\text{排放水量}}$$

排放是控制结垢的措施之一，但在某些情况下对排放量有限制。由于某些情况下排放量太大，因此在一些较大的系统中，在采取排放的同时需要在水中添加阻垢剂，并结合 pH 值的控制来提高冷却水中溶解固形物的溶解浓度，通常采用加酸、有机磷酸盐及类似化合物的方式来控制。

③悬浮物质的控制。

通过对循环冷却水的实测，得出空气悬浮物质的颗粒尺寸 >50 μm 的较少，<50 μm 的占多数，其中 1～25 μm 的最多。

运行中可采用在冷却水中加聚合物、分散剂的方式，使淤泥状沉淀物不在水流经过的管道及设备中沉淀，而沉淀于冷却塔的水盘或水池中，以便清除。

在较大的系统中，现在国外更多地采用介质过滤器滤去悬浮物质，常采用砂过滤器，其中砂的粒子 <50 μm，可除去 10 μm 以上的物质。一般当水泵功率增加约 10% 时，可进行自

动反洗，所以维护方便，只需定期检测监督即可。

④生物的生长控制。

对于生物的生长控制，可以采用机械及化学方法相结合的措施，用机械清除或用清洗剂冲刷，然后用化学物灭杀，这样灭杀更有效，化学物用量亦可节省。

杀菌剂的添加方式和剂量应重视，若连续低剂量注入则既无效又不经济；若需要突击性添加，则量大、浓度高，至系统中达到足够的毒性杀菌，交替地使用两种不同的杀菌剂是更有效的。

常用的杀菌剂：氯及其化合物，过量的氯化物有臭味，对木材及金属有损害，所以需与异氰酸同时采用，以限制游离氯飘逸的缺点；各种有机杀菌剂，选用杀菌剂时应考虑与水的pH值和抗蚀剂及阻垢剂的兼容性，并应得到当地环保部门的允许。

在小型系统中，冷却水的总水质控制：采用排放方式来控制垢的形成，采用200～500 mg/L的抗蚀剂控制腐蚀，并临时用杀菌剂冲洗以控制生物生长。

4）简便的水处理装置的应用

当前已有不少通过静电作用、磁力作用简便地去垢及杀菌无藻的水处理装置上市，它比化学法简便易行，运行费用亦低，故应结合当地工程水质情况优先推荐经过实践、检验效果较好的水处理设备。

三、项目反思

我国的节能减排工作刻不容缓，节约用电、合理用电是节能减排工作的重中之重。中央空调系统是各企业、单位的用电大户，对于节能而言有着很大的挖掘潜力，合理的运行管理就能节约可观的电量。作为中央空调的运行管理者，要不断地总结工作经验，定期汇总运行数据，进行能耗分析，为今后中央空调的运行提供全面的数据和指导，制定出更加科学的管理方案，而先进的自控系统和合理的设备选型是科学运行管理的保障。

任务四　制冷辅助设备维护管理

一、工作情境描述

制冷系统由制冷机组、辅助设备、控制系统和及管路组成，除了主要的冷热源外，辅助设备的运行管理也是非常必要的，作为运营方需要对用户的制冷辅助设备进行维护管理，确保用户正常的空调需求。

子任务一　风机的运行管理

一、工作情境描述

某商场空调系统采用全空气空调系统，商场反馈送风量明显不足，作为设备厂家的售后人员，或者是商场设备的运营方需要对系统进行故障排除，凭借经验，首先对风机进行检

修，尽快找出原因，恢复商场的正常使用需求。

二、相关知识

1. 风机的检查

风机的检查分为启动前的检查和运行中的检查，检查时风机的状态不同，检查内容也不同。

1）启动前的检查

（1）用手盘动风机的传动带或联轴器，以检查风机叶轮是否有卡住、摩擦现象。

（2）检查风机机壳内、带轮罩等处是否有影响风机转动的杂物，以及传动带的松紧程度是否合适。

（3）检查风机、轴承座、电动机各连接螺栓、螺母的紧固情况。

（4）检查减振装置受力情况，是否有松动、变形、倾斜和损坏。

（5）检查风机准备使用润滑油的名称、型号是否与要求的一致。

（6）关闭离心风机的入口阀或出口阀，以防止风机启动过载。

2）风机启动的注意事项

（1）严格遵守风机启动的操作规程。

（2）对于多风机系统，应按顺序逐台启动风机。

（3）启动风机后，检查风机叶轮的旋转方向。

（4）风机启动后，逐渐调整风阀至正常工作位置。

3）运行检查

4）风机停机操作

2. 风机的维护保养

1）风机正常运行的标准

（1）风机的技术性能、运行参数达到设计要求。

（2）运行时设备无异常振动和响声。

（3）风机的外壳无严重的磨损和腐蚀，无漏风现象。

（4）润滑装置无异常，润滑油符合技术指标，运行正常。

（5）风机风管保温良好，外观整洁，软接头无漏风现象。

（6）风机的台座、减震器无变形、损坏现象。

（7）电器及控制系统完好，保护接地符合要求，电动机无严重超负荷和超温现象。

2）风机的维护

（1）检查风机的轴承、联轴器、带轮、传动装置及减振装置。

（2）检查风机转子与外壳的间隙及叶轮转动的平衡性。

（3）检查风机的进、出口法兰连接是否漏风。

（4）随时检测风机的轴承温度，不能使温升超过 60 ℃。

（5）随时检测风机的风量和风压，确保风机处于正常工作状态。

（6）检测风机的三相电流是否平衡。

3. 风机的运行调节

风机的运行调节主要是改变其输出的空气流量，以满足相应的变风量要求。

1）风机变速风量调节

（1）改变电动机转速。

①变极对数调速。

②变频调速、串级调速、无换向器电动机调速。

③转子串电阻调速、转子斩波调速、调压调速、涡流（感应）制动器调速。

（2）改变风机与电动机间的传动关系。

①更换带轮。

②调节齿轮变速箱。

③调节液力耦合器。

2）风机恒速风量调节

①改变叶片角度。改变叶片角度只适用于轴流风机的定转速风量调节方法。

②调节进口导流器。调节进口导流器是通过改变安装在风机进口的导流器叶片角度，使进入叶轮的气流方向发生变化，从而使风机性能曲线发生改变的定转速风量调节方法。

4. 完成启动后检测管理

运行管理人员工作任务如下：

一看，通风机的运行电流是否过大或过小，运行电压是否过高或过低，通风机地脚弹簧振动幅度是否过大，并有“噼叭”的传动带颤动声。

二听，通风机及其电动机运转的声音是否正常。

三摸，通风机及其电动机轴承温度是否正常。

四闻，通风机及其电动机在运行过程中是否有异味。

三、任务反思

经过认真排查，你很快会检查出问题，并予以修复。通过这个项目，你发现无论设备大小，一旦出现问题都会影响整个系统的正常工作，由此想到自己是企业的一员，如果自己处置不当或者不给力，会影响企业在客户心目中的形象，所以要锻炼过硬的本领，成为企业不可或缺的一部分。

子任务二　水泵的运行管理

一、工作情境描述

某商场空调系统采用水地源热泵机组作为系统的冷热源，水系统装有不少水泵，作为设备厂家的售后人员，或者是商场设备的运营方需要对设备进行维护管理，在运行维护管理过程中发现水泵耗电比较巨大，从而反思优化办法。

二、相关知识

1. 水泵的检查与维护保养

水泵启动时要求必须充满水，运行时又与水长期接触，由于水质的影响，使水泵的工作条件比风机差，因此其检查与维护保养的工作内容比风机多，要求也比风机高一些。

1）水泵启动前的检查工作

（1）水泵轴承的润滑油是否充足、润滑油规格指标是否符合要求。

（2）水泵及电动机的地脚螺栓与联轴器螺栓有无脱落或松动。

（3）关闭好出水管阀门、压力表及真空表阀门。

（4）配电设备是否完好、正常，各指示仪表、安全保护装置及电控装置均应灵敏、准确、可靠。

（5）对卧式泵要用手盘动联轴器，看水泵叶轮是否能转动，如果转不动，则要查明原因，消除隐患。

（6）水泵及进水管部分是否充满了水，当从手动放气阀放出的水没有空气时，即可认定进水管已充满了水。

（7）轴封不漏水或为滴水状（每分钟的滴水数不超过60）。

2）水泵启动时的注意事项

（1）检查叶轮的旋转方向是否正确、转动是否灵活。

（2）打开吸入管路阀门，关闭出水管路阀门。

（3）转速正常后打开出水管路阀门，其开启时间不宜超过3 min。

（4）转速稳定后打开真空表阀和压力表阀。

3）运行检查

（1）检查电动机和泵的机壳、轴承温度。

（2）检查轴封填料盒处是否发热，滴水是否正常，管接头应无漏水现象。

（3）电流应在额定电流范围内，过大或过小都应停机检查。

（4）压力表指示正常且稳定，无剧烈抖动。

（5）地脚螺栓和其他各连接螺栓的螺母无松动。

（6）基础台下的减振装置受力均匀，进、出水管处的软接头无明显变形，能起到减振和隔振作用。

4）水泵停机时的注意事项

5）定期维护保养

（1）加油及轴承采用润滑油的，在水泵使用期间，每次都要观察油位是否在油视镜标识范围内。

（2）更换轴封，由于填料用一段时间就会磨损，故当发现漏水或泄漏量超标时就要考虑是否需要压紧或更换轴封。

（3）解体检修，一般每年应对水泵进行一次解体检修，内容包括清洗和检查。

（4）除锈刷漆，水泵在使用时，通常都处于潮湿的环境中，有些没有进行保温处理的冷冻水泵，在运行时泵体表面更是被水覆盖（结露所致），长期如此，泵体的部分表面就会生锈，为此，每年应对没有进行保温处理的冷冻水泵泵体表面进行一次除锈刷漆作业。

（5）放水防冻结。水泵停用期间，如果环境温度低于0 ℃，就要将泵内及水管内的水全部放干净，以免水的冻胀作用胀裂泵体和水管。

2. 水泵的运行调节

在中央空调系统中配置使用的水泵，由于使用要求和场合不同，故形式多种多样，既有单台工作的，也有联合工作的，既有并联工作的，也有串联工作的。

（1）由冷水机组、水泵、冷却塔分类并联连接组成的系统，简称群机群泵对群塔系统，如图2－4－1所示。

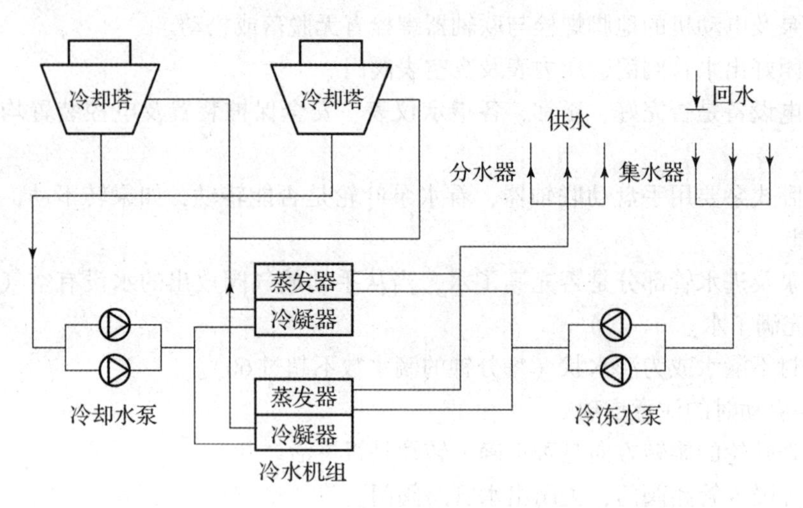

图2－4－1　群机群泵对群塔系统

（2）冷水机组与水泵一一对应与并联的冷却塔连接组成的系统，简称一机一泵对群塔系统，如图2－4－2所示。

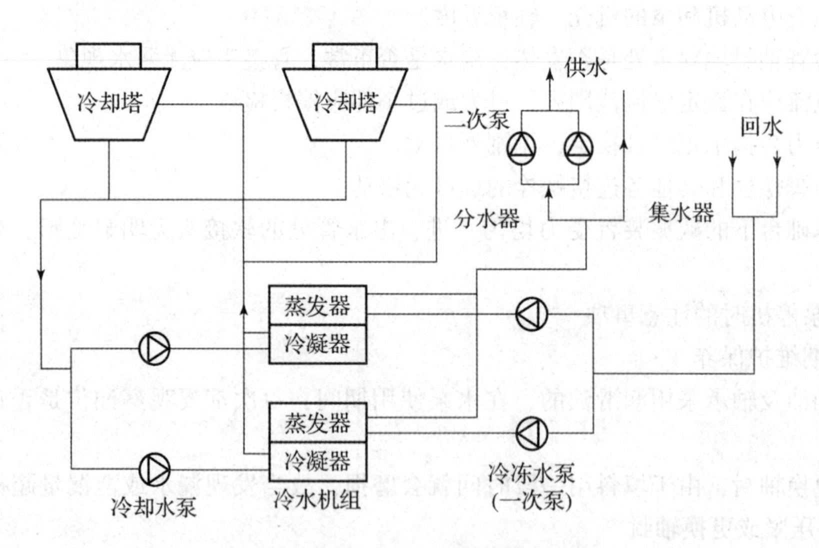

图2－4－2　一机一泵对群塔系统

（3）冷水机组、水泵、冷却塔一一对应分别连接组成的系统，简称一机一泵一塔系统，如图2－4－3所示。

三、任务反思

作为运营方或者售后管理人员，有责任和义务让系统可靠、高效、节能的运行，在管理过程中，不但要及时排故，也需要对系统进行跟踪检测，发现高耗能部分，加以分析，找出解决方案。看似平凡的岗位，都可以做得非常出彩。

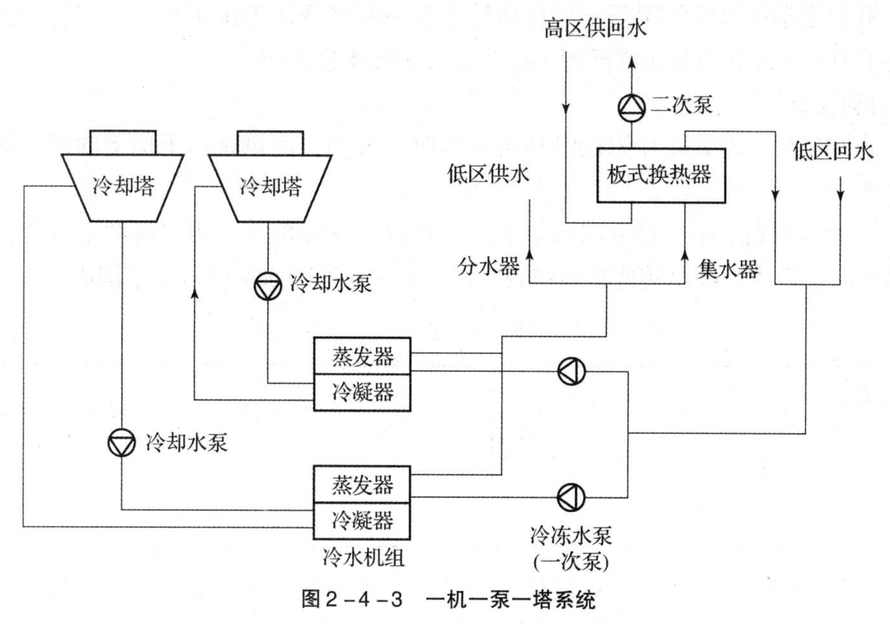

图 2-4-3 一机一泵一塔系统

子任务三 冷却塔的运行管理

一、工作情境描述

某商场空调系统采用螺杆式风冷冷水机组作为系统的冷源，屋顶上装有多台冷却塔，商场离附近居民楼很近，周围居民投诉冷却塔噪声太大，你作为设备厂家的售后人员，到现场检查噪声大的原因。

二、相关知识

1. 冷却塔的检查与维护保养

1）启动前的准备工作

（1）由于冷却塔均由出厂散件现场组装而成，因此要检查连接螺母是否有松动，特别是风机系统部分，要重点检查，以免因螺栓的螺母松动，在运行时造成重大事故。

（2）由于冷却塔均放置于室外暴露场所，而且出风口和进风口都很大，有的虽然加设了防护网，但网眼仍然很大，难免会有树叶、废纸等杂物在停机时从进、出风口进入冷却塔内，因此要予以清除。

（3）如果使用带减速装置，要检查带的松紧是否合适，以及带的松紧是否相同。

（4）如果使用齿轮减速装置，要检查齿轮箱内的润滑油是否加注到规定位置。

（5）检查集水盘（槽）是否漏水，各手动水阀是否开关灵活并设置在要求位置上。

（6）拨动风机叶片，看其旋转是否灵活，有没有与其他物件碰撞。

（7）检查风机叶片尖与塔体内部的间隙，该间隙要均匀合适，其值不大于 0.008 D（D 为风机直径）。

（8）检查圆形塔布水装置的布水管管端与塔体的间隙，该间隙以 20 mm 为好，而布水管的管底与填料的间隙不小于 50 mm。

（9）开启手动补水管的阀门，与自动补水管一起将冷却塔集水盘中的水尽量注满，以备冷却塔填料由干燥状态到正常润湿工作状态要多耗水量之用。

2）启动检查

（1）点动风机，看其叶片俯视时是否是顺时针转动，而风是由下向上吹的，如果反了要调整过来。

（2）短时间启动水泵，检查圆形塔的布水装置（又叫配水，洒水或散水装置）是否在俯视时是顺时针转动，以及转速是否在表 2－4－1 对应冷却水量的数值范围内。

表 2－4－1　圆形冷却塔布水装置参考转速

冷却水流量 /($m^3 \cdot h^{-1}$)	6.2～23	31～46	62～193	234～273	312～547	626～781
转速 /($r \cdot min^{-1}$)	7～12	5～8	5～7	3.5～5	2.5～4	2～3

（3）通过短时间启动水泵，可以检查水泵出水管部分是否充满了水，如果没有就连续几次间断地短时间启动水泵，以排出空气，让水充满水管。

（4）短时间启动水泵时还要注意检查集水盘内的水是否会出现抽干现象。

（5）通电检查供回水上的电磁阀动作是否正常，如不正常则要修理或更换。

3）运行检查

（1）圆形塔布水装置的转速是否稳定。

（2）圆形塔布水装置的转速是否减慢或有部分出水孔不出水。

（3）浮球阀开关是否灵敏，集水盘（槽）中的水位是否合适。

（4）对于矩形塔，要经常检查配水槽内是否有杂物堵塞散水孔，如果有堵塞要及时清除。

（5）塔内各部位是否有污垢形成或微生物繁殖，特别是填料和集水盘里，如果有则要加入水垢抑制剂或防藻剂，做好水质处理工作。

（6）注意倾听冷却塔工作时的声音，是否有异常噪声和振动声。

（7）检查布水装置各管道的连接部位、阀门是否漏水。

（8）对使用齿轮减速装置的，要注意齿轮箱油位是否正常。

（9）注意检查风机轴承的温升情况，一般温升不大于 35 ℃，最高温度应低于 70 ℃。

（10）查看有无明显的飘水现象，若有要查明原因予以排除。

2. 冷却塔的清洁

冷却塔的清洁工作，特别是其内部和布水装置的定期清洁工作，是冷却塔能否正常发挥效能的基本保证。

（1）外壳的清洁。

（2）填料的清洁。

（3）集水盘（槽）的清洗。

（4）圆形塔布水装置的清洁。

（5）矩形塔配水槽的清洁。

（6）吸声垫的清洁。

3. 冷却塔的定期维护和保养

冷却塔的维护和保养工作有以下几项内容。

（1）对使用带减速装置的，每两周停机检查下带的松紧度，不合适时要调整。

（2）对使用齿轮减速装置的，每一个月停机检查一次齿轮箱中的油位。

（3）由于冷却塔风机的电动机长期在湿热状态下工作，故为了保证其绝缘性能，不发生电动机烧毁事故，每年必须做一次电动机绝缘性能测试。

（4）要注意检查填料是否有损坏的，如果有要及时修补或更换。

（5）风机系统所有轴承的润滑脂一般一年更换一次。

（6）当采用化学药剂进行水处理时，要注意风机叶片的腐蚀问题。

（7）在冬季冷却塔停止使用期间，有可能因积雪而使风机叶片变形，此时可以采取两种方法避免：一是停机后将叶片旋转到垂直地面的角度紧固；二是将叶片或连轮毂一起拆下放到室内保存。

（8）在冬季冷却塔停止使用期间，有可能发生冰冻现象时，要将冷却塔集水盘和室外部分冷却水系统中的水全部放光，以免冻坏设备和管道。

（9）冷却塔的支架、风机系统的结构架以及爬梯通常采用镀锌钢件，一般不需要油漆。

4. 冷却塔的运行调节

由于冷却水的流量与回水温度直接影响制冷机的运行工况和制冷效率，因此保证冷却水的流量和回水温度至关重要。通常采用三通阀控制冷凝器的进水温度，如图2－4－4所示。

（1）调节冷却的塔运行台数。

（2）调节冷却塔风机的运行台数。

（3）调节冷却塔风机的转速。

（4）调节冷却塔的供水量。

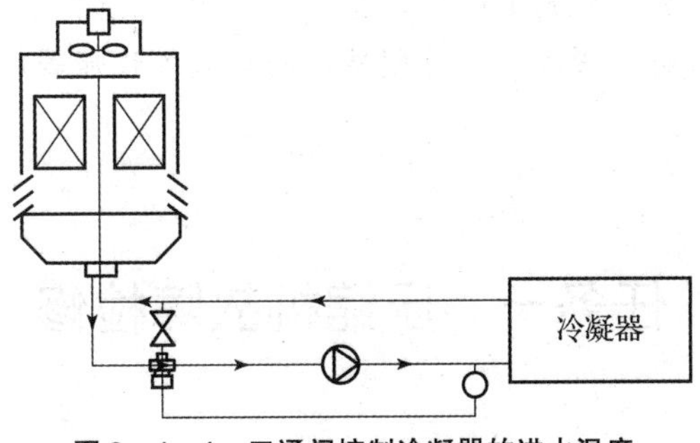

图2－4－4　三通阀控制冷凝器的进水温度

三、项目反思

在你到达现场后，有居民情绪激动地对你们公司的产品进行了指责，你诚恳地向对方表示了歉意，并表示你们公司是负责任的企业，你们也是受过专业训练的工程师，请给自己时间检查一下，相信很快会还大家一个宁静的环境。对方在你诚恳道歉和专业态度的感染下很快离开，你对冷却塔进行了检查，并给出了合适的解决方案。通过这个项目，你知道现场工作人员面对的不仅仅是设备故障，也会遇到一些突发事件，解决时一定要本着为客户考虑，从维护企业形象的角度去解决问题，千万不要因为别人的指责而火冒三丈，专业也包括态度。

项目三　制冷设备故障分析与排除

学习目标

1. 知识目标

- 掌握制冷压缩机常见故障的分析方法与排除步骤。
- 掌握螺杆式冷水机组的常见故障及其处理；
- 掌握离心式冷水机组的常见故障及其处理；
- 掌握溴化锂吸收式冷水机组的常见故障及其处理。

2. 能力目标

- 能够对制冷设备常见故障进行分析与排除；
- 能够较全面地了解各类制冷机组在用户处可能碰到的故障现象，在对问题进行判断时提供依据，从公平、公正的角度去分析用户现场出现的机组故障；
- 能够快速、准确、有理有据地给用户指出问题发生的原因及解决方案，从而提高现场售后服务人员的维修技能与服务质量和速度；
- 本项目适用于工程运营管理、设备制造厂的售后工程师等职务，要求具备专业技能、应变能力和节能能力。

任务一　压缩机故障检修

一、任务引入

客户现场有冷水机组报压缩机故障，已停机，影响到生产，需尽快前往予以检查，并排除故障，保证客户的正常生产需求。大多数压缩机制造厂不生产启动器和热保护器，而是根据需要从市场采购。一旦压缩机发生故障，需要第一时间分析出故障原因，因为压缩机的拆解与组装需要特定的环境和条件，售后人员判断出故障原因后需尽快返厂维修。

压缩机的维护维修必须在有资格人员的指导下进行，严禁用户自行对压缩机进行拆解。压缩机维修时必须注意以下事项：

（1）压缩空气和电气都具有危险性，检修或维护保养时应确认电源已被切断，并在电

源处挂“检修”或“禁止开闸”等警告标志，以防他人合闸送电造成伤害。

(2) 停机维护时必须等待整部压缩机冷却及系统压缩空气安全释放，且维护人员尽可能避开压缩机系统中的任何排气口后，关闭相应隔离阀。

(3) 清洗机组零部件时，应采用无腐蚀性安全溶剂，严禁使用易燃易爆及易挥发清洗剂。

(4) 压缩机运行一段时间后，须定期检验安全阀等保护系统，确保其灵敏可靠，一般每年检验一次。

(5) 压缩机的零配件必须是正厂提供，其润滑油必须为指定压缩机专用油，并且不同品牌的油严禁混用，否则会引起系统集焦造成重大事故。

本任务分为三个工单逐一进行学习。

工单一 电机烧毁

一、情景引入

宾馆溴化锂吸收式冷水机组运转中出现溶液浓度及液位故障，如不及时排除，会造成停机等严重后果，作为设备售后人员，接到溶液浓度及液位的故障报警后，需对故障原因进行分析判断，确定真实原因并尽快排除。

二、相关知识

电动机压缩机（以下简称压缩机）的故障可分为电动机故障和机械故障（包括曲轴、连杆、活塞、阀片、缸盖垫等）。

机械故障往往使电动机超负荷运转甚至堵转，是电动机损坏的主要原因之一。

电动机的损坏主要表现为定子绕组绝缘层破坏（短路）和断路等。定子绕组损坏后很难及时被发现，最终可能导致绕组烧毁。绕组烧毁后会掩盖一些导致烧毁的现象或直接原因，使事后分析和原因调查比较困难。

然而，电动机的运转离不开正常的电源输入、合理的电动机负荷、良好的散热和绕组漆包线绝缘层的保护。从这几方面入手，不难发现绕组烧毁的原因不外乎以下六种：

(1) 异常负荷和堵转。

(2) 金属屑引起的绕组短路。

(3) 接触器问题。

(4) 电源缺相和电压异常。

(5) 冷却不足。

(6) 用压缩机抽真空。

实际上，多种因素共同促成的电动机损坏更为常见。

1. 异常负荷和堵转

电动机负荷包括压缩气体所需负荷以及克服机械摩擦所需负荷。压比过大，或压差过大，会使压缩过程更为困难；而润滑失效引起的摩擦阻力增加，以及极端情况下的电动机堵转，将大大增加电动机负荷。

润滑失效，摩擦阻力增大，是负荷异常的首要原因。回液稀释润滑油、润滑油过热、润

滑油焦化变质，以及缺油等都会破坏正常润滑，导致润滑失效。回液稀释润滑油，会影响摩擦面正常油膜的形成，甚至冲刷掉原有油膜，增加摩擦和磨损。压缩机过热会引起使润滑油高温变稀甚至焦化，影响正常油膜的形成。

系统回油不好，压缩机缺油，自然无法维持正常润滑。曲轴高速旋转，连杆活塞等高速运动，没有油膜保护的摩擦面会迅速升温，局部高温会使润滑油迅速蒸发或焦化，并使该部位润滑更加困难，数秒钟内可引起局部严重磨损；润滑失效，局部磨损，会使曲轴转动需要更大的力矩。小功率压缩机（如冰箱，家用空调压缩机）由于电动机扭矩小，润滑失效后常出现堵转（电机无法转动）现象，并进入“堵转—热保护—堵转”死循环，电动机烧毁只是时间问题。而大功率半封闭压缩机电动机扭矩很大，局部磨损不会引起堵转，电动机功率会在一定范围内随负荷而增大，从而引起更为严重的磨损，甚至引起咬缸（活塞卡在气缸内)、连杆断裂等严重损坏。

堵转时的电流（堵转电流）是正常运行电流的4~8倍。电动机启动瞬间，电流的峰值可接近或达到堵转电流。由于电阻放热量与电流的平方成正比，故启动和堵转时的电流会使绕组迅速升温。热保护可以在堵转时保护电极，但一般不会有很快的响应，不能阻止频繁启动等引起的绕组温度变化。频繁启动和异常负荷使绕组经受高温考验，会降低漆包线的绝缘性能。

此外，压缩气体所需负荷也会随压缩比和压差的增大而增大。因此将高温压缩机用于低温，或将低温压缩机用于高温，都会影响电动机负荷和散热，是不合适的，会缩短电极的使用寿命。

绕组绝缘性能变差后，如果有其他因素（如金属屑构成导电回路，酸性润滑油等）配合，很容易引起短路而损坏。

2. 金属屑引起的短路

绕组中夹杂的金属屑是短路和接地绝缘值低的罪魁祸首。压缩机运转时的正常振动，以及每次启动时绕组受电磁力作用而扭动，都会促使夹杂于绕组间的金属屑与绕组漆包线之间的相对运动和摩擦：棱角锐利的金属屑会划伤漆包线绝缘层，引起短路。

金属屑的来源包括施工时留下的铜管屑、焊渣以及压缩机内部磨损和零部件损坏（比如阀片破碎）时掉下的金属屑等。对于全封闭压缩机（包括全封闭涡旋压缩机），这些金属屑或碎粒会落在绕组上。对于半封闭压缩机，有些颗粒会随气体和润滑油在系统中流动，最后由于磁性而聚集在绕组中；而有些金属屑［比如轴承磨损以及电动机转子与定子磨损（扫膛）时产生的］会直接落在绕组上。绕组中聚集了金属屑后，发生短路只是时间问题。

需要特别提请注意的是双级压缩机。在双级压缩机中，回气以及正常的回油直接进入第一级（低压级）气缸，压缩后经中压管进入电动机腔冷却绕组，然后和普通单级压缩机一样，进入第二级（高压级气缸）。回气中带有润滑油，已经使压缩过程如履薄冰，如果再有回液，则第一级气缸的阀片很容易被打碎，碎阀片经中压管后可进入绕组。因此，双级压缩机比单级压缩机更容易出现金属屑引起的电动机短路。

由售后现场的经验可知，压缩机一旦发生故障，还会伴随其他问题产生，如出问题的压缩机在开机时常常会有润滑油的焦煳味。金属面严重磨损时温度是很高的，而润滑油在175 ℃以上时开始焦化。系统中如果有较多水分（真空抽得不理想、润滑油和制冷剂含水量大、负压回气管破裂后空气进入等），润滑油就可能出现酸性，酸性润滑油会腐蚀铜管和绕组绝缘层，一方面引起镀铜现象；另一方面，这种含有铜原子的酸性润滑油的绝缘性能

很差，为绕组短路提供了条件。

3. 接触器问题

接触器是电动机控制回路中的重要部件之一，选型不合理会毁坏压缩机，故按负载正确选择接触器是极其重要的。

接触器必须能满足苛刻的条件，如快速循环、持续超载和低电压，它们必须有足够大的面积，以散发负载电流所产生的热量。触点材料的选择必须在启动或堵转等大电流情况下能防止焊合。

为了安全可靠，压缩机接触器要同时断开三相电路。谷轮公司不推荐断开二相电路的方法。

在美国，谷轮公司认可的接触器必须满足以下四项：

（1）接触器必须满足 ARI 标准 780－78《专用接触器标准》规定的工作和测试准则。

（2）制造商必须保证接触器于室温下，在最低铭牌电压的 80% 时能闭合。

（3）当使用单个接触器时，接触器的额定电流必须大于电动机铭牌电流额定值（RLA），同时，接触器必须能承受电动机堵转电流。如果接触器下游还有其他负载，比如电动机风扇等，也必须考虑。

（4）当使用两个接触器时，每个接触器的分绕组堵转额定值必须等于或大于压缩机半绕组堵转额定值。

接触器的额定电流不能低于压缩机铭牌上的额定电流。规格小或质量低劣的接触器无法经受压缩机启动、堵转和低电压时的大电流冲击，容易出现单相或多相触点抖动，甚至脱落的现象，引起电动机损坏。

触点抖动的接触器频繁地启停电动机。电动机频繁启动，巨大的启动电流和发热会加剧绕组绝缘层的老化。每次启动时，磁性力矩使电动机绕组有微小的移动和相互摩擦，如果有其他因素配合（如金属屑，绝缘性差的润滑油等），则很容易引起绕组间的短路，而热保护系统并未设计成能防止这种毁坏。此外，抖动的接触器线圈容易失效，如果有接触器线圈损坏，则容易出现单相状态。

如果接触器选型偏小，触头不能承受电弧和由于频繁开停循环或不稳定控制回路电压产生的高温，则可能焊合或从触头架中脱落。焊合的触头将产生永久性单相状态，使过载保护器持续地循环接通和断开。

需要特别强调的是，接触器触点焊合后，依赖接触器断开压缩机电源回路的所有控制（比如高低压控制、油压控制、融霜控制等）将全部失效，压缩机处于无保护状态。

因此，当电动机烧毁后，检查接触器是必不可少的工序。接触器故障是导致电动机损坏的一个容易被人遗忘的重要原因。

4. 电源缺相和电压异常

电压不正常和缺相可以轻而易举地毁掉任何电动机。电源电压变化范围不能超过额定电压的 ±10%，三相间的电压不平衡不能超过 5%。大功率电动机必须独立供电，以防同线的其他大功率设备启动和运转时造成低电压。电动机电源线必须能够承载电动机的额定电流。

如果发生缺相时压缩机正在运转，它将继续运行但会有大的负载电流，电动机绕组会很快过热，正常情况下压缩机会被热保护。当电动机绕组冷却至设定温度时，接触器会闭合，但压缩机启动不起来，出现堵转，并进入“堵转—热保护—堵转”死循环。

现代电动机绕组的差别非常小，电源三相平衡时相电流的差别可以忽略。理想状态下，相电压始终相等，只要在任一相上接一个保护器就可以防止过电流造成的损坏。但在实际中很难保证相电压的平衡。

电压不平衡百分数是指相电压与三相电压平均值的最大偏差值与三相电压平均值的比值。例如，标称380 V三相电源，在压缩机接线端测量的电压分别为380 V、366 V、400 V，可以计算出三相电压的平均值为382 V，最大偏差为20 V，所以电压不平衡百分数为5.2%。

作为电压不平衡的结果，在正常运行时负载电流的不平衡是电压不平衡百分点数的4~10倍。前面例子中，5.2%的不平衡电压可能引起50%的电流不平衡。

美国国家电器制造商协会（NEMA）电动机和发电机标准出版物指出，由不平衡电压造成的相绕组温升百分比大约是电压不平衡百分点数平方的两倍。前面例子中电压不平衡点数为5.2，绕组温度增加的百分数为54%，结果是一相绕组过热而其他两相绕组温度正常。

一份由U.L.（保险商实验室，美国）完成的调查显示，43%的电力公司允许3%的电压不平衡，另有30%的电力公司允许5%的电压不平衡。

5. 冷却不足

功率较大的压缩机一般都是回气冷却型的，蒸发温度越低，系统质量流往往越小。当蒸发温度很低时（超过制造商的规定），流量就不足以冷却电动机，电动机就会在较高温度下运转。空气冷却型压缩机（一般不超过10 HP）对回气的依赖性小，但对压缩机环境温度和冷却风量有明确要求。

制冷剂大量泄漏也会造成系统质量流减小，电动机的冷却也会受到影响。一些无人看管的冷库等，往往要等到制冷效果很差时才会发现制冷剂大量泄漏了。

电动机过热后会出现频繁保护，有些用户不深入检查原因，甚至将热保护器短路，那是非常糟糕的事情。过不了多久，电动机就会被烧毁。

压缩机都有安全运行工况范围。安全工况主要考虑的因素就是压缩机和电动机的负荷与冷却。由于不同温区压缩机的价格不同，故过去国内冷冻行业超范围使用压缩机的现象是比较常见的。随着专业知识的增长和经济条件的改善，情况已得到明显改善。

6. 用压缩机抽真空

开启式制冷压缩机已经被人们淡忘了，但制冷行业中还有一些现场施工人员保留了过去的习惯——用压缩机抽真空，这是非常危险的。

空气扮演着绝缘介质的角色。密闭容器内抽真空后，里面电极之间的放电现象就很容易发生。因此，随着压缩机壳体内真空度的加深，壳内裸露的接线柱之间或绝缘层有微小破损的绕组之间失去了绝缘介质，一旦通电，电动机可能在瞬间短路烧毁。如果壳体漏电，还可能造成人员触电。

因此，禁止用压缩机抽真空，并且在系统和压缩机处于真空状态时（抽完真空还没有加制冷剂）严禁给压缩机通电。

三、任务总结

电动机烧毁后，掩盖了绕组损坏的现象，给故障分析造成了一定的困难，然而引起压缩机电动机损坏的根本原因并不会消失。润滑不良或失效时引起的异常负荷甚至堵转，散热不足，都会缩短绕组的寿命；绕组中夹杂了金属屑更是为短路提供了便利；接触器焊合将使压

缩机的保护无法执行；电动机赖以运转的电源出现异常，将从根本上毁掉任何电动机；用压缩机抽真空，可能引起内接线柱放电。

此外，上述不利因素还会相互引发：异常负荷和堵转时的大电流可能导致接触器焊合；单个触点拉弧甚至焊合会引起相不平衡或单相；相不平衡会引起散热问题；散热不足会引起磨损；磨损会产生金属屑。

因此，正确安装使用压缩机，以及合理的日常维护，可以防止不利因素的出现，是避免压缩机电动机损坏的根本方法。

工单二　液击

一、情景引入

冷水机组压缩机出现液击故障，如不及时排除，会造成压缩机损毁等严重后果。作为设备售后人员，接到压缩机液击的故障报警，需尽快对故障原因进行分析判断，确定真实原因并尽快排除。

二、相关知识

1. 故障描述

液态制冷剂或润滑油随气体被吸入压缩机气缸时损坏吸气阀片的现象，以及进入气缸后没有在排气过程迅速排出，在活塞接近上止点时被压缩而产生的瞬间高液压的现象通常被称为液击。液击可以在很短的时间内造成压缩受力件（如阀片、活塞、连杆、曲轴、活塞销等）的损坏，是往复式压缩机的致命杀手。减少或避免液体进入气缸就可以防止液击的发生，因此液击是完全可以避免的。

通常，液击现象可分为两个部分或过程。首先，当较多液态制冷剂、润滑油或者两者的混合物随吸气以较高速度进入压缩机气缸时，由于液体的冲击和不可压缩，会引起吸气阀片过度弯曲或断裂；其次，气缸中未及时蒸发和排出的液体受到活塞压缩时，瞬间出现的巨大压力会造成受力件的变形和损坏。这些受力件包括吸排气阀片、阀板、阀板垫、活塞（顶部）、活塞销、连杆、曲轴、轴瓦等。

2. 过程与现象

1）吸气阀片断裂

压缩机是压缩气体的机器。通常，活塞每分钟压缩气体 1 450 次（半封压缩机）或 2 900 次（全封压缩机），即完成一次吸气或排气过程的时间为 0.02 s 甚至更短。阀板上吸、排气孔径的大小以及吸、排气阀片的弹性与强度均是按照气体流动而设计的。从阀片受力角度讲，气体流动时产生的冲击力是比较均匀的。

液体的密度是气体的数十甚至数百倍，因而液体流动时的动量比气体大得多的，产生的冲击力也大得多。吸气中夹杂较多液滴进入气缸时的流动属于两相流。两相流在吸气阀片上产生的冲击不仅强度大而且频率高，就好像台风夹杂着鹅卵石敲打在玻璃窗上，其破坏性是不言而喻的。吸气阀片断裂是液击的典型特征和过程之一。

2）连杆断裂

压缩行程的时间约 0.02 s，而排气过程会更短暂，气缸中的液滴或液体必须在如此短的

时间内从排气孔排出，速度和动量是很大的。排气阀片的情况与吸气阀片相同，不同之处在于排气阀片有限位板和弹簧片支撑，不容易折断，但在冲击严重时限位板也会变形翘起。

如果液体没有及时蒸发和排出气缸，活塞接近上止点时会压缩液体，由于时间很短，故这一压缩液体的过程好像是撞击，缸盖中也会传出金属敲击声。压缩液体是液击现象的另一部分或过程。

液击瞬间产生的高压具有很大的破坏性，除人们熟悉的连杆弯曲甚至断裂外，其他压缩受力件（阀板、阀板垫、曲轴、活塞、活塞销等）也会有变形或损坏，但往往被忽视，或者与排气压力过高混为一谈。检修压缩机时，人们会很容易发现弯曲或断裂的连杆，并给予替换，而忘记检查其他零件是否有变形或损坏，从而为以后的故障留下隐患。

液击造成的连杆断裂不同于抱轴和活塞咬缸，是可以分辨出来的。首先，液击造成连杆弯曲或断裂是在短时间内发生的，连杆两端的活塞和曲轴运动自如，一般不会有严重磨损引起的抱轴或咬缸。尽管吸气阀片折断后，阀片碎屑偶尔也会引起活塞和气缸面严重划伤，但表面划伤与润滑失效引起的磨损很不同。其次，液击引起的连杆断裂是由压力造成的，连杆和断茬有挤压特征。尽管活塞咬缸后的连杆断裂也有挤压可能，但前提是活塞必须卡死在气缸。抱轴后的连杆折断就更不同了，连杆大头和曲轴有严重磨损，造成折断的力属于剪切力，断茬也不一样。此外，在抱轴和咬缸前，电动机会超负荷运转，电动机发热严重，热保护器会动作。

3. 原因分析

显然，能引起压缩机液击的液体不外乎以下几种来源：回液，即从蒸发器中流回压缩机的液态制冷剂或润滑油；带液启动时的泡沫；压缩机内的润滑油太多。以下将对这几种原因逐一进行分析。

1）回液

回液是指压缩机运行时蒸发器中的液态制冷剂通过吸气管路回到压缩机的现象或过程。

对于使用膨胀阀的制冷系统，回液与膨胀阀的选型和使用是否恰当密切相关。膨胀阀选型过大、过热度设定太小、感温包安装方法不正确或绝热包扎破损、膨胀阀失灵都可能造成回液。对于使用毛细管的小制冷系统而言，加液量过大会引起回液。

利用热气融霜的系统容易发生回液。无论采用四通阀时进行的热泵运行，还是采用热气旁通阀时的制冷运行，热气融霜后会在蒸发器内形成大量液体，这些液体在随后的制冷运行开始时即有可能回到压缩机。

此外，蒸发器结霜严重或风扇故障时传热变差，未蒸发的液体会引起回液。此外，冷库温度频繁波动也会导致膨胀阀反应失灵而引起回液。

回液引起的液击事故大多发生在空气冷却型（简称风冷或空冷）半封闭压缩机和单机双级压缩机中，因为这些压缩机的气缸与回气管是直接相通的，一旦回液就很容易引发液击事故，即使没有引起液击，回液进入气缸将稀释或冲刷掉活塞及气缸壁上的润滑油，加剧活塞磨损。

对于回气（制冷剂蒸气）冷却型半封闭和全封闭压缩机，回液很少引起液击，但会稀释曲轴箱内的润滑油。含有大量液态制冷剂的润滑油黏度低，在摩擦面不能形成足够的油膜，导致运动件的快速磨损。另外，润滑油中的制冷剂在输送过程中遇热会沸腾，影响润滑油的正常输送。而距离油泵越远，问题就越明显、越严重。如果电动机端的轴承发生严重的

磨损，曲轴可能向一侧沉降，容易导致定子扫膛及电动机烧毁。

显然，回液不仅会引起液击，还会稀释润滑油造成磨损，磨损时电动机的负荷和电流会大大增加，久而久之将引起电动机故障。

对于回液较难避免的制冷系统，安装气液分离器和采用抽空停机控制，可以有效阻止或降低回液的危害。

2）带液启动

回气冷却型压缩机在启动时，曲轴箱内的润滑油剧烈起泡的现象叫作带液启动。带液启动时的起泡现象可以在油视镜上被清楚地观察到。带液启动的根本原因是润滑油中溶解以及沉在润滑油下面的大量的制冷剂，在压力降低时突然沸腾，并引起润滑油的起泡现象。这种现象很像日常生活中人们突然打开可乐瓶时的可乐起泡现象。起泡持续时间的长短与制冷剂的量有关，通常为几分钟或十几分钟，大量泡沫漂浮在油面上，甚至充满了曲轴箱，一旦通过进气道吸入气缸，泡沫会还原成液体（润滑油与制冷剂的混合物），很容易引起液击。显然，带液启动引起的液击只发生在启动过程。

与回液不同，引起带液启动的制冷剂是以“制冷剂迁移”的方式进入曲轴箱的。制冷剂迁移是指在压缩机停止运行时，蒸发器中的制冷剂以气体形式，通过回气管路进入压缩机并被润滑油吸收，或在压缩机内冷凝后与润滑油混合的过程或现象。

压缩机停机后，温度会降低，而压力会升高。由于润滑油中的制冷剂蒸气分压低，就会吸收油面上的制冷剂蒸气，造成曲轴箱气压低于蒸发器气压的现象。油温越低，蒸气压力越低，对制冷剂蒸气的吸收力就越大，蒸发器中的蒸气就会慢慢向曲轴箱“迁移”。此外，如果压缩机在室外，天气寒冷时或在夜晚，其温度往往比室内的蒸发器低，曲轴箱内的压力也低，制冷剂迁移到压缩机后也容易被冷凝而进入润滑油。

制冷剂迁移是一个很缓慢的过程。压缩机停机时间越长，迁移到润滑油中的制冷剂就会越多。只要蒸发器中存在液态制冷剂，这一过程就会进行。由于溶解了制冷剂的润滑油较重，故它会沉在曲轴箱的底部，而浮在上面的润滑油还可以吸收更多的制冷剂。

除容易引起液击外，制冷剂迁移还会稀释润滑油。很稀的润滑油被油泵送到各摩擦面后，可能冲刷掉原有油膜，引起严重磨损（这种现象常称为制冷剂冲刷）。过渡磨损会使配合间隙变大，引起漏油，从而影响较远部位的润滑，严重时会引起油压保护器动作。

由于结构原因，空冷压缩机启动时曲轴箱压力的降低会缓慢得多，起泡现象不是很剧烈，泡沫也很难进入气缸，因此空冷压缩机不存在带液启动的液击问题。

理论上讲，压缩机安装有曲轴箱加热器（电热器），可以有效防止制冷剂迁移。短时间停机（比如在夜间）后，维持曲轴箱加热器通电，可以使润滑油温度略高于系统的其他部位，制冷剂迁移不会发生，长时间停机不用（比如一个冬天）后，开机前应先加热润滑油几个或十几个小时，以蒸发掉润滑油中的大部分制冷剂，既可以大大减小带液启动时液击的可能性，也可以降低制冷剂冲刷造成的危害。但在实际应用中，停机后维持加热器供电或者开机前十几小时先给加热器供电，是有难度的。因此，曲轴箱加热器的实际效果会大打折扣。

对于较大系统，停机前让压缩机抽干蒸发器中的液态制冷剂（称为抽空停机），可以从根本上避免制冷剂迁移。而在回气管路上安装气液分离器，可以增加制冷剂迁移的阻力，降低迁移量。

当然，通过改进压缩机结构可以阻止制冷剂迁移，并减缓润滑油的起泡程度。通过改进

回气冷却型压缩机内的回油路径，在电动机腔与曲轴箱迁移的通道上增加关卡（回油泵等），停机后即可切断通路，使制冷剂无法进入曲轴腔；减小进气道与曲轴箱的通道截面可以减缓开机时曲轴箱压力的下降速度，进而控制起泡的程度和泡沫进入气缸的量。

3）润滑油太多

半封闭压缩机通常都有油视镜，以便观察油位高低。若油位高于油视镜范围，则说明油太多了。油位太高，高速旋转的曲轴和连杆大头就可能频繁撞击油面，引起润滑油大量飞溅，飞溅的润滑油一旦窜入进气道，带入气缸，就可能引起液击。

大型制冷系统安装调试时，往往需要适当补充润滑油。但对于回油不好的系统，要认真寻找影响回油的根源，一味地补充润滑油是非常危险的，即使暂时油位不高，也要注意润滑油突然大量返回时（比如化霜后）可能造成的危险。润滑油引起的液击并不罕见。

三、任务实施

以小组为单位，讨论缺油与润滑不足的原因与危害，熟练掌握缺油与润滑不足的处理方法。

四、考核评价

考核内容：基本知识水平、基本技能、任务构思能力、任务完成情况、任务检测能力、工作态度、纪律、出勤、团队合作能力。

评价方式：教师考核、小组成员相互考核。

五、任务小结

液击是压缩机的常见故障，发生液击，表明系统或维护中一定存在问题，需要加以纠正。认真观察并分析系统的设计、施工和维护，不难找到引起液击的根源。不从根源上防止液击，而简单地将故障压缩机维修或更换一台新压缩机，会使液击再次发生。

通过实施任务驱动法，提高了学生对所授知识的理解和方法的掌握，让学生参与到压缩机故障分析与排除的全过程，带动了理论的学习和职业技能的训练，大大提高了学习的效率和兴趣。一个“任务”完成了，学生就会获得满足感、成就感，从而激发他们的求知欲望，逐步形成一个感知心智活动的良性循环。

六、作业布置

请举例说明导致制冷压缩机液击的原因有哪些，并逐一进行分析。

工单三 缺油与润滑不足

一、情景引入

某宾馆溴化锂吸收式冷水机组运转中出现溶液浓度及液位故障，如不及时排除，会造成停机等严重后果。作为设备售后人员，接到溶液浓度及液位的故障报警，需尽快对故障原因进行分析判断，确定真实原因并尽快排除。

二、相关知识

1. 引言

压缩机是高速运转的复杂机器，保证压缩机曲轴、轴承、连杆、活塞等运动件的充分润

滑是维持机器正常运转的基本要求。为此，压缩机制造商要求用户使用指定牌号的润滑油，并定期检查润滑油油位和颜色。然而，由于制冷系统设计、施工和维护方面的疏忽，压缩机缺油、油焦化变质、回液稀释、制冷剂冲刷、使用劣质润滑油等造成运动件润滑不足的情况比较常见。润滑不足会引起轴承面磨损或划伤，严重时会造成抱轴、活塞卡在气缸内以及由此而引起的连杆弯曲和断裂事故。

2. 缺油

缺油是很容易辨别的压缩机故障之一，压缩机缺油时曲轴箱中油量很少甚至没有润滑油。

（1）压缩机是一个特殊的气泵，大量制冷剂气体在被排出的同时也会夹带走一小部分润滑油（称为奔油或跑油）。压缩机奔油是无法避免的，只是奔油速度有所不同。半封闭活塞式压缩机排气中有2%～3%的润滑油，而涡旋压缩机为0.5%～1%。对于一台排量为100 m^3/h、曲轴箱储油量为6 L的6缸压缩机，3%的奔油意味着0.3～0.8 L/min的奔油量，或压缩机无回油运转时间为十几分钟。

（2）若排出压缩机的润滑油不回来，压缩机就会缺油。压缩机回油有两种方式：一种是油分离器回油，另一种是回气管回油。

油分离器安装在压缩机排气管路上，一般能分离出50%～95%的奔油，回油效果好，速度快，大大减少了进入系统管路的油量，从而有效延长了无回油运转时间。管路特别长的冷库制冷系统、满液式制冰系统以及温度很低的冻干设备等，开机后十几分钟甚至几十分钟不回油或回油量非常少的情况并不稀奇，设计不好的系统会出现压缩机油压过低而停机的问题。这种制冷系统安装高效油分离器能大大延长压缩机无回油运转时间，使压缩机安全度过开机后无回油的危机阶段。

此外，未被分离出来的润滑油将进入系统，随制冷剂在管内流动，形成油循环。润滑油进入蒸发器后，一方面因温度低、溶解度小，一部分润滑油从制冷剂中被分离出来；另一方面，温度低、黏度大，分离出来的润滑油容易附着在管内壁上，流动比较困难。蒸发温度越低，回油越困难。这就要求蒸发管路设计与回气管路设计和施工必须有利于回油，常见的做法是采用下降式管路设计，并保证较大的气流速度。对于温度特别低的制冷系统，如－85 ℃和－150 ℃医用低温箱，除选用高效油分离器外，通常还添加特殊溶剂，防止润滑油堵塞毛细管和膨胀阀，并帮助回油。

（3）在实际应用中，由于蒸发器和回气管路设计不当引起的回油问题并不罕见。对于R22和R404A系统来说，满液式蒸发器的回油非常困难，系统回油管路设计必须非常小心。对于这样的系统，使用高效油分可以大大减小进入系统管路的油量，有效延长开机后回气管无回油的时间。

当压缩机比蒸发器的位置高时，垂直回气管上的回油弯是必需的。回油弯要尽可能紧凑，以减小存油；回油弯之间的间距要合适；当回油弯的数量比较多时，应该补充一些润滑油。

（4）变负荷系统的回油管路也必须小心。当负荷减小时，回气速度会降低，速度太低不利于回油。为了保证低负荷下的回油，垂直的吸气管可以采用双立管。

（5）压缩机频繁启动不利于回油。由于连续运转时间很短压缩机就停了，回气管内来不及形成稳定的高速气流，故润滑油就只能留在管路内。回油少于奔油，压缩机就会缺油。

运转时间越短、管线越长、系统越复杂，回油问题就越突出。对于没有油压安全开关的全封闭压缩机（包括涡旋压缩机和转子压缩机）和部分半封闭压缩机，频繁启动引起的损坏是比较多的。

（6）压缩机维护同样重要。除霜时蒸发器温度升高，润滑油黏度减小，易于流动。除霜循环过后，制冷剂流速大，滞留的润滑油会集中返回压缩机。因此，除霜循环的频率以及每次持续的时间也需仔细设定，避免油位大幅波动甚至油击。

（7）制冷剂泄漏较多时回气速度会降低，速度太低会造成润滑油滞留在回气管路中，不能快速返回压缩机。

（8）润滑油回到压缩机壳体内并不等于回到曲轴箱。采用曲轴腔负压回油原理的压缩机，如果活塞因磨损等引起泄漏时，曲轴箱的压力上升，回油单向阀受压差作用而自动关闭，从回气管返回的润滑油就滞留在电动机腔中，无法进入曲轴箱，这就是内回油问题，内回油问题同样会引起缺油。这种事故除发生于磨损的旧机器中，制冷剂迁移引发的带液启动也会造成内回油困难，但通常时间较短，最多十几分钟。

出现内回油问题时，可以观察到压缩机油位不断下降，直至油压安全装置动作。压缩机停机后，曲轴箱的油位很快恢复。内回油问题的根源在于气缸泄漏，故应及时更换磨损的活塞组件。

油压安全护装置在缺油时会自动停机，保护压缩机不受损坏。没有视油镜和油压安全装置的全封闭压缩机（包括转子和涡旋压缩机）以及风冷压缩机，缺油时没有明显症状，也不会停机，压缩机会在不知不觉中磨损损坏。压缩机噪声、振动或电流过大，可能与缺油有关，故对压缩机和系统运行状况的准确判断就显得非常重要。环境温度过低有可能导致一些油压安全装置失灵，会造成压缩机磨损。

压缩机缺油引起的磨损一般比较均匀。如果润滑油很少或者没有油，轴承表面就会出现剧烈的摩擦，温度会在几秒内迅速升高。如果电动机的功率足够大，曲轴会继续转动，曲轴和轴承表面会被磨损或划伤，否则曲轴会被轴承抱死，停止转动。活塞在气缸内的往复运动也是一样的，缺油会导致磨损或划伤，严重时活塞会卡在气缸内不能运动。

3. 润滑不足

磨损的直接原因是润滑不足。缺油肯定会引起润滑不足，但润滑不足不一定就是缺油引起的。以下三种原因也可以造成润滑不足：润滑油无法到达轴承表面；润滑油虽已到达轴承表面，但是黏度太小，不能形成足够厚度的油膜；润滑油虽已到达轴承表面，但是由于过热而被分解掉了，不能起到润滑作用。

吸油网或供油管路堵塞、油泵故障等均会影响润滑油的输送，润滑油无法到达远离油泵的摩擦面。吸油网和油泵正常，但轴承磨损、间隙过大等造成漏油和油压过低，会使远离油泵的摩擦面得不到润滑油，造成磨损和划伤。

回液是常见的系统问题，回液的一大危害在于稀释润滑油。被稀释的润滑油到达摩擦面后，黏度低，不能形成足够厚度的保护油膜，久而久之会造成磨损。当回液量比较大时，润滑油会很稀，不但不能起到润滑作用，而且还会溶解冲刷原有油膜，引起制冷剂冲刷。

由于种种原因（包括压缩机启动阶段）没有得到润滑油的摩擦面温度会迅速攀升，超过 175 ℃后润滑油就开始分解。“润滑不足—摩擦—表面高温—油分解”是一个典型的恶性循环，许多恶性事故包括连杆抱轴、活塞卡缸都与这个恶性循环有关。

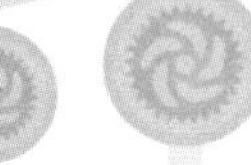

润滑不足和缺油现象可以在拆开的压缩机中看到。缺油一般表现为大面积、比较均匀的表面损伤和高温，而润滑不足更多的是在一些特定部位的磨损、划伤和高温，如远离油泵的轴承面等。

活塞上下运动时，活塞销的负载是在轴承表面的上部和下部之间轮换的，这可以让润滑油均匀地刷过活塞销，并提供足够的润滑。如果排气阀片弯曲或者折断，或者压缩机长期高压比工作，将造成活塞销单侧润滑不足和磨损，孔隙增大。若活塞销有晃动间隙，则活塞就会在上止点处被抛出并撞击阀片和阀板，产生撞击声。因此，更换阀片时应检查活塞销的磨损情况。

三、任务总结

缺油会引起严重的润滑不足，缺油的根本原因不在于压缩机奔油多少及其快慢，而是系统回油不好。安装油分离器可以快速回油，延长压缩机无回油的运转时间。蒸发器和回气管路的设计必须考虑到回油。避免频繁启动、定时化霜、及时补充制冷剂、及时更换磨损的活塞组件等维护措施也有助于回油。

回液和制冷剂迁移会稀释润滑油，不利于油膜的形成；油泵故障和油路堵塞会影响供油量和油压，导致摩擦面缺油；摩擦面高温会促使润滑油分解，使润滑油失去润滑能力。这三方面问题引起的润滑不足也常常造成压缩机损坏。

缺油的根源在于系统，因此，只更换压缩机或某些配件并不能从根本上解决缺油问题。

任务二　螺杆冷水机组常见故障诊断及排除

一、工作情境描述

某宾馆购买了两台螺杆式冷水机组，作为运营方，要对螺杆式冷水机组进行管理。你要熟悉螺杆式冷水机组在运行过程中常见故障出现时的现象，并能够针对其现象进行诊断，做出合理的排除。

二、相关知识

1. 机组不启动

故障现象：机组上无电压；机组电压高；断路器断开或跳闸；继电器上指示灯灭；水泵不运行，无水流动；压缩机开关断开；机组故障指示灯亮。

故障原因：机组掉电；无控制电源；压缩机电路断路器断开；欠电压继电器断开；水流开关断开；压缩机开关断开；机组故障停机，没有复位。

故障解决方法：

（1）检查主断路开关和主线路保险丝是否正常，合上主断路开关及更换保险丝。

（2）检查控制变压器保险丝或者用户提供的电源，更换保险丝或者调整电压满足 $380\times(1+10\%)$ V 的范围。

（3）检查电路断路器是否断开，若跳闸，则检查压缩机；若压缩机绝缘及相间阻值正

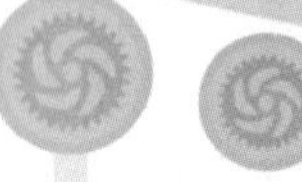

常，则合上电路断路器。

(4) 检查供电是否有问题（电压高、低、不平衡等），排除后，若为电压问题，则调整电压，复位报警。

(5) 启动水泵，检查水流开关，水流开关在水泵流量及水泵开启时是闭合状态。若是断开状态，则为水流开关故障，更换水流开关。

(6) 合上压缩机选择开关。

(7) 检查报警状态，排除故障，按复位报警。

2. 按复位后压缩机仍然不启动，检查指示灯，无反应

故障现象：蒸发器出水温度高于设定值不到1.1 ℃；控制点指示“OFF”；欠电压继电器上指示灯灭；水泵不运行，无水流动；压缩机开关断开；信号灯无显示；其他指示灯不显示。

故障原因：机组制冷负荷小；机组压缩机程序延时15 min；欠电压继电器断开；水流开关断开；压缩机开关断开；信号灯烧毁；接线问题。

故障解决方法：

(1) 机组制冷负荷小，需要增大负荷。

(2) 压缩机延时保护5 min，压缩机延时结束后机组可开启。

(3) 检查供电是否有问题（电压高、低、不平衡等），排除后，若为电压问题，则调整电压，复位报警。

(4) 启动水泵，检查水流开关，水流开关在水泵流量及水泵开启时是闭合状态。若是断开状态，则为水流开关故障，更换水流开关。

(5) 合上压缩机选择开关。

(6) 测量信号灯电压及阻值，若烧毁则更换信号灯。

(7) 根据机组的电气图纸进行接线检查，并重新接线。

3. 压缩机过载故障

故障现象：压缩机过载保护。

故障原因：压缩机电流高；电流互感器问题；排气压力高；电压低；参数设定及热保护故障。

故障解决方法：

(1) 压缩机电流高，超过额定电流的1.25倍，检查压缩机的对地绝缘阻值及相间阻值是否正常，具体可联系当地售后服务代表。

(2) 电流互感器故障，测量电流互感器显示值与实际值相差较大，更换电流互感器。

(3) 机组排气压力高，电源电压低于360 V以下，按照排气压力高故障解决方法处理，提高电源电压。

(4) 检查热保护及参数设定，并重新调整参数设定保护值。

4. 电动机温度高

故障现象：压缩机过热保护；指示灯亮。

故障原因：压缩机电动机线圈温度传感器故障；频繁启停；排气压力高；接线松动；电动机保护器故障。

故障解决方法：

（1）按住电动机过热按钮复位5 s。

（2）测量压缩机线圈电机温度传感器阻值，电动机温度传感器阻值在室温（25 ℃）下应≤100 Ω，若大于此数值，则更换压缩机内部电动机温度传感器。

（3）压缩机频繁启停，调整用户负荷。

（4）机组排气压力高电源电压低于360 V，按照排气压力高故障的解决方法处理，提高电源电压。

（5）根据电气图纸检查电动机保护模块及相关接线是否松动，检查接线并紧固。

（6）电动机保护器故障，检查压缩机电动机温度传感器；接线正常时电动机保护器报警，更换电动机保护器。

5. 吸气压力低故障

故障现象：机组吸气压力低故障，指示灯亮。

故障原因：蒸发器供液不足；制冷剂充注量不足；蒸发器水侧结垢；冷冻水流量不足；系统中油过多。

故障解决方法：

（1）检查制冷剂液体管路上的电子膨胀阀工作是否正常，以及蒸发器的液位设定值，如为电子膨胀阀问题，则更换电子膨胀阀。

（2）检查机组是否有泄漏，如有泄漏则处理漏点，并打压抽空加注规定量的制冷剂。

（3）在满负荷时，检查蒸发器传热温差，若温差值超过5 ℃，则可能是结垢，需要清洁管束。

（4）检查水流量值，以及冷冻水泵、阀门及过滤器，增加水量并将阀门全部打开，清洗过滤器、系统排气等

（5）若任何时候油位观察窗中都满油，则放出过多的油，直到油位在压缩机上方的观察窗中线以下。

6. 排气压力高故障

故障现象：机组排气压力高故障，指示灯亮。

故障原因：冷却水流量不足；冷凝器水侧结垢；排气压力传感器故障；管路阀门没有全开；冷却塔及风机问题。

故障解决方法：

（1）检查冷却水泵，校核冷却水流量。

（2）检查冷凝器传热温差，若高于5 ℃，则可能是结垢，清洁管束。

（3）用压力表检测机组的排气压力实际值与显示值是否一样，如不一样则更换排气压力传感器。

（4）检查冷却水进出口阀门，并全部打开。

（5）检查冷却塔填料及风机运行是否正常，清洗冷却塔及更换调整风机。

7. 电源掉电、显示屏黑屏无显示

故障现象：机组电源掉电；显示屏黑屏。

故障原因：电源电压过高、电源电压过低、相电压不平衡、电源缺相、相序错误；欠电压继电器故障。

故障解决方法：

（1）用万用表检测电源电压是否在正常范围内，若为电源电压问题，则需要调整电压。

（2）检查欠电压继电器动作及指示灯，如电源电压正常，则需更换欠电压继电器。

8. 电源电压过高、电源电压过低故障

故障现象：电源电压过高；电源电压过低报警；指示灯亮。

故障原因：电源电压过高；电源电压过低；电压互感器故障；PLC 参数设置不合理。

故障解决方法：

（1）用万用表测量电源电压，与显示值比较，如果电源电压值超过报警上限，则需要调整客户侧供电电压满足 380 ×（1 +10%）V 的范围，电压要低于 418 V。

（2）用万用表测量电源电压，与显示值比较，如果电源电压值超过报警上限，则需要调整客户侧供电电压满足 380 ×（1 +10%）V 的范围，电压要高于 342 V。

（3）用万用表测量电源电压，与显示值比较，如果电压互感器显示不准确，则更换电压互感器。

（4）PLC 参数设置不合理，电源电压高报警值 418 V，电源电压低报警值 342 V，调整参数。

9. 吸排气压差过低报警

故障现象：开机后 3 min 内，排气压力与吸气压力差低于报警设定值。

故障原因：冷却水温度过低；冷却水阀门控制不当；压力传感器故障。

故障解决方法：

（1）控制冷却水流量及关闭冷却塔风机，提高冷却水温度。

（2）冷却水阀门控制不当，根据情况适当关小冷却水的进水阀门。

（3）检查吸、排气压力传感器的数值，并更换发生故障的压力传感器。

10. 低油位故障

故障现象：油位过低指示（数字输入为断开）持续 60 s。

故障原因：蒸发器水流量不足；用户端水流量变化过快；冷却水冷却效果不好，长时间低负荷频繁启停；液位设置不合适；油位开关内部故障；PLC 控制回路接线松动；油位开关保险丝断路；制冷系统里存有过多的润滑油；回油过滤器脏堵。

故障解决方法：

（1）检查冷冻水流量，保证流量稳定，避免水流量波动大、蒸发器液位不稳、回油不畅。

（2）检查冷却水温低、排气压力低的原因，调整冷却水温及排气压力值，避免机组频繁启停。

（3）检查蒸发器液位值，满负荷时蒸发器视液镜中制冷剂液位应刚好没过第一层铜管，并清澈。

（4）检查油位开关动作不良，误报警，更换油位开关。

（5）PLC 控制回路油位开关接线松动，重新接线紧固。

（6）油位开关检测保险丝烧毁，更换保险丝。

（7）机组开机运行调整，将系统内润滑油拉到压缩机内，更换回油过滤器。

（8）需要联系当地售后服务代表上门服务处理。

11. 压缩机不运行报警、不停机报警

故障现象：压缩机不运行报警；不停机报警指示灯亮。

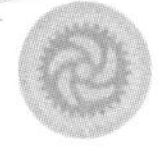

故障原因：接触器触点故障，有磨损，辅助触点接线不良；保险丝烧毁；电流互感器故障。

故障解决方法：

（1）检查机组交流接触器内部触点有无磨损、粘连现象，必要时更换交流接触器。

（2）辅助触点不良及接线问题，更换接触辅助触点、紧固接线。

（3）压缩机启动交流接触器用保险丝烧毁，根据图纸查找并更换保险丝。

（4）电流互感器故障，开机后电流互感器没有显示或停机后电流互感器电流大于30 A，更换电流互感器。

12. 电流互感器故障

故障现象：电流互感器故障。

故障原因：电流互感器断路；接线松动；电流互感器显示偏差大。

故障解决方法：

（1）根据电气图纸，紧固电流互感器的接线及固定螺栓。

（2）用钳形电流表检测实际电流与电流互感器数据的偏差大，更换电流互感器。

13. 机组防冻保护

故障现象：机组防冻保护低于报警值3 ℃，报警灯亮。

故障原因：冷冻水流量不足；过滤网脏堵；回水温度过低，制冷负荷小；机组防冻设定问题。

故障解决方法：

（1）检查冷冻水泵，保证需要的冷冻水流量。

（2）检查清洗更换过滤器。

（3）制冷负荷小，增大制冷负荷或水流量。

（4）检查控制盘的设定温度值在范围内。

任务三　离心式冷水机组常见故障诊断及排除

一、工作情境描述

某宾馆购买了两台蒸汽型溴化锂冷水机组和两台直燃型溴化锂吸收式冷水机组，你作为运营方，对溴化锂吸收式冷水机组进行管理。溴化锂吸收式冷水机组在使用中，会受到外界、机械和设备及操作调整等方面的因素而引起故障，它将直接影响制冷机组能否正常运行，以及在运行中能否达到制冷量的要求等中心问题。因此，使学生在宾馆或酒店等单位溴化锂吸收式冷水机组的运行条件下进行实践，指导学生知道溴化锂吸收式冷水机组常见故障出现时的现象，并能够针对其现象进行诊断，做出合理的排除。

二、相关知识

离心式冷水机组常见异常现象分析与处理见表3－3－1。

表3-3-1 离心式冷水机组常见异常现象分析与处理

现象	原因	处理
压缩机不能运转	1. 无电源（电源中断）。 2. 开关动作（电流超载）。 3. 启动开关故障。 4. 高、低压开关动作	1. 检查后送电。 2. 检查电流超载原因。如果是开关容量太小应及时更换，如果是电压过低应设法改善。 3. 检修或更换。 4. 查明、设定压力并调整
蒸发压力过低	1. 冷水量不足。 2. 冷负荷少。 3. 节流孔板故障（仅使蒸发压力低）。 4. 蒸发器的传热管因水垢等污染而使传热恶化（仅使蒸发压力过低）。 5. 冷媒量不足（仅使蒸发压力过低）	1. 检查冷水回路，使冷水量达到额定水量。 2. 检查自动启停装置的整定温度。 3. 清扫传热管。 4. 补充冷媒至所需量
冷凝压力过高	1. 冷却水量不足。 2. 冷却塔的能力降低。 3. 冷水温度太高，制冷能力太大，使冷凝器负荷加大。 4. 有空气存在。 5. 冷凝器管子因水垢等污染，传热恶化	1. 检查冷却水回路，调整至额定流量。 2. 检查冷却塔。 3. 进行抽气运转排除空气，若抽气装置需频繁运行，则必须找出空气漏入的部位消除。 4. 清扫管子
油压差过低	1. 油过滤器堵塞。 2. 油压调节阀（泄油阀）开度过大。 3. 油泵的输出油量减少。 4. 轴承磨损。 5. 油压表（或传感器）失灵。 6. 润滑油中混入的制冷剂过多（由于启动时油起泡而使油压过低）	1. 更换油过滤器滤芯。 2. 关小油压调节阀，使油压升至额定油压。 3. 解体检查。 4. 解体后更换轴承。 5. 检查油压表，重新标定压力传感器，必要时更换。 6. 制冷机停车后务必将油加热器投入，保持给定油温（确认油加热器有无断线，以及油加热器温度控制的整定值是否正确）
油温过高	1. 油冷却器冷却能力降低。 2. 因冷媒过滤器网堵塞而使油冷却器冷却用冷媒的供给量不足。 3. 轴承磨损	1. 调整油温调节阀。 2. 清扫冷媒过滤器滤网。 3. 解体后修理或更换轴承
断水	冷水量不足	检查冷水泵及冷水回路，调至正常流量
主电动机过负荷	1. 电源相电压不平衡。 2. 电源线路电压降大。 3. 极端低能头运行。 4. 供给主电动机的冷却用制冷剂量不足	1. 采取措施使电源相电压平衡。 2. 采取措施减小电源线路电压降。 3. 检查冷媒过滤器滤网并清扫滤网，开大冷媒进液阀
蒸发压力过高	因负荷异常增加而使冷水温度升高	不是异常
冷凝压力过低	1. 冷却水进口温度过低。 2. 冷却水量过多。 3. 因蒸发器的制冷剂量不足而使制冷量不足	1. 不是故障，但应注意冷却水进口温度与冷水进口温度之差。 2. 检查冷却水进出口的压差 $\Delta h'$ 并调整至额定值。 3. 补充制冷剂至额定值
停机中制冷机内部压力降低（或升高）	因室温的影响制冷剂的温度降低（或升高）	不是异常
运转中油槽内的油减少	1. 因制冷剂溶入油内，启动时制冷剂蒸发起泡而被压缩机吸走油。 2. 油加入量过多，从齿轮箱体上部的平衡管被压缩机吸走。 3. 文丘里喷管、单向阀被异物堵塞，从旋风分离器分离出的油不能回到油槽	1. 停车时请将油加热器投入，使油温升高。 2. 运行中确认油位在规定范围内，将多余的油排出。 3. 解体文丘里喷管和单向阀，清扫干净

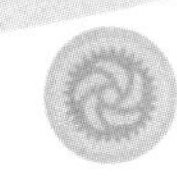
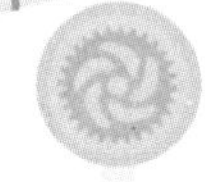

续表

现象	原因	处理
运行中油槽的油增多	油温低，制冷剂混入油中	确认运行中的油温，用油温调节阀调至必要值
停车中油槽内的油增多	因油温低使制冷剂溶入油中	1. 确认油加热器电路无断线。 2. 停车中务必将油加热器投入
油压波动	1. 压缩机喘振。 2. 油压调整阀不稳定	1. 检查冷却水回路，调整至额定流量。 2. 检查冷却塔。 3. 进行抽气运转排除空气，若抽气装置需频繁运行，则必须找出空气漏入的部位消除。 4. 清扫管子 5. 检查冷水回路，使冷水量达到额定水量。 6. 检查自动启停装置的整定温度。 7. 清扫传热管。 8. 补充冷媒至所需量。 9. 调整油压调整阀
起动时和运转中供油压力都高	1. 油压调整阀开度不够。 2. 所使用的润滑油的黏度过高。 3. 油温过低	1. 开大油压调整阀并调整至规定油压。 2. 应使用本机规定使用的油品。 3. 调整油温调节阀。 4. 确认油加热器电路无断线
压缩机本体有异常声响	1. 回转部与固定元件有接触。 2. 轴承磨损、烧坏	1. 解体修理 2. 解体更换
振动增加	1. 防振橡胶老化。 2. 转子的平衡被破坏。 3. 轴承磨损。 4. 基础被破坏。 5. 主电动机异常	1. 更换底座的防振橡胶。 2. 解体后清扫、检查转子、重新做动平衡。 3. 解体后更换轴承。 4. 修补基础。 5. 调整主电动机，必要时解体检查
压缩机喘振	1. 冷凝压力过高。 2. 蒸发压力低	1. 检查冷却水回路，调整至额定流量。 2. 检查冷却塔。 3. 进行抽气运转排除空气，若抽气装置需频繁运行，则必须找出空气漏入的部位消除。 4. 清扫管子 5. 检查冷水回路，使冷水量达到额定水量。 6. 检查自动启停装置的整定温度。 7. 清扫传热管。 8. 补充冷媒至所需量
手动运行时产生喘振	在规定以外的导叶开度下运行	将导叶开至规定开度

任务四　风冷冷水机组常见故障诊断及排除

一、工作情境描述

某宾馆购买了风冷冷水机组，你作为运营方，对风冷冷水机组进行管理。指导学生知道风冷冷水机组常见故障出现时的现象，并能够针对其现象进行诊断，做出合理的排除。

二、相关知识

风冷冷水机组常见故障、原因及解决方法见表3－4－1。

表3－4－1　风冷冷水机组常见故障、原因及解决方法

故障	可能产生的原因	解决方法
1. 机组无法启动	1. 断电。 2. 无控制电压。 3. 高、低压继电器断电。 4. 水流开关断开。 5. 微电脑关机未复位	1. 检查用户供电装置是否正常。 2. 检查控制变压器保险丝。 3. 检查供电（电压过高、过低），在问题解决后复位。 4. 开启水泵，检查水流开关。 5. 按复位键
2. 压缩机发出嗡嗡的声响，但不能运转	1. 电压低。 2. 电源缺相。 3. 启动器或接触器故障	1. 检查主进线电压和机组电压。如进线电压低，则与电力公司联系；如进线电压正常，则增大电源线的线径。机组电压必须为342～418 V。 2. 检查保险丝和接线。 3. 部分绕组启动方式时，检查触点和延时是否正常
3. 按复位键后压缩机仍不能启动	1. 不需要制冷。 2. 计算机正在延时过程中。 3. 低压继电器断电 。 4. 水流开关断开。 5. 接线有问题	1. 供给负荷。 2. 最多等15 min。 3. 开启水泵，检查水流开关。 4. 按复位键。 5. 检查接线
4. 压缩机过载	压缩机运行电流过高	检查电动机绝缘电阻，复位过载保护继电器，在检测电流下运行压缩机，绝缘电阻不要超过1.25 R_L。若超过，则联系厂家的服务人员
5. 电机温度过高	电动机线圈有问题	检查绝缘电阻
6. 吸气压力过低	1. 蒸发器供液量不足。 2. 制冷剂充注量不足。 3. 蒸发器水侧结垢严重。 4. 冷冻水流量不足	1. 查看主热力膨胀阀的过热度。 2. 补充制冷剂。 3. 清洁蒸发器污垢。 4. 检查水管路有否阻塞现象，确认水流量是否满足规定值
7. 排气压力过高	流经冷凝器的风量不足	检查冷凝器风扇的运行情况，查看冷凝盘管是否有阻塞、不干净现象
8. 油槽中油位太低	压缩机油位太低	补充润滑油

任务五　组合式空气处理机组常见故障诊断及排除

一、工作情境描述

某商场空调系统为全空气系统，采用组合式空调机组对空气进行集中处理，向各个区域送风，空气处理机组同其他任何机械设备一样，需要定期维修和保养，你作为设备厂家的售后人员，在商场或者商场的运营方故障报警求助时，能第一时间前往检查并排除故障。指导学生知道组合式空气处理机组常见故障出现时的现象，并能够针对其现象进行诊断，做出合理的排除。

二、相关知识

组合式空气处理机组常见故障、原因及排除方法见表3－5－1。

表3－5－1　组合式空气处理机组常见故障、原因及排除方法

故障现象	可能发生的部位	故障原因	判断及排除方法	备注
无风	电动机	电源未通	接通或检查电源	
		电源缺相		
		电动机烧毁	更换电动机	
	风机	轴承卡死或烧毁	更换轴承	
		皮带断裂	更换胶带	
风量偏小	风机	选型错误	重新选型	
		风机反转	将三相电源的任两相互换接线	
	系统	系统实际阻力过大	1. 检查风管、设备有无堵塞并排除。 2. 风阀开度不够并调节。 3. 改进部分局部构件	
		设备或系统漏风	密封条（胶）堵漏	
		过滤器积尘过多，大大超过终阻力	清洗或更换过滤器	
		换热器长期使用，翅片表面积尘	清洗换热器	
风量偏大	风机	风机压力偏高、风量偏大	降低风机转速，或更换风机	
	系统	系统阻力过小	调节阀门，增加阻力	
		过滤器损坏、漏风	更换过滤器	
		设备负压段或进风管漏气严重	做密封处理	
制冷能力偏小	冷媒	冷媒温度偏高	调节冷水温度达到设计要求；管道保温若有问题，则整改保温	水温一般为7 ℃
		冷媒温度合格，流量偏小	检查水泵性能、管道阻力，有无堵塞现象，若存在问题，则先整改管道，或更换水泵	进、出水温差一般为5 ℃
	设计	设计选择有差错	冷媒温度合格、流量合格，制冷能力仍偏小，则需增设或更换设备	
	风量	风量偏小，引起冷量偏小	适当加大风量	
机组漏水	过水严重	挡水板质量差	改换挡水效率高的挡水板	
		集水盘出水口堵塞	清理出水口	
		盘内积水太深，排水管水封落差不够	整改水封，加大落差，使排水畅通	
		面风速过大	加大挡水板通风面积，适当降低面风速	
		风量过大	适当降低风机转速	
		挡水板四周的挡风板破损或脱落	加装挡风板并做好密封	
	换热器	集水管保温不好，凝露	重新保温	
		集水管漏水，换热器铜管破裂	补焊集水管和铜管	
	集水盘	集水盘保温欠佳，表面凝露	做好集水盘、集水管的保温	
		集水盘漏水	补焊集水盘	

续表

故障现象	可能发生的部位	故障原因	判断及排除方法	备注
机组表面凝露	箱体	保温不良，存在冷桥	做好保温	
		箱体漏风	做好密封处理	
		保温破损或老化	除去原保温，重做保温	
		保温厚度不够	重做保温	
机组噪声、振动值偏高	风机	1. 风机轴承有问题。 2. 风机轴与电动机轴不平行。 3. 风机蜗壳与叶轮摩擦，发出怪叫。 4. 风机蜗壳与叶轮变形。 5. 叶轮的静、动平衡未做好。 6. 风机质量有问题	1. 更换轴承。 2. 调节两轴至平行。 3. 调节蜗壳与叶轮至正常位置。 4. 更换蜗壳与叶轮。 5. 更换叶轮或重做静、动平衡。 6. 换风机	
	电动机	1. 电动机轴承有问题。 2. 电动机质量有问题	1. 更换轴承。 2. 更换电动机	
	隔振系统	1. 减震器选用不当。 2. 减震器安装不当。 3. 风机与支架、轴承座与支架的连接松动	1. 重新选配减震器。 2. 调整减震器安装。 3. 固紧螺栓、螺母	
	箱体	隔声效果差	加固或更换箱体壁板	
送风噪声偏高	风机	风机噪声偏高	调节蜗壳与叶轮至正常位置	
	系统	风管内风速过高，产生二次噪声	在不影响室内温湿度的前提下，适当调小送风量	
		送风口风速过高	加大送风口	
风机轴承温升过高	轴承	轴承里无润滑脂	加注润滑脂	
		润滑脂质量不佳、变质或含杂质	清洗轴承，加注润滑脂	
		轴承安装歪斜，前后轴承不同轴，或游隙过小，或内外圈未锁紧风机盘管	调节轴承安装位置，调节轴承游隙，锁紧内、外圈	
		轴承磨损严重	更换轴承	
电动机电流过大或温升过高	电动机	风机流量过大	适当降低风机转速	
		电动机冷却风扇损坏	修复冷却风扇	
		输入电压过低	电压正常后运行	
		轴承安装不当或损坏	调节轴承安装位置，调节轴承缝隙，锁紧内、外圈	
干蒸汽加湿器常见故障	执行器不工作或工作不正常	电源未接通、插头接错	接通电源，插头插对	
		电动机轴与传动齿轮松脱	拧紧紧固螺钉	
		限位块与微动机构接触位置不正确	调节好接触位置	
		控制部分故障	检查控制部分并排除故障	

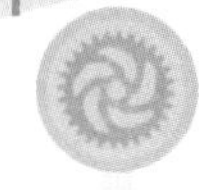

续表

故障现象	可能发生的部位	故障原因	判断及排除方法	备注
干蒸汽加湿器常见故障	阀门关闭但仍有蒸汽	阀门的阀针损坏	更换	
		阀针位置不正确	调节阀针位置	
		密封圈未压紧或损坏	压紧或更换密封圈	
	漏汽	管道安装不良或密封圈损坏	整改管道或更换密封圈	
	喷嘴喷水	疏水器堵塞或损坏	清理疏水器；修理或更换疏水器	
		送汽时流量过大	初送汽时流量要小，逐渐加大流量	
		喷管安装有问题	将喷管尾部抬高，让冷凝水流进加湿器罐体	
	加湿量偏小	阀门开度不够	开大阀门	
		喷嘴堵塞	清理喷嘴	
		若阀门打开后加湿量偏小，则加湿器型号偏小	换成大型号的加湿器	
		蒸汽压力偏小		
风机传动皮带磨损严重	皮带轮	皮带上带槽表面太粗糙	磨光带槽表面	
		风机轴与电机轴不平行，且两皮带盘端面不在同一平面内	先将两轴调平行，再使带轮端面至同一平面	
	皮带	皮带质量差	调换成质量好的皮带	

任务六 溴化锂吸收式冷水机组常见故障诊断及排除

一、工作情境描述

某宾馆购买了两台蒸汽型溴化锂冷水机组和两台直燃型溴化锂吸收式冷水机组，作为设备厂家售后服务人员的你接到客户的电话，称溴化锂吸收式冷水机组故障，需要你立刻前往进行故障排除，确保正常的运营需求。溴化锂吸收式冷水机组在使用中会受到外界、机械和设备及操作调整等方面原因引起的故障，它将直接影响制冷机组能否正常运行，以及在运行中能否达到制冷量的要求等中心问题，要求你能够知道溴化锂吸收式冷水机组常见故障出现时的现象，并能够针对其现象进行诊断，做出合理的排除。

本次任务内容较多，分为四个工单进行学习。

工单一　溴化锂吸收式冷水机组运行中的紧急停机故障诊断与排除

一、情景引入

宾馆溴冷机在运行过程中突然紧急停机。溴化锂吸收式冷水机组运行中的紧急停机会影响用户的正常生产生活，需要你尽快排除故障原因，恢复机组的正常运行。

二、相关知识

溴化锂吸收式冷水机组运行中紧急停机的可能原因分析。

1. 电网突然停电

这类故障出现后，应迅速关闭蒸汽供气阀，并通知锅炉房停止供气，待供电系统检查排除故障后恢复供电，再按正常开机程序把机组开启。

2. 冷却水泵故障停泵，冷却水中断

冷却水断水警报器报警，然后自动停泵。原因是冷却水泵损坏、电动机过热、电动机电流过大、热继电器动作或烧坏、交流接触器触头烧毛等，另外冷却水进口温度过低等也会引起警报器报警。

排除方法：检修电路上电器元件，损坏较重件应换新件，使之符合运转要求；检修水泵，若轴承、叶轮、阻水环、过滤器等磨损严重或损坏应换新件。排除故障后重新启动，运转正常后开启机组。

3. 冷媒水泵故障停泵，冷媒水中断

安全警报铃响，水泵自动停止运转，主要原因是电气设备故障，如保险丝损坏；过电流继电器、热继电器动作，导致供水过少，压差低于 0.02 MPa 而引起停泵。另外冷媒水泵损坏，如轴承联轴器弹性橡胶垫、阻水环、轴封填料等损坏也会导致水泵故障。

排除方法：可参照冷却水泵的方法进行，检修排除故障，开启泵后，运转符合要求即可。

4. 冷却塔故障

冷却塔故障主要有风机的电动机被烧坏、传动皮带严重损坏或被撞断、布水管断裂等，这些故障的出现会严重影响冷却水的换热效果，使冷却水温过高、温度继电器报警，致使制冷机组停机检修。

检修的方法：若电动机被烧坏，则拆下电动机，定子重新绕线圈；若皮带损坏，应换新件；若布水管断裂，则应换同规格的新布水管。检修后，开启冷却塔，运转正常后方可使用。

5. 冷水机组有一台屏蔽泵突然停止运转

机组中吸收器泵、发生器泵、冷剂水泵都是屏蔽泵，任何一个泵停止运转都会导致机组不能正常工作，所以令机组停止工作，对停止运转泵进行抢修。从电源开关、保险丝、交流接触器、电动机的绝缘性能等方面查找原因，另外检查电动机石墨轴承、过滤器是否损坏、过脏，若过脏则进行清洗。检修后重新按程序开机，检修泵运转正常后投入使用。

三、任务实施

以小组为单位，结合溴冷机紧急停机的可能原因，掌握故障排除的方法，能够根据客户

现场情况快速判断故障原因，并迅速排除故障，恢复机组正常运行。

四、考核评价

考核内容：基本知识水平、基本技能、任务构思能力、任务完成情况、任务检测能力、工作态度、纪律、出勤、团队合作能力。

评价方式：教师考核、小组成员相互考核。

工单二　溴化锂吸收式冷水机组制冷量不足

一、情景引入

宾馆溴化锂吸收式冷水机组运转中发现冷量不足，宾馆客人对空调提出投诉，需要设备售后人员尽快找出原因，满足宾馆客人的正常需求。

二、相关知识

溴化锂吸收式冷水机组运转中的主要故障分析。

1. 冷水机组的制冷量达不到设计要求

机组运转中制冷量达不到要求是运转中的主要故障，因为机组运转的中心任务就是制冷降温，以达到设计所要求的制冷量和控制的温度。

制冷量达不到设计要求的原因如下：溶液的浓度控制不当；溶液的循环量过少；冷剂水被污染；蒸汽压力过低；机组密封性差，渗入空气或内有不凝性气体；真空泵抽真空性能差或吸、排气电磁阀不密封造成抽气不良；冷却水量过少；冷却水温过高；吸收器、冷凝器传热管水垢太厚或者有污物阻塞；冷剂水被污染。

2. 排除方法。

(1) 稀溶液与浓溶液的质量百分比之差应控制在4%，大于或小于其值都不符合运转要求，一般2~4周抽取稀溶液和浓溶液进行测定，然后对使用的溶液浓度进行调整。

(2) 调节发生泵的高压发生器出口蝶阀和低压发生器出口蝶阀，使稀溶液的循环量达到运转要求。

(3) 抽取冷剂水，测量其密度，若超过1.02 kg/m^3，则进行冷剂水的再生处理。

(4) 若机组供应的蒸汽压力过低，则可对蒸汽调节阀进行调整，或者看锅炉烧的蒸汽压是否满足机组要求，共同把蒸汽压调到机组运行时要求的压力。

(5) 若机组漏气应进行排除。其方法是向机组内充0.16 MPa的氮气，充氮气时用高压橡胶管将氮气瓶的限压阀处与机组冷凝器侧压阀处相连接，开启两阀向机组充氮气，压力达到后用肥皂水试漏。

从机组的焊接处，以及通外界的阀门和管子连接的法兰处找漏，若认为不彻底，则可将机组两端的水盖拆下，在管组与管板的接头处进行查漏，并将查出的漏点记上明显的记号。

待放气后，进行焊补或修理，然后再充氮气试漏，直至找不到漏点为止。

氮气放出后，将蒸发器侧压阀与U形管水银压差计连接好，打开冷凝器抽气阀，启动真空泵进行抽真空。

为了能达到真空要求，在抽空前可将真空泵换新油。抽空时，将机组内的压力抽到环境

温度下相应溶液浓度的饱和压力为止。

启动冷水机组使之正常运行，当吸收器的液面低于抽气管的位置时，启动真空泵，继续抽机组内的气体。关闭冷凝器、蒸发器抽气阀，并停真空泵后，检查液气分离视镜，直至视镜内聚集的气体不再增加为止。

（6）若真空泵抽空能力差，可检修真空泵，并换新油及检修电磁隔断阀，恢复真空泵的抽空能力。

（7）若冷却水供应量过少，以一般从以下两方面进行处理：

①开大水泵的出水阀；

②若全开水阀供水量仍过少，再检修离心水泵，主要检查水泵出水阀的阀芯是否脱落；吸水过滤器是否有污物阻塞；水泵的阻水环是否磨损过大，致使水泵的输水效率大大降低。

通过检修排除故障，开启水泵，供水正常后方可投入使用。

（8）冷却水温过高，主要原因有以下两个：

①冷却水供水量过少，可按上面（7）的排除方法进行排除。

②冷却水塔的布水器损坏或者喷水孔有污物阻塞，应检修排除。通风机的保险丝或电动机定子损坏，应检修；点波片内水垢太多，应清除。

通过检修排除故障，开机正常后投入使用。

（9）若冷水机组内传热管水垢过厚或被污物阻塞，则应进行除垢工作。

（10）冷剂水被污染时，处理方法是先测定冷剂水的密度，若密度超过 1.02 kg/m^3，说明冷剂水被污染，然后进行冷剂水的再生处理。

三、任务实施

以小组为单位，结合溴冷机制冷量不足的可能原因，掌握故障排除的方法，能够根据客户现场情况快速判断故障原因，并迅速排除故障，恢复机组正常运行。

四、考核评价

考核内容：基本知识水平、基本技能、任务构思能力、任务完成情况、任务检测能力、工作态度、纪律、出勤、团队合作能力。

评价方式：教师考核、小组成员相互考核。

工单三　溴化锂吸收式冷水机组溶液浓度及液位的故障

一、情景引入

宾馆溴化锂吸收式冷水机组运转中出现溶液浓度及液位故障，如不及时排除，会造成停机等严重后果。作为设备售后人员，接到溶液浓度及液位的故障报警后，需对故障原因进行分析判断，确定真实原因并尽快排除。

二、相关知识

溶液浓度及液位的故障诊断与排除。

1. 浓溶液和稀溶液的浓度差小于4%

（1）现象：高压发生器浓溶液未达到浓度要求；低压发生器浓溶液未达到浓度要求。

（2）故障诊断：高压发生器稀溶液循环量过大；低压发生器稀溶液循环量过大；蒸汽压力过低或蒸汽调节阀开启过小；蒸汽凝水阀开启过小或冷剂水调节阀开启过小。

（3）排除方法：调小高、低压发生器泵的出口蝶阀；关小吸收器泵的出口阀；通知锅炉房，让其提高蒸汽压力，或者开大蒸汽调节阀；开大蒸汽凝水调节阀或冷剂水调节阀。

总之，发现、分析和处理这类问题，需检查阀门，通常是阀门调节不当造成的，把阀门调节适当，故障即可排除。

2. 浓溶液和稀溶液的浓度差大于4%

（1）现象：高压发生器浓溶液超过浓度要求；低压发生器浓溶液超过浓度要求。

（2）故障诊断：高压发生器稀溶液的循环量太少；蒸汽压力太高或者蒸汽调节阀开得过大；低压发生器稀溶液循环量太少。

（3）排除方法：开大发生器出口阀；降低蒸汽压力或关小蒸汽调节阀；开大发生器泵出口蝶阀。

3. 吸收器、蒸发器液位不正常

（1）现象：稀溶液浓度高，蒸发器冷剂水溢出；稀溶液浓度正常，蒸发器冷剂水太少；稀溶液浓度正常，蒸发器冷剂水溢出。

（2）故障诊断：稀溶液循环量少，冷剂水过多；稀溶液过少；充注溶液浓度太低。

（3）排除方法：检查发生器泵的过滤器是否过脏或者喷嘴是否出现阻塞，吸收蒸发凝结的溶液少；降低蒸汽压力或开真空泵抽空；向吸收器补充溶液；从蒸发器抽出冷剂水。

三、任务实施

以小组为单位，分析溶液浓度及液位故障的可能原因，掌握故障排除的方法，能够根据客户现场情况快速判断故障原因，并迅速排除故障，恢复机组正常运行。

四、考核评价

考核内容：基本知识水平、基本技能、任务构思能力、任务完成情况、任务检测能力、工作态度、纪律、出勤、团队合作能力。

评价方式：教师考核、小组成员相互考核。

工单四　溴化锂吸收式冷水机组溶液结晶故障

一、情景引入

溴化锂吸收式冷水机组的故障是溶液结晶，一旦结晶机组就报警停机。作为设备售后人员，接到溶液结晶的故障报警后需尽快对故障原因进行分析判断，确定真实原因并尽快排除，以恢复机组正常运行。

二、相关知识

溶液结晶故障诊断与排除。

1. 机组启动时溴化锂溶液结晶

1）故障诊断

冷却水温度过低；停机后环境温度过低；停机时溶液稀释不良；机组内有不凝性气体；真空泵抽气不良。

2）熔晶方法

（1）冷却水温在25 ℃以下，冷却水塔鼓风机应不开。

（2）调整冷却水量，开机时供水量要少一些，机组运转正常后再调大供水量，并开冷却塔风机。

（3）开机时先把蒸发器和冷凝器部分的不凝性气体抽出，吸收器部分的液面正常后再从这里抽空。

（4）检查真空泵，必要时可换新油。

（5）检查电磁隔断阀是否关闭严密，以达到抽气良好的目的。

总之开机时发现机组结晶，主要原因是停机时溶液没有处理好，以及机组渗入空气、外界温度低、供水温度低等。注意以上问题，开机时溶液结晶问题是可以避免的。

2. 机组运行时溴化锂溶液结晶

1）故障诊断

蒸汽压力过高；稀溶液循环量过少；高压发生器液面过低，造成浓溶液浓度过高；冷却水量过少；冷媒水温度过低；高负荷运行中突然停电。

2）排除方法

（1）调小蒸汽压力，使之符合运行要求。

（2）检查溶液泵运转是否正常，并检查喷淋管喷嘴是否严重阻塞，应检查消除。

（3）调大发生泵出口蝶阀，使发生器的溶液液面达到运行要求。

（4）调整冷却水量，使之符合运行要求。

（5）调大冷媒水流量，使冷媒水温度升高。

（6）及时关闭蒸汽阀，以免高压发生器浓溶液浓度过高。

3. 停机后溴化锂溶液出现结晶

1）故障诊断

溶液稀释不充分，时间太短；稀释时，冷剂水泵、冷媒水泵、冷却水泵过早地停下来；停机后蒸汽阀未完全关闭或阀芯内部泄漏；稀释时外界无负荷；机组外界温度过低。

2）排除方法

（1）增加稀释时间，使溶液温度达到60 ℃以下且各部分溶液充分混合后，再分别停冷剂水泵、冷媒水泵、发生泵和溶液泵。

（2）关闭蒸汽阀，若阀芯内部泄漏，则应检修排除。

（3）在稀释时，外界必须有热负荷，若无热负荷，则应打开冷剂水旁通阀，将溶液充分稀释，这样在环境温度较低的情况下也不会产生结晶。

总之，溴化锂吸收式制冷机组出现溶液结晶现象，不管是开机、运行还是停机后，按以上的方法处理均可防止结晶现象的发生。

但是，由于在操作使用中某个环节操作失误，溶液的结晶现象就会发生。若出现严重结晶，用以上方法难以使结晶溶解，则用蒸汽或其他方法对结晶部位进行加热，直至结晶溶解为止。

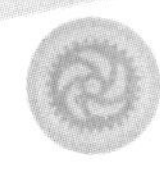
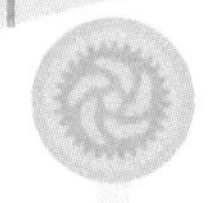

教学小结

本项目介绍了溴化锂吸收式冷水机组调试工作、操作运行以及管理、机组在运行中常见的故障及排除方法。通过学习，应对该机组的工作性能有全面了解和掌握，为以后在工作中管好、用好该机组奠定好基础。

复习思考题

（1）溴化锂吸收式冷水机组在调试前主要有哪些准备工作？

（2）机组充注溴化锂溶液，无配置好溶液时，如何进行配置？

（3）简述溴化锂吸收式冷水机组手动调试的步骤。

（4）溴化锂吸收式冷水机组自动运行前的检查工作包括哪些？

（5）简述溴化锂吸收式冷水机组启动时的操作程序。

（6）溴化锂吸收式冷水机组运行时检查的主要参数有哪些？

（7）溴化锂吸收式冷水机组定期检修和保养的内容有哪些？

（8）如何对溴化锂溶液进行再生处理？

（9）若冷剂水被污染，如何进行冷剂水再生处理？

（10）简述溴化锂吸收式冷水机组运行中制冷量达不到要求的原因及排除方法。

（11）简述溴化锂吸收式冷水机组运转中浓溶液和稀溶液浓度差小于4%的原因及排除方法。

（12）简述溴化锂吸收式冷水机组运行中浓溶液和稀溶液浓度差大于4%的原因及排除方法。

（13）简述溴化锂吸收式冷水机组溶液出现结晶的原因及排除方法。

任务七　辅助设备常见故障诊断及排除

一、风机常见故障

1. 噪声加大

（1）轴承无油，需加轴承油。

（2）轴承损坏，需更换轴承。

（3）叶轮磨损，需更换叶轮及泵头。

（4）紧固件松动或者脱离，扭紧紧固件。

（5）风机内有异物或杂质，清除异物，更换泵头或者清洗泵头内部。

2. 风机转不动

（1）电源没反应，接通电源。

（2）电动机不转动，检查电动机接线方式。

(3) 风机头损坏，维修风机头或者更换。

(4) 风机中有杂物卡死，拆开风机清除异物。

3. 振动增大

(1) 轴承损坏，及时更换轴承。

(2) 叶轮不平衡，清除叶轮中的异物或者做动平衡测试。

(3) 主轴变形，更换主轴或者泵头。

(4) 进、出气口过滤网堵塞，清洗过滤网。

4. 温度升高

(1) 进气口温度过高，降低进气口温度。

(2) 轴承干润滑，增加轴承油脂。

(3) 风机功率降低，调整工作状态。

(4) 环境温度增高，增加环境通风散热。

5. 流量减小

(1) 进、出口气过滤网堵塞，清洗过滤网。

(2) 泵头转速降低，电源电压偏低或者电动机出现故障。

(3) 管网阻力增加，降低管网阻力。

(4) 工作状态增加，调整工作状态。

(5) 电动机转向反向，电动机重新接线。

二、水泵常见故障及检修

(1) 水泵振动引起的原因及处理方法，见表3－7－1。

表3－7－1　水泵振动引起的原因及处理方法

故障原因	处理方法
水泵或电动机转子不平衡	叶轮进行动平衡试验，检查水泵与电动机中心是否一致
联轴器接合不良或不同心	若联轴器部件损坏，应立即更换；对水泵电动机进行找正
轴承磨损	加以修理或更换新轴承
地脚螺栓松动	拧紧螺栓
轴弯曲	校直或换轴
基础不牢固	加固基础
管路支架不牢	检查并加固支架
转动部分卡阻	叶轮进、出水叶片进杂物或口环抱紧，应尽快消除
泵内气蚀严重	放空泵内空气
流量太大	车削叶轮或适当关闭阀门
吸水高度太高或吸水阻力太大	适当降低吸水高度，检查吸水管管内是否有杂物堵塞
吸入侧有空气进入，泵内气蚀严重	检查吸水管路是否有漏气现象或适当压紧填料盖，放空泵内空气
泵内进杂物	清除泵内杂物

(2) 泵内杂音大且不上水。

(3) 轴承过热。

轴承过热故障原因及处理方法见表3-7-2。

表3-7-2　轴承过热故障原因及处理方法

故障原因	处理方法
轴承安装不当或间隙不对	重新安装或调整间隙
轴磨损或松动	紧固轴承或更换轴
轴承润滑油不良	放出脏油，用汽油清洗后注入合格的新油

(4) 填料漏水过多。

填料漏水过多故障原因及处理方法见表3-7-3。

表3-7-3　填料漏水过多故障原因及处理方法

故障原因	处理方法
填料磨损	更换填料
填料压得不紧	拧紧填料压盖或再加一根填料
轴有弯曲或摆动	更换新轴
填料缠绕错误	重新加填料
填料内泥沙太多，使轴套磨损严重	更换轴套

(5) 填料过热。

填料过热故障原因及处理方法见表3-7-4。

表3-7-4　填料过热故障原因及处理方法

故障原因	处理方法
填料压得太紧	适当放松填料
轴套表面损伤严重，摩擦力太大	更换轴套

(6) 流量不够。

流量不够故障原因及处理方法见表3-7-5。

表3-7-5　流量不够故障原因及处理方法

故障原因	处理方法
吸水管路或叶轮进水叶片被杂物堵塞	尽快清除杂物
口环磨损严重，使口环与叶轮间隙过大	更换口环
出水阀门开启不到位	将阀门开到位
输水管路漏水	堵住漏水处或更换水管
水泵淹没深度不够	提高前池水位

(7) 水泵窜轴。

水泵窜轴故障原因及处理方法见表3-7-6。

表 3－7－6　水泵窜轴故障原因及处理方法

故障原因	处理方法
水泵转子不平衡	叶轮进行动平衡试验
水泵电动机不同心	进行找正
叶轮口环部位与口环配合间隙两侧不一样	将两侧口环间隙进行准确的配合
叶轮没有装在泵轴的中心位置	重新装配叶轮
联轴器没有间隙	进行处理，使间隙达到规定要求

（8）水泵过负荷。

水泵过负荷故障原因及处理方法见表 3－7－7。

表 3－7－7　水泵过负荷故障原因及处理方法

故障原因	处理方法
叶轮直径过大	车削叶轮直径
填料压得太紧	放松填料
泵体内转动部分有摩擦，如叶轮与泵壳或口环与叶轮	检查并修理
泵内吸进泥沙或其他杂物	揭盖进行处理
水泵流量增加	适当关闭出水阀门
轴弯曲或轴线偏移	更换新轴或校正轴线
吸入水含沙量超标	等含沙量符合规定时再上水

三、冷却塔的故障与维修

1. 集水盘溢水

（1）检查手动补水阀是否关闭。

（2）检查自动补水阀是否失灵，必要时修理与调整。

（3）清洁和维护出水网，以使其良好运行。

2. 异常振动

如果有振动产生必须马上改正，不得有任何迟疑。

通常采取下列的程序来检查振源：

（1）检查电动机接合的螺丝是否全部上紧。

（2）切断电动机的负荷，让电动机单独运转，如果电动机仍然振动，重新平衡校正转子。

（3）如果振动是由传动零件产生的，则检查以下几项：

①电动机与传动零件是否对正。

②皮带减速机的皮带松紧度是否正确以及螺丝是否上紧。

③如果不平衡是由风车引起的，则检查所有的风车叶片角度是否一致、U 形螺丝是否全部上紧。

3. 冷却水温度升高

（1）检查风机是否正常运行。

（2）检查布水系统是否正常、散热片是否堵塞。

参 考 文 献

[1] 魏龙. 制冷与空调设备 [M]. 北京：机械工业出版社，2022.

[2] 王琪. 制冷压缩机与设备实训 [M]. 2 版. 北京：机械工业出版社，2022.

[3] 朱立. 制冷压缩机与设备 [M]. 北京：机械工业出版社，2022.

[4] 邹新生. 制冷与空调系统安装及运行管理 [M]. 北京：高等教育出版社，2017.

[5] 陈福祥. 制冷空调装置操作安装与维修（制冷和空调设备运用与维修专业）[M]. 北京：机械工业出版社，2020.

[6] 匡奕珍. 制冷压缩机 [M]. 北京：机械工业出版社，2022.

[7] 赵建华. 空调系统运行管理与维修 [M]. 北京：机械工业出版社，2019.

[8] 李援瑛. 空气调节技术与中央空调的安装、维修 [M]. 北京：机械工业出版社，2018.

[9] 曾波. 制冷和空调设备与技能训练. [M]. 北京：机械工业出版社，2022.

[10] 吴敏，赵钰. 制冷设备原理与维修 [M]. 北京：机械工业出版社，2022.

[11] 余克志. 制冷空调施工技术 [M]. 北京：机械工业出版社，2023.

[12] 周皞. 空调工程施工与组织管理 [M]. 北京：机械工业出版社，2021.

[13] 张聪. 中央空调系统运行与维护 [M]. 北京：机械工业出版社，2023.

[14] 田娟荣. 通风与空调工程 [M]. 2 版. 北京：机械工业出版社，2023.

[15] 张东放. 通风空调工程识图与施工 [M]. 北京：机械工业出版社，2023.

[16] 贾永康. 供热通风与空调工程施工技术 [M]. 2 版. 北京：机械工业出版社，2021.

[17] 林利芝. 中央空调运行管理与维护保养 [M]. 北京：机械工业出版社，2022.

[18] 孙见君. 空调工程施工与运行管理 [M]. 2 版. 北京：机械工业出版社，2023.

[19] 黄升平. 中央空调的安装与维修 [M]. 北京：机械工业出版社，2022.

[20] 孟广红. 制冷设备安装与检修实训 [M]. 北京：机械工业出版社，2023.

[20] 赵继洪. 中央空调系统运行管理与维护 [M]. 北京：高等教育出版社，2018.